全国高等农林院校新体系实验教材

河南省“十二五”普通高等教育规划教材

普通高等教育“十三五”规划建设教材

基础化学实验

第 2 版

徐翠莲　主编

中国农业大学出版社
· 北京 ·

内容简介

本教材是根据我国高等教育新形势和农林类基础化学实验课程的基本要求，并融合河南农业大学多年来基础化学实验教学改革的成果，在对化学实验教学体系进行全新的整合基础上而编写的新体系实验教材。教材印刷采用活页形式，以实验内容为单元，从实验基本原理、实验用品、实验操作、实验现象与数据记录、结果分析到实验报告自成体系。该教材分为3部分：基础操作部分、综合实验部分和设计实验部分。

在实验项目选择上，本教材侧重于农、林、畜牧、食品、生命等专业的需要，在编排形式上更注重“以学生为本”，实验预习部分紧扣每个实验项目，不仅便于学生自学，以获得必要的基础知识，而且由于教材、实验记录、实验报告融为一体，更适合学生的个性发展，有利于启发学生思考以及培养学生严谨求实的科学精神。

图书在版编目(CIP)数据

基础化学实验/徐翠莲主编. —2版. —北京：中国农业大学出版社，2016.2(2025.9重印)
ISBN 978-7-5655-1442-5

Ⅰ.①基… Ⅱ.①徐… Ⅲ.①化学实验-高等学校-教材 Ⅳ.①O6-3

中国版本图书馆CIP数据核字(2015)第273554号

书　　名 基础化学实验(第2版)
作　　者 徐翠莲　主编

策划编辑 何美文　潘晓丽　　**责任编辑** 潘晓丽
封面设计 郑　川　中通世奥图文设计中心　　**责任校对** 王晓凤
出版发行 中国农业大学出版社
社　　址 北京市海淀区圆明园西路2号　　**邮政编码** 100193
电　　话 发行部 010-62818525，8625　　读者服务部 010-62732336
编辑部 010-62732617，2618　　出　版　部 010-62733440
网　　址 http://www.cau.edu.cn/caup　　**E-mail** cbsszs @ cau.edu.cn
经　　销 新华书店
印　　刷 北京溢漾印刷有限公司
版　　次 2016年3月第2版　2025年9月第3次印刷
规　　格 185 mm×260 mm　16开本　16.75印张　418千字
定　　价 42.00元

第 2 版编写人员

主　编　徐翠莲

副主编　宛新生　李　鑫

参　编　苏同福　樊素芳　鲍峰玉　金显春　谢黎霞

王志敏　侯学会　俞　杰　杨　华

第 1 版编写人员

主　编　徐翠莲

副主编　宛新生　李　鑫

参　编　苏同福　樊素芳　鲍峰玉

第2版前言

第1版教材自2009年出版以来，一直作为河南农业大学农林类专业基础化学实验教材，2013年被河南牧业经济学院选用，作为基础化学实验教材。

自教材出版以来，在应用上取得了很好的效果，受到了师生的广泛好评。2013年被评为河南省首批“十二五”规划教材。对教材的肯定主要体现在两个方面：一是使用方便。由于每个实验项目从背景知识、实验原理、实验记录、实验报告到问题回答是一体化设计，学生可以高效率地完成从实验准备到完成报告的整个实验环节。二是便于学生培养良好的习惯。由于教材对每个项目都要求对实验操作、实验现象、数据处理、画装置图等必须作记录，并且教师对每个实验在实验态度、实验记录、实验操作、结论和思考题方面给出评判，避免了过去学生在记录实验过程方面经常出现的偷懒现象，学生能够如实、认真地对待每一个环节，从而培养了学生良好的实验习惯和严谨的学习态度。

随着河南省化学实验教学中心的建设，一批大型分析仪器进行了更新并投入了运转，借此修订之际，对第1版教材有关内容进行了更新，同时对部分实验项目进行了调整和补充，对一些错误之处进行了修正。

参加本书编写的有河南农业大学的徐翠莲教授，宛新生、李鑫、苏同福、樊素芳、鲍峰玉、谢黎霞、王志敏、金显春副教授，河南牧业经济学院的侯学会副教授以及安徽农业大学的俞杰和杨华副教授。

感谢有关兄弟院校和中国农业大学出版社各级领导对本书出版给予的关心和大力支持。

由于我们水平有限，书中错误和不妥之处在所难免，恳请同行及读者批评指正。

编　者

2015年9月

第 1 版前言

在“十一五”期间，教育部颁发关于实施高等学校本科教学质量与教学改革工程的意见(简称“质量工程”)。在“质量工程”的具体建设内容中，特别提到大力加强实验、实践教学改革，推进高校实验教学内容、方法、手段、队伍、管理及实验教学模式的改革与创新。随着教育部“面向 21 世纪教育研究项目”的开展，特别是实验教学改革的不断深入，化学实验课已越来越成为化学教学中不可缺少的涵盖化学理论、操作技能、实践能力以及创新思维的一门独立课程。新体系实验系列教材为达到这个目标进行了大胆尝试。

《基础化学实验》作为新体系实验系列教材的先行本，力求以全新的形式设计带动实验内容创新，具体体现在以下几方面的创新：

1. 印刷形式创新　本书由可拆式活页纸质实验教学材料和与之衔接的背景知识学习网上资源组成。

2. 编排方式创新　教材按照每个独立的实验项目进行编排，样式灵活，无章无节。在编排顺序上按照相应的知识模块，在操作上由简单到复杂，内容上由浅入深。

3. 结构体系创新　每个实验单元是由从实验目的、实验原理、实验用品、实验内容、实验步骤与记录、结果与讨论、思考题到每次实验的得分依据形成实验报告的完整体系构成。此外，与实施各实验项目相关的必备知识要素作为背景知识放在项目之后，供学生进行实验前的准备阶段自学、参阅(更详细的相关知识可在网上查阅)。

4. 教材功能创新　实现预习指导、教材、实验记录、实验报告、作业等的“一体化”，学生在实验中能看、能查、能记、能写、能画。学生用教材，却感觉不到教材，教材完全融入实验。学生既是读者又是“作者”，有利于师生互动，教学相长，教与学一体化，更能体现出“以人为本”的编写宗旨。

本书包括基本操作实验、基本物理量测定、滴定分析、化合物合成、天然产物提取、性质实验、仪器分析实验以及综合、设计性实验等共计 36 个实验项目。本书编写的基本出发点，是把基础化学实验看成一个有机的整体，强调化学操作体系的系统性；在内容取材上，突出农业院校的特点，适当兼顾其他专业的需要，尽量做到“典型、实用、先进”。在强调基础的同时，适当融入较新的实验方法和技术。本书充分体现了河南农业大学理学院化学系全体教师多年来的实验教学改革成果，在所有实验项目中，结合具体操作，精心设计实验记录部分，包括实验现象、操作要点、解释原因、实验数据、注意事项等，力求抓住基本点，掌握关键点，避免避重就轻，同时要求学生分析实验成败的原因，训练学生综合考虑问题、通过实验现象找出本质的能力。对设计实验，只给出大致思路，学生根据给出的参考文献，自己设计、拟定具体步骤，并将实验方案提交教师讨论后，进行实验准备和实验，使学生得到初步的科研能力的培养。

本教材最大的特点和方便之处是活页教材，在全部 68 个实验项目中，根据河南农业大学的教学特点和基本要求以及学生的专业需求，选编了36个实验项目，在使用时可根据自己学校和专业的实际情况，量体裁衣，从中选择适合的内容。其次，网上资源与纸质教材内容相对应，包括实验预备知识、仪器原理与构造、仪器操作方法、虚拟实验现象、实验注意事项、参考文献等。

由于编写时间仓促，加上编写人员水平有限，本书一定还存在许多疏漏之处，敬请读者批评指正。

中国农业大学出版社为本书的出版做了大量细致的工作，在此表示衷心的感谢！

编　者

2009年7月

目　　录

实验1　化学实验室基本知识

一、实验目的

了解化学实验室规则及有关安全基本知识;熟悉废弃物的处理方法;了解常见玻璃仪器的使用,并掌握玻璃仪器的洗涤和干燥方法。

二、实验内容

(1)化学实验室规则;(2)化学实验室安全守则;(3)化学实验室各类警示标志;(4)实验室废弃物处理方法;(5)化学实验室意外事故的一般处理方法;(6)常用玻璃仪器;(7)常用磨口仪器;(8)玻璃仪器的洗涤;(9)玻璃仪器的干燥。

三、结果与讨论

(1)查阅资料,简述玻璃仪器的分类及用途有哪些?

(2)你对基础化学实验这门课程的学习有何要求?

(3)你认为实验前的预习有必要吗?谈一谈在化学实验中应如何注意安全问题?

日期:　　　　**学生姓名:**　　　　**指导教师:**　　　　**实验成绩:**

实验态度(10分)			实验记录(30分)			实验操作(30分)			结论与思考题(30分)		
差 0～3	良 4～7	优 8～10	差 0～15	良 16～25	优 26～30	差 0～15	良 16～25	优 26～30	差 0～15	良 16～25	优 26～30

【背景知识】

一、化学实验室规则

为了保证实验教学顺利进行，维持实验教学的正常秩序，防止意外事故的发生，必须严格遵守化学实验室规则：

①实验前必须认真预习，明确实验目的，了解实验的基本原理、方法、步骤，以及有关的基本操作和注意事项，并认真填写实验预习报告，经指导教师检查后方能进入实验室。

②在实验过程中应听从教师的指导，保持安静，严格按操作规程进行实验，仔细观察，周密思考，现象和数据应如实记录在记录本上。

③实验仪器是国家财产，务必爱护，小心使用。

使用玻璃仪器时，应在实验前先清点实验所用仪器；使用精密仪器时，必须严格遵守操作规程和注意事项，如发现故障，应立即停止使用并报告教师，找出原因，排除故障。仪器使用完毕后，必须自觉填写使用本(卡)，待教师验收签字后方可离去；试剂应按照书中规定的规格、浓度和用量取用，以免浪费，如果书中未规定用量或自行设计的实验，应尽量少用试剂，注意节省。用后应立即放回原处，避免混乱，沾污试剂。

④实验台上的仪器应整齐地放在一定的位置上，并经常保持实验台面的清洁，废纸、火柴棒、碎玻璃等应倒入垃圾箱内，酸性废液应倒入废液桶内，切勿倒入水槽中，以防堵塞或锈蚀下水管道，碱性废液倒入水槽后立即用自来水冲洗。

⑤实验完毕，应将所用仪器洗刷干净，放在原来的位置，实验台及试剂架擦干净，请指导教师检查签字后，方能离开实验室。值日生负责打扫和整理实验室，最后应检查门、窗、水、电的关闭情况，并如实填写实验室日志，经教师签字后，值日生方可离开实验室。

⑥实验后，根据原始记录，联系理论知识，认真分析问题，处理数据，按照要求的格式写出实验报告，按时交给教师批阅。

实验报告一般包括：姓名、实验项目、日期、实验目的要求、简要原理及主要实验步骤、实验原始记录、实验结果处理及实验结果、实验总结或讨论。

二、化学实验室安全守则

在化学实验中，经常使用易碎的玻璃仪器，易燃、易爆、有腐蚀、有毒性的化学药品，电器设备等，存在着不安全因素。因此，重视安全操作，熟悉一般的安全知识是非常必要的。注意安全不仅仅是个人的事情，发生了事故不仅损害个人的健康，还会危及周围的人们，并使国家的财产受到损失，影响工作的正常进行。因此，首先需要从思想上重视安全工作，决不能麻痹大意；其次，在实验前应了解仪器的性能和药品的性质以及本实验的安全事项，在实验过程中，应集中注意力，并严格遵守实验室安全规则，以防意外事故的发生；再次，要学会一般救护措施，一旦发生意外事故，可进行及时处理；最后，对于实验室的废液，也要知道一些处理的方法，以保持环境不受污染。

化学实验室安全守则：

①实验室内严禁饮食、吸烟、打闹，或把食具带进实验室。

②必须熟悉实验室及其周围的环境和水闸、电闸的位置，水、电使用完毕立即关闭。

③使用电器设备时，人体与电器导电部分不能直接接触，也不能用湿手接触电器插头。

④洗液、浓酸、浓碱具有强腐蚀性，应避免溅落在皮肤、衣服、书本上，更应防止溅入眼睛里。

⑤易挥发和易燃的有机溶剂（如乙醚、乙醇、丙酮、苯等），使用时必须远离明火，用后应立即盖紧瓶盖，放在阴凉处。

⑥加热试管时，不要将试管口对着自己或别人。

⑦不要俯向容器去嗅放出的气味，闻气体时，应用手轻拂。

⑧任何试剂不得进入口中或接触伤口，有毒试剂更应特别注意，有毒液不能倒入水槽，避免与水槽中的废酸作用产生有毒气体，防止污染环境，增强自身的环保意识。

⑨严禁任意混合各种试剂，以免发生意外事故。

⑩实验室所有试剂、仪器不得带出室外。

⑪实验完毕，应将实验台整理干净，关闭水、电后方能离开实验室。

三、化学实验室各类警示标志

1. 警示词

根据化学品的危险程度和类别，用“危险”、“警告”、“注意”3个词分别进行危害程度的警示。具体规定见表1-1。当某种化学品具有两种以上的危险性时，用危险性最大的警示词。警示词位于化学品名称的右下方，要求醒目、清晰。

表1-1　警示词与化学品危险性类别的对应关系

警示词	化学品危险性类别
危险	爆炸品、易燃液体、有毒气体、低闪点液体、一级自燃物品、一级遇湿易燃物品、一级氧化剂、有机过氧化物、剧毒品、一级酸性腐蚀品
警告	不燃气体、中闪点液体、一级易燃固体、二级自燃物品、二级遇湿易燃物品、二级氧化剂、有毒品、二级酸性腐蚀品、一级碱性腐蚀品
注意	高闪点液体、二级易燃固体、有害品、二级碱性腐蚀品、其他腐蚀品

2. 化学品危险性类别

危险性分类依据《常用危险化学品的分类及标志》（GB 13690—92）和《危险货物分类和品名编号》（GB 6944—86）两个国家标准，将危险化学品按其危险性划分为8类。

第1类　爆炸品

第2类　压缩气体和液化气体

　　第1项　易燃气体

　　第2项　不燃气体

　　第3项　有毒气体

第3类　易燃液体

　　第1项　低闪点液体

　　第2项　中闪点液体

　　第3项　高闪点液体

第 4 类　易燃固体

　　第 1 项　遇湿易燃物品

　　第 2 项　有机过氧化物

第 5 类　氧化剂和有机过氧化物

第 6 类　毒害品和感染性物品

　　第 1 项　毒害品

　　第 2 项　感染性物品

第 7 类　放射性物品

第 8 类　腐蚀品

　　第 1 项　酸性腐蚀品

　　第 2 项　碱性腐蚀品

　　第 3 项　其他腐蚀品

3. 常用警示标志

警示标志通常由符号和底色两部分组成，同类符号加分级以示区别，如图 1-1 所示。

图 1-1　常用警示标志图

符号：黑色；底色：上白下红　　符号：黑色或白色；底色：蓝色

四、实验室废弃物处理方法

实验中经常会产生某些有害的气体、液体和固体，需要及时排弃。如不经处理直接排放，就可能污染周围空气和水源，使环境污染，损害人体健康。因此，要对废液、废气和废物处理后，才能排弃。对产生少量有毒气体的实验应在通风橱内进行。通过排风设备将少量毒气排到室外（使排出气在外面大量空气中稀释），以免污染室内空气。产生毒气量大的实验必须备有吸收或处理装置。如 NO_2、SO_2、Cl_2、H_2S、HF 等可用导管通入碱液中，使其大部分吸收后排出。CO 可点燃转化成 CO_2。废渣包括少量有毒的废渣应掩埋于指定地点的地下。一般酸碱废液可中和后排放。对含重金属离子或汞盐的废液可加碱调 pH 至 8～10 后再加硫化钠处理，使之毒害成分转变成难溶于水的氢氧化物和硫化物而沉淀分离，残渣掩埋，清液达环保排放标准后可排放。废铬酸洗液可加入 $FeSO_4$，使六价铬还原为无毒的三价铬后按普通重金属离子废液处理。含氰废液量少时可先加 NaOH 调 pH>10，再加适量 $KMnO_4$，使 CN^- 氧化分解去毒；量多时则在碱性介质中加 NaClO 使 CN^- 氧化分解成 CO_2 和 N_2。

五、化学实验室意外事故的一般处理方法

（1）酸蚀伤

先用大量清水冲洗，然后用饱和 $NaHCO_3$ 溶液或肥皂水冲洗，最后再用清水冲洗。如果酸液溅入眼内，应立刻用大量清水冲洗，然后用 2% $Na_2B_4O_7$ 溶液洗眼，最后再用蒸馏水冲洗。

（2）碱蚀伤

先用大量清水冲洗，然后用 2% HAc 溶液冲洗，最后再用清水冲洗干净并敷硼酸软膏，如果碱液溅入眼内，应立即用大量清水冲洗，再用 3% H_3BO_3 溶液冲洗，最后用蒸馏水冲洗。

（3）溴蚀伤

用乙醇或 10% $Na_2S_2O_3$ 溶液冲洗，再用清水冲干净，然后敷甘油。

（4）割伤

应先取出伤口内的异物，用红药水消毒后，洒上消炎粉或敷上消炎膏并用纱布包扎。

（5）烫伤

切不可用水冲洗，应在烫伤处涂烫伤膏或万花油。

（6）吸入刺激性或有毒气体

若吸入 Br_2、Cl_2、HCl 等气体时，可吸入少量酒精和乙醚的混合蒸气以解毒，若吸入 H_2S 气体而感到不适时，应马上到室外呼吸新鲜空气。

（7）触电

立即切断电源，必要时进行人工呼吸。

（8）起火

根据起火原因立即采取灭火措施，首先切断电源，移走易燃药品。有机溶剂和电器设备着火，马上用四氯化碳灭火器、专用防火布、干粉等灭火，切不可用水或泡沫灭火器灭火，火势较大，应立即报警。

起火原因，一般可分为 4 种：

①可燃的固态药品或液态药品，因接触火焰或处在高温下而燃烧。

②易燃物质由于放置时间过长，被空气中的氧所氧化而燃烧（如白磷的燃烧）。

③化学反应（如金属钠与水的反应）引起的燃烧和爆炸。

④火花引起的燃烧（如电器材料接触不良而出现的火花，导致可燃气体着火）。

(9)若伤势较重，应立即送医院

(10)灭火知识

灭火要根据起火的原因和火灾周围的情况，采取不同的扑灭方法，起火后，不要惊慌，一般要立即采取以下措施：

为防止火势蔓延应立即关闭电源和停止加热；停止通风以减少空气的流通；切断电源以免引燃电线；把易燃、易爆的物品移至远处。

迅速扑灭火焰，一般的小火可用湿抹布、石棉布或沙土覆盖在着火的物体上，实验室常用的灭火器及其适用范围见表1-2。

表 1-2　常用灭火器的类型、成分及适用范围

灭火器的类型	药液成分	适用范围
酸碱式	H_2SO_4 和 $NaHCO_3$	适用于非油类和电器失火的一般初期灭火
泡沫灭火器	$Al_2(SO_4)_3$ 和 $NaHCO_3$	适用于油类起火
CO_2 灭火器	液态 CO_2	适用于电器设备、小范围油类及忌水的化学药品的失火
CCl_4 灭火器	液态 CCl_4	适用于扑灭电器设备、小范围的汽油、丙酮等失火；不适用于扑灭金属钾、钠的失火，因 CCl_4 与钾、钠反应会强烈分解，甚至爆炸；电石、CS_2 的失火，也不能使用它，因为会产生光气一类的毒气
干粉灭火器	主要成分是 $NaHCO_3$ 等盐类物质与适当的润滑剂和防潮剂	适用于扑救油类、可燃性气体、电器设备、精密仪器、图书文件和遇水易燃物品的初期灭火
1211 灭火器	CF_2ClBr 液化气体	特别适用于扑灭油类、有机溶剂、精密仪器、高压电器设备的失火

六、常用玻璃仪器

常用玻璃仪器的用途及注意事项见表1-3。

表 1-3　常用玻璃仪器的用途及注意事项

仪器	规格	主要用途	注意事项
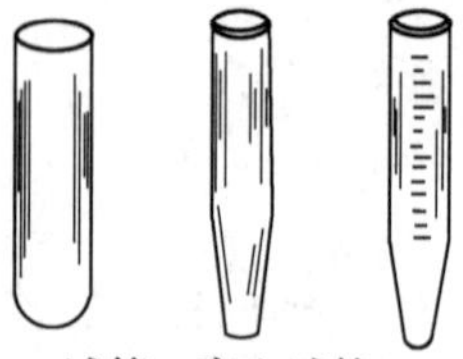 试管、离心试管	分硬质试管、软质试管、普通试管和离心试管。普通试管以试管口外径(mm)×长度(mm)表示，离心试管以其容积(mL)表示	普通试管用作少量试剂的反应容器，便于操作和观察；离心试管还可用于定性中的沉淀分离	可以加热至高温(硬质的)，但不能骤冷，加热时管口不能对人，且要不断移动试管，使其受热均匀。反应液体积不能超过其容量的1/2
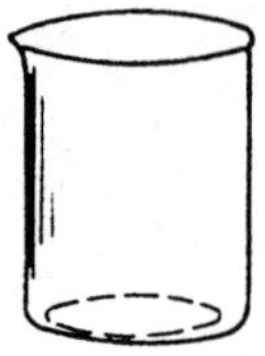 烧杯	玻璃和塑料的，以容积(mL)表示，如1 000、800、250、100、50等	常温或加热条件下用作反应物量大时的反应容器，反应物易混合均匀，也可用来配制溶液	加热时将杯壁擦干并放置在石棉网上，使受热均匀，可以加热至高温

续表 1-3

仪器	规格	主要用途	注意事项
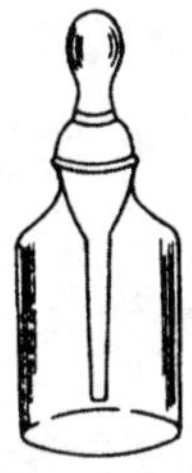 试剂滴瓶	有无色、棕色之分，以容积（mL）表示，如 125、60 等	用于盛少量液体试剂或溶液	见光易分解的或不太稳定的试剂用棕色试剂瓶盛装；碱性试剂要用带橡皮塞的滴瓶，但不能长期盛放浓碱液
 广口瓶　细口瓶	玻璃和塑料的，有无色和棕色、磨口和不磨口之分，以容积（mL）表示，如 1 000、500、250、125 等	细口瓶盛装液体试剂，广口瓶盛装固体试剂	不能加热，取用试剂时，瓶盖倒放在桌上，不能弄脏、弄乱；碱性物质要用橡皮塞；稳定性差的物质用棕色瓶
 锥形瓶	以容积（mL）表示，如 500、250、150 等	反应容器，振荡方便，适用于滴定操作或用作接收器	盛液体不能太多，加热时应放置在石棉网上
 研钵	以铁、瓷、玻璃、玛瑙制作，以口径大小表示	用于研磨固体物质。大块物质不能敲，只能压碎	不能用于加热，按固体的性质和硬度选用不同的研钵。放入量不宜超过容积的 1/3
 表面皿	以口径（mm）大小表示，如 90、75、65、45 等	盖在烧杯上防止液体迸溅或作其他用途	不能用火直接加热，直径要略大于所盖容器
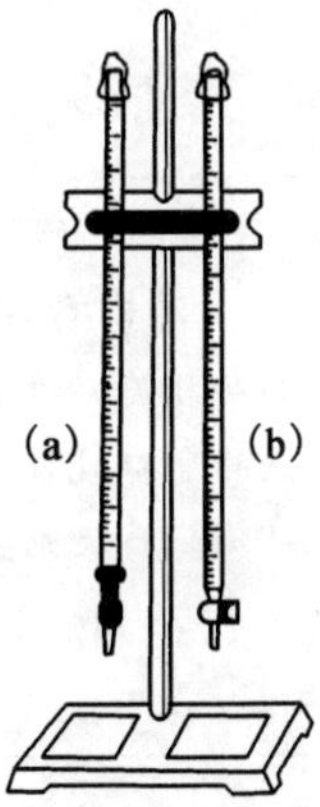 滴定管和滴定管架	滴定管分碱式（a）和酸式（b）、无色和棕色。以容积（mL）表示，如 50、25 等	滴定或量取准确体积的溶液时使用。滴定管架用于夹持滴定管	碱式滴定管盛碱性溶液或还原性溶液；酸式滴定管盛酸性溶液或氧化性溶液。碱式滴定管不能盛放氧化剂。见光易分解的滴定液宜用棕色滴定管

续表 1-3

仪器	规格	主要用途	注意事项
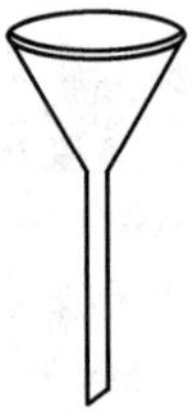 漏斗	以口径(mm)大小表示,分60、40、30等	用于过滤操作	不能用火加热
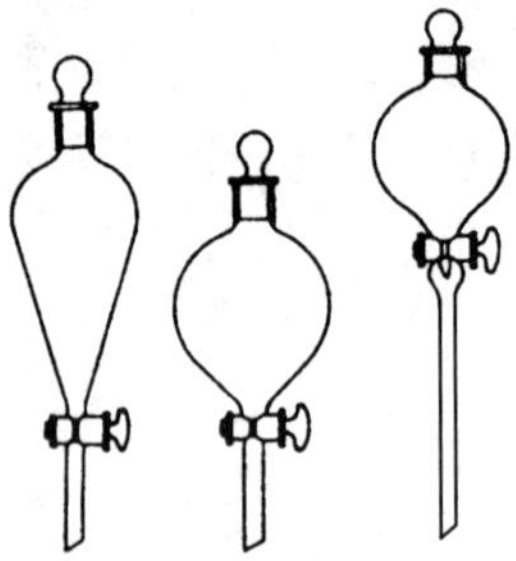 梨形分液漏斗 球形分液漏斗 滴液漏斗	以容积(mL)和形状(球形、梨形)表示	用于分离互不相溶的液体,或用作发生气体装置中的加液漏斗	不得加热,漏斗塞子、活塞不得互换
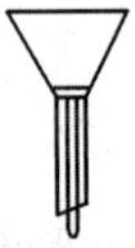 玻璃钉漏斗	由普通漏斗和一枚玻璃钉组成,以口径(mm)大小表示	用于少量化合物的过滤	
 熔点测定管(b形管)	以口径(mm)大小表示	用于测定固体化合物的熔点或微量法测液体的沸点	所装溶液的液面应高于上支管处
 干燥器	以外径(mm)表示大小。分普通干燥器和真空干燥器,内放干燥剂	保持物品干燥	防止盖子滑动打碎,热的物品待稍冷后才能放入。盖的磨口处涂适量的凡士林,干燥剂要及时更换

续表 1-3

仪器	规格	主要用途	注意事项
 称量瓶	分扁形和高形，以外径(mm)×高(mm)表示，如高形 25×40，扁形 50×30	扁形用作测定水分或干燥基准物质；高形用于称量基准物质或样品	不可盖紧磨口塞烘烤，磨口塞要原配套，不得互换
 容量瓶	以刻度以下的容积(mL)表示大小。如 1 000、500、250、100、50、25 等	用来配制准确浓度的溶液	不能受热，不得贮存溶液，不能在其中溶解固体，瓶塞与瓶是配套的，不能互换
 移液管  吸量管	以其最大容积(mL)表示。吸量管：如 10、5、2、1 等；移液管：如 50、25、20、10 等	对精确转移一定体积的液体适用	移液管与容量瓶配合使用，因此，使用前常进行两者的相对体积的校正。为了减少测量误差，吸量管每次都应从最上面刻度起往下放出所需体积
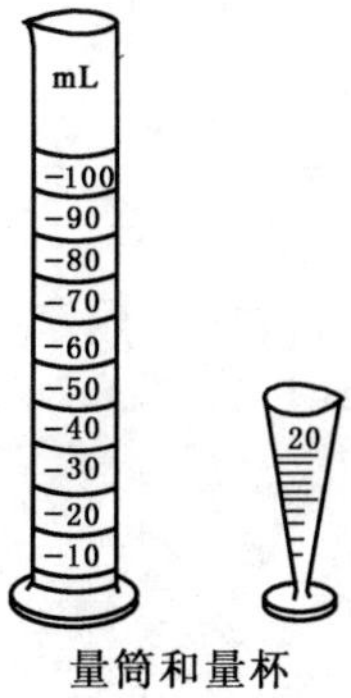 量筒和量杯	以其最大容积(mL)表示，量筒如：100、50、10、5 等，量杯如 20、10 等	量取一定体积的液体用	不能直接加热

续表 1-3

仪器	规格	主要用途	注意事项
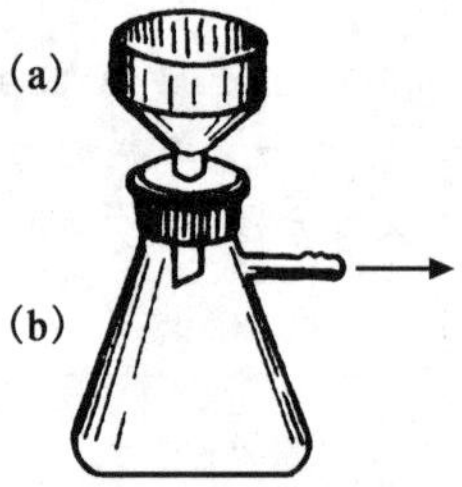 布氏漏斗和吸滤瓶	(a)布氏漏斗瓷质，以直径(cm)表示，如8、6等。(b)吸滤瓶为玻璃制品，以容积(mL)表示，如500、250等。两者配套使用	用于减压过滤	不能直接加热，滤纸要略小于漏斗的内径。使用时先开抽气泵，后过滤；过滤完毕，先拔掉抽滤瓶接管，后关抽气泵
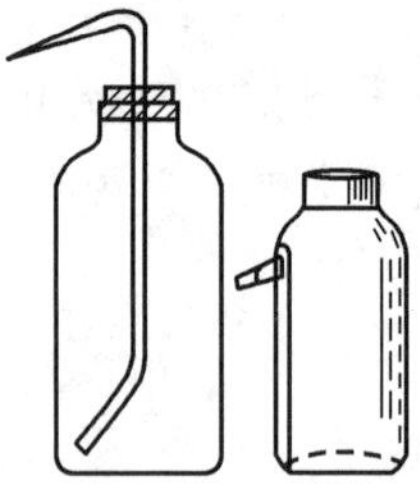 洗瓶	分塑料和玻璃的，以容积(mL)表示	用蒸馏水洗涤沉淀和容器时使用塑料洗瓶使用方便、卫生，故广泛使用	洗瓶不能加热
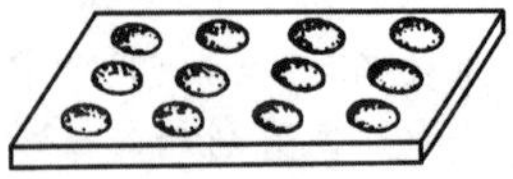 点滴板	瓷质，分白色、黑色、十二凹穴、九凹穴、六凹穴等	用于点滴反应，尤其是显色反应	白色沉淀用黑色板；有色沉淀或者溶液用白色板
 漏斗架	木制，有螺丝可固定于支架上，可移动位置，调节高度	过滤时承放漏斗用	固定漏斗板时，不要把它倒放
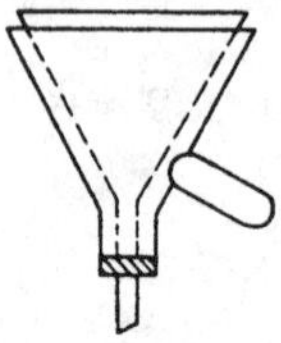 热水漏斗	由普通玻璃漏斗和金属外套组成，以口径(mm)大小表示，分60、40、30等	用于热过滤操作	加水不超过其容积的2/3

续表 1-3

仪器	规格	主要用途	注意事项
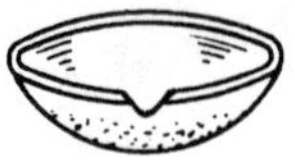 蒸发皿	有瓷、铂、石英等制品，分有柄和无柄，以容积(mL)表示，如125、100、35等	蒸发液体用，还可以作为反应器用	可耐高温，可直接加热，但高温时不能骤冷。随液体性质不同可选用不同质地的蒸发皿
 水浴锅	铜或铝制品	用于间接加热，也可以用于粗略控制温度实验	所选择的圈环正好使加热器皿浸入锅中2/3。不要让锅里的水烧干，用完后应将锅擦干保存
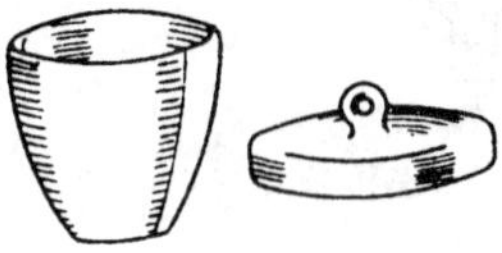 坩埚	材质有瓷、石英、铁、镍、铂等。以容积(mL)表示	用于灼烧试剂	一般忌骤冷、骤热，依试剂性质选用不同材质的坩埚
 泥三角	有大小之分	支撑灼烧坩埚	

七、常用磨口仪器

标准磨口玻璃仪器使用的注意事项：

①组装仪器之前，磨口接头部分应用洗涤剂清洗干净，再用纸巾或布擦干，以防止磨口对接不紧密，导致漏气。洗涤时，应避免使用去污粉等固体洗涤剂，以免损坏磨口。

②组装仪器时，应将各部分分别夹持好，排列整齐，角度及高度调整适当后，再进行组装，以免磨口连接处受力不均衡而折断。

③仪器使用后，应尽快清洗并分开放置。否则，易造成磨口接头的黏结，难以拆开。对于带活塞、塞子的磨口仪器，活塞、塞子不能随意调换，应垫上纸片配套存放。

④常压下使用磨口仪器，一般不涂润滑剂，以免沾污反应物或产物。但是，当反应中有强碱存在时，则应在磨口处涂抹润滑剂，以防止磨口连接处因碱腐蚀而黏结。

⑤如遇玻璃磨口接头黏结难以拆开时，可用木棒或实验桌边缘轻轻敲击接头处，使其松开。

化学实验标准磨口玻璃仪器，如图 1-2 所示。

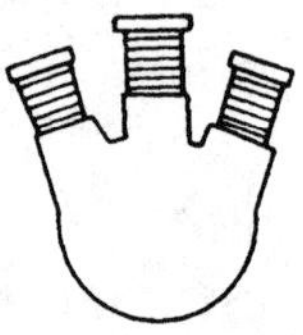

斜形三口烧瓶

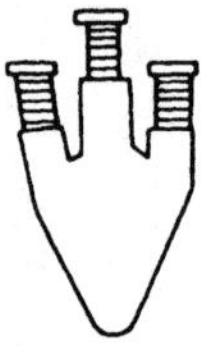

梨形三口烧瓶

短颈圆底烧瓶

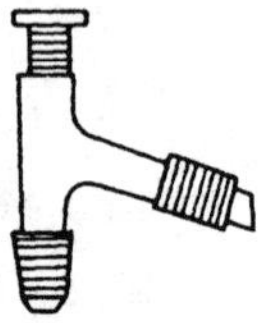

蒸馏头 75°

克氏蒸馏头 75°

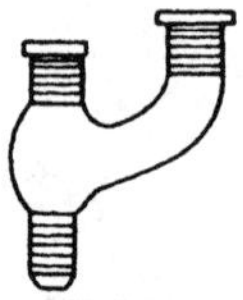

二口连接管

接头（口小塞大）

三角烧瓶

抽滤瓶

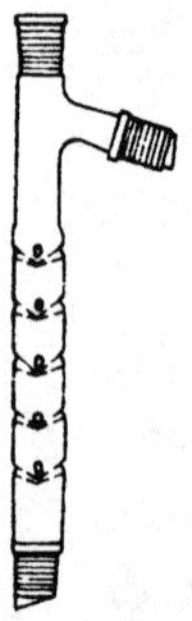

刺形分馏柱（具上支管塞）

刺形分馏柱（管）

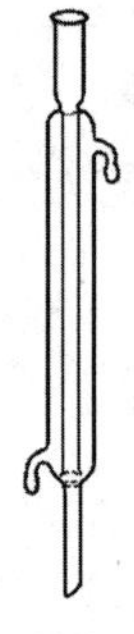

直形冷凝管

图 1-2 常用标准磨口玻璃仪器

八、玻璃仪器的洗涤

玻璃仪器的洗涤方法很多，应根据实验要求、污物的性质和污染的程度来选择合适的洗涤方法。玻璃仪器的一般洗涤方法有冲洗、刷洗及洗液洗涤等。

(1)用水冲洗

可以洗去水溶性的污物,又可以使附着在仪器上的尘土和其他不溶性物质脱落下来。

(2)用去污粉或合成洗涤剂刷洗

当仪器上附有不易冲洗掉的污物时,可用刷子蘸取去污粉,直接刷洗其内外表面。由于去污粉中含有碳酸钠,它和合成洗涤剂一样,能够除去仪器上的油污。去污粉中还含有白土和细沙,刷洗时起摩擦作用,使洗涤效果更好(如烧杯、锥形瓶、试剂瓶等)。

(3)用洗涤液洗

在进行精确的定量实验时,对仪器的洁净程度要求更高,或所用仪器容积精确,形状特殊,不能用刷子机械地刷洗(易造成磨损),或有些杂质附着在仪器上,用上述两种方法很难洗净,这时就要选用适当的洗涤液进行清洗(如滴定管、移液管等)。

选用洗液要有针对性,要根据具体条件,充分运用已有的化学知识来处理实际问题。如盛过奈斯勒试剂的瓶子常有碘附着在器壁上,用上述几种方法均很难洗净,这时可用 1 $mol \cdot L^{-1}$ KI 溶液洗涤,其洗涤效果较好。

用洗液洗涤仪器时,先往仪器内加少量洗液(其用量约为仪器总容量的 1/5)。然后将仪器倾斜并慢慢移动,使仪器的内壁全部为洗液润湿,这样反复操作,最后把洗液倒回原来瓶内,再用水把残留在仪器上的洗液洗去。如果用洗液把仪器浸泡一段时间或者用热的洗液洗,则效率更高。

用上述方法洗去污物后的仪器,经自来水冲洗后,往往还残留有 Ca^{2+}、Mg^{2+}、Cl^- 等离子,如果实验中不允许这些杂质存在,则应用蒸馏水或去离子水把它们洗去。用蒸馏水或去离子水洗时,每次用量不必太多。应遵循"少量多次"的原则,这是洗涤仪器时的重要原则。这样洗,洗涤效果高,既洗得干净又不致浪费洗涤液和蒸馏水。

已洗净的仪器的器壁上,不应附着有不溶物或油污。器壁可以被水润湿。如果把水加到仪器内,再把仪器倒转过来,水会顺着器壁流下,器壁上只留下一层既薄又均匀的水膜,并无水珠附着在上面,这样的仪器才算洗得干净。

(4)超声波清洗

把液体放入清洗槽内,给槽内作用超声波。由于超声波是一种疏密的振动波,介质的压力作交替变化。如果对液体中某一点的压力进行观察,该点将发生压力的增减,若增强超声波的强度,则压力振幅也将增加。通过在清洗过程中超声波频率在合理的范围内往复扫动,带动清洗液形成真空的空泡,当压力达到一定值时,气泡将迅猛增长,然后又突然闭合,在气泡闭合时,由于液体间相互碰撞产生强大的冲击波,在其周围产生上千个大气压的压力。这也就是所说的"超声空化"。因空泡破灭时产生强大的冲击波,污垢层在冲击波的作用下被剥离下来,重复作用于污垢层,污垢一层层被剥开,小气泡再继续向前推进,直到污垢层被剥下为止。这就是空化二次效应。

超声波清洗是一种洗净效果好,价格经济,有利于环保的清洗工艺。超声波清洗可用于清洗各式各样,形状复杂,清洁度要求高的仪器。其洗涤方法一般可分为以下两种:

①超声波水洗。使用自来水或蒸馏水为清洗液的超声波清洗;主要利用超声振动,常用于一般污垢的洗涤。

②组合清洗。较难洗的污垢,可采用向清洗液中添加一些性质稳定的洗涤剂;也可在容器中加入实验室常用洗液,将待洗仪器放入容器,然后一起放入清洗槽的洗涤方法。该法

属于组合清洗。在超声振动和洗涤剂溶解和乳化等综合能力的作用下，其洗涤效果明显优于水洗。

清洗效果与声学参数、清洗液的物理化学性质和清洗温度等多项参数有关，如温度适当升高，对清洗有利，但温度过高将使空化减弱。对于水洗较适宜的温度约为60℃。针对不同的清洗对象应选用不同的洗涤剂或洗液，清洗效果会更加明显。但应注意：一些精密仪器不宜高温洗涤。

目前，还有一种超声汽相清洗机，它是选用有机溶剂作清洗液，具有极强的溶解污垢的能力，常用于清洗半导体晶片等洁净度要求特别高的物件。

常用洗涤液的配制方法及使用注意事项见表1-4。

表1-4　常用洗涤液的配制方法、特点及使用注意事项

洗液名称	配制方法	特　点	使用注意事项
铬酸洗液	一般浓度为5%～12%。配制5%洗液：重铬酸钾（或钠）20 g溶于40 mL水中，慢慢加入320 mL浓硫酸。洗液为红棕色	强酸性，具有很强的氧化能力；去除油污	1. 小心使用，防止腐蚀皮肤和衣服 2. 贮瓶盖紧，防止吸水 3. 洗液若呈绿色，则表示已失效 4. 废液应处理后再排放*
碱性高锰酸钾洗液	4 g高锰酸钾溶于少量水中，加入100 mL 10%氢氧化钠溶液	作用缓慢，适于洗涤油污及有机物	洗后器壁上留有二氧化锰沉淀物，可用浓盐酸或亚硫酸钠处理
碱性乙醇洗液	1 L 95%的乙醇溶液，加入157 mL氢氧化钠（或氢氧化钾）饱和溶液	遇水分解力很强，适用于洗涤油脂、焦油和树脂等	1. 注意防止挥发和防火 2. 久放失效 3. 对磨口瓶塞有腐蚀作用
磷酸钠洗液	57 g磷酸钠和28.5 g油酸钠（$C_{17}H_{33}COONa$）溶于470 mL水中	洗涤碳的残留物	在洗液中浸泡几分钟再刷洗
硝酸-过氧化氢洗液	15%～20%硝酸和5%过氧化氢	洗涤特别顽固的化学污物	1. 久存易分解，现用现配 2. 贮于棕色瓶中

注：*简便的处理方法是在废液中加入硫酸亚铁，使有毒的六价铬还原为无毒的三价铬。

九、玻璃仪器的干燥

洗净的仪器如需要干燥可采用以下方法：

①晾干。对于不急用的仪器，可将洗净的仪器倒置在干燥架上自然晾干（倒置后不稳定的仪器则应平放）如量筒等。

②烤干。烧杯和蒸发皿可以放在石棉网上用小火烤干。烤干试管时，试管要略为倾斜，管口向下，并不时地来回移动试管，把水珠赶掉。最后，烤到不见水珠时，使管口朝上，继续烘烤一会儿，以便把水汽赶尽。

③吹干。将仪器倒置控去水分，并擦干外壁，用压缩空气或电吹风的热风将仪器内残留的水分吹出。

④烘干。洗净的仪器控去残留水，口朝下放在电烘箱的隔板上，电烘箱的最下层放一个搪瓷盘，以接受从仪器上滴下的水珠，不使水滴在电炉丝上，以免损坏电炉丝。温度控制在105℃左右烘干。

⑤用有机溶剂干燥。在洗净的仪器内加入少量的有机溶剂（如乙醇、丙酮等），转动仪器，

使仪器内的水分与有机溶剂混合，倒出混合液(回收)，留在仪器内的乙醇或丙酮挥发，仪器即迅速干燥。

必须指出，在实验化学中，许多情况下并不需要将仪器干燥，如量器、容器等，使用前先用少量溶液刷洗2～3次，洗去残留水滴即可。带有刻度的计量仪器不能加热，因为加热会影响这些仪器的精密度。常用晾干、冷风吹干或有机溶剂干燥的方法。

实验2　分析天平的使用

一、实验目的

了解电光分析天平的构造，并熟悉其使用规则；学习天平称量方法，掌握有效数字在称量中的运用。

二、实验原理

使用杠杆原理制成的分析天平可直接称取物体的质量，也可利用差减法称取某些易吸水、易氧化、易吸收空气中 CO_2 的物质，即两次称重之差就是所要称取物质的质量。实验用的是 TG-328B 型半自动电光天平。灵敏度为 10 格/mg，即感量为 0.1 mg/格，最大负载为 200 g，可准确称准至 0.1 mg。

三、实验用品

1. 仪器

半自动电光天平（TG-328B 型）、电子天平（BS110S 型）、台秤、称量瓶、小烧杯（50 mL）。

2. 试剂

NaCl 试样。

四、实验内容

（1）观察并检查分析天平；（2）天平零点的调整；（3）直接法称量练习；（4）差减法称量练习。

五、实验步骤与记录

实验步骤	实验记录
1. 观察并检查分析天平	1. 记录存在问题和采取的措施
（1）观察天平结构及各部件所处的位置是否异常？	（1）________
（2）检查天平柱顶端的水平泡是否位于正中。	（2）________
（3）轻轻打开天平升降旋钮，检查灯泡是否亮。	（3）________
（4）标尺在投影屏中的位置？是否正常？	（4）________
（5）打开砝码盒认识砝码。（观察相同质量的砝码）	（5）________
（6）观察圈码指数盘部分（圈码是否有套接、脱落）。	（6）________

续表

实验步骤	实验记录
2. 天平零点的调整 空载时，顺时针打开升降旋钮，动作要慢(为什么?)待标尺稳定后，投影屏上刻线与标尺上的"0"刻线相重合时，即为零点。重复3次，零点要在±0.1 mg范围内。	2. 调整零点的两种方法是 (1)______ (2)______
3. 直接法称量练习 (1)检查天平，调好零点。 (2)在台秤上粗称一洁净、干燥的称量瓶质量。(称量瓶不得用手拿，准备纸带) (3)打开天平左边门，将称量瓶放在左盘中央处，随手关上天平门；打开右边门，将估计克数的砝码轻放在右盘上，关好右边门；缓慢转动天平开关，从标尺偏转情况判断砝码是否合适；增减砝码，直至砝码合适(即加1 g过重，减去这1 g时，砝码比物轻)为止；测定天平停点，重复2～3次，取其平均值。 (4)计算出称量瓶的质量，准确到0.1 mg。	3. 直接称量法 砝码重(g)：______ 外层圈码指数0.1～0.9 g：______ 内层圈码指数0.01～0.09 g：______ 光标读数0.000 1～0.009 g：______ (1)______ (2)______ (3)______ 平均值(g)：______ 增减圈码的原则是：______ ______
4. 差减法称量练习 (1)取一洁净、干燥的称量瓶，装入约1.2 g NaCl，在台秤上粗称其总重。 (2)在分析天平上称其质量，记下读数m_1，关闭天平。 (3)取出称量瓶，按差减称量法操作要求，转移NaCl试样约为总量的1/3(0.3～0.4 g)于小烧杯中，并准确称出称量瓶和剩余试样质量，记为m_2；以同样方法转移剩余试样约1/2(0.3～0.4 g)于另一小烧杯中，再准确称出称量瓶和剩余试样质量，记为m_3；再将大部分剩余试样(0.3～0.4 g)转移至第三个烧杯中，再准确称出称量瓶和剩余试样质量，记为m_4。这样，只需直接称量法称4次，即可得出3份样品的质量。	4. 差减法称量法 (1)台秤上粗称总重(称量瓶+NaCl) $m'=$______ (2)在分析天平上称 m_1 ______ m_2 ______ m_3 ______ m_4 ______ 试样质量：$\Delta m_n=m_n-m_{n+1}$ Δm_1 ______ Δm_2 ______ Δm_3 ______
5. 使用后整理 将天平归零，恢复实验前状态。填写天平使用卡片，教师签字验收后，方能离开实验室。	

六、结果与讨论

1.简述半自动电光分析天平的主要组成部分及作用。

2.简述半自动电光分析天平的称量方法以及直接称量法的操作步骤。

3.本次试验中你使用的半自动电光分析天平在称量过程中有何异常？采取了哪些措施？

4.在差减法中，称量瓶减少的质量是否正好等于小烧杯增加的质量？如有差别，是如何产生的？

5.差减法称量过程中，能否用小勺取试样？为什么？

6.对半自动电光天平，数据记录应准确至几位？为什么？

日期：　　**学生姓名：**　　**指导教师：**　　**实验成绩：**

实验态度(10 分)			实验记录(30 分)			实验操作(30 分)			结论与思考题(30 分)		
差 0～3	良 4～7	优 8～10	差 0～15	良 16～25	优 26～30	差 0～15	良 16～25	优 26～30	差 0～15	良 16～25	优 26～30

【背景知识】

一、常用称量仪器

天平是进行称量时最常用的仪器。根据实验时对质量精确度要求的不同，可以选用类型不同的天平。

天平从构造原理来分，可分机械式天平（杠杆天平）和电子天平两大类。电子天平采用电磁力平衡的原理，没有刀口刀承，无机械磨损，采用数字显示，称量快速，只需几秒钟就可以称量结果；电子天平连接计算机和打印机后可具有多种功能，是代表发展趋势的最先进的水平，但价格较贵。机械天平又可分为空气阻尼天平、半自动电光天平、全自动电光天平、单盘电光天平、微量天平等。目前，实验室用得最多的是最大称量 200 g，分度值 0.1 mg 的半自动电光天平（部分机械加码）。全自动电光天平（全机械加码）的加码器与部分机械加码比较易发生故障，所以使用者较少。

一般认为分度值为 0.000 1 g 的天平为分析天平。我国常用几种天平的分类和型号如表 2-1 所示。

表 2-1 常用天平的分类和型号

天平名称	型号	最大称量/g	分度值/g
台天平（台秤）			0.1
化学天平	TN-100	100	0.01
阻尼式分析天平	TG-528B	200	0.000 4
部分机械加码电光天平	TG-328B	200	0.000 1
全部机械加码电光天平	TG-328A	200	0.000 1
精密天平	GT2A	200	0.000 1
单盘电光分析天平	TG729B	100	0.000 05
单盘全机械加码精密天平	D-100	100	0.000 1
微量天平	TG-332A	20	0.000 01
电子天平	BS110S	110	0.000 1

二、天平的称量原理

1. 等臂双盘天平

天平结构是依据杠杆原理组成的，其主要部件——天平梁就是一个等臂杠杆，如图 2-1 所示。

设 O 为支点，$AO=OB$，$l_1=l_2$。W_1 为被称重物体的重量，m_1 为其质量；W_2、m_2 则分别为砝码的重量和质量，将被称量的物体和砝码分别放在 A、B 两力点上，达到平衡时，支点两侧的力矩相等，即：

$$W_1 l_2 = W_2 l_2 \tag{1}$$

由于 $W=mg$，g 为重力加速度，代入式(1)得 $m_1=m_2$，说明被称物的质量 m_1 与砝码质

量 m_2 相等，可见，在天平上称得的物体重量实际是物体的质量。

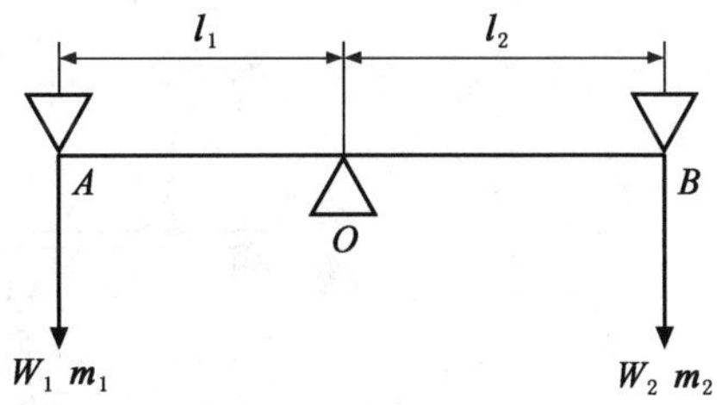

图 2-1　等臂天平的原理示意图

2. 单盘天平

单盘天平的制作原理和等臂双盘天平相同，不同的是单盘天平只有承重刀和支点刀两个刀。砝码和被称物在同一个悬挂系统中，称量时，加上被称物，减去悬物系统的砝码，使横梁始终保持全载平衡状态，即所减去的砝码的质量等于被称物的质量。其称量原理如图 2-2 所示。

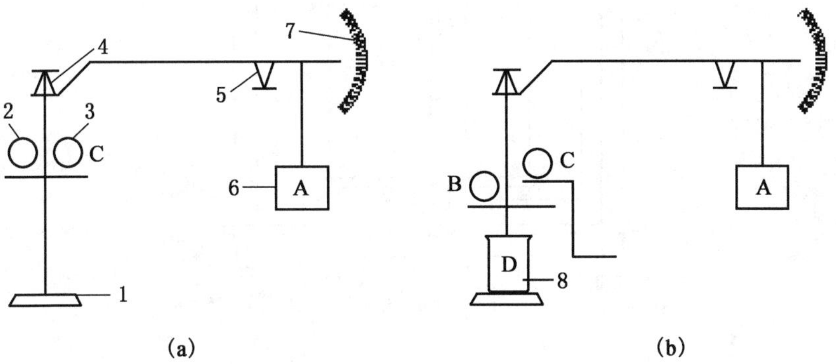

图 2-2　单盘天平称量原理示意图

1. 天平盘　2，3. 砝码（B、C）　4. 承重刀　5. 支点刀

6. 配重体（A）　7. 标牌　8. 被称物（D）

在图 2-2(a)中，天平保持平衡状态，则质量：

$$m_A = m_B + m_C$$

在图 2-2(b)中，增加被称物 D、减去砝码 C 后天平横梁仍保持平衡位置，其质量：

$$m_A = m_B + m_D$$

所以：

$$m_D = m_C$$

3. 半自动电光分析天平

半自动双盘电光分析天平，目前应用最普遍，并且它的结构形式具有良好的代表性，故以此种天平为例，介绍如下：

半自动双盘电光分析天平的结构如图 2-3 所示。

半自动电光分析天平的构造与主要部件：

(1)横梁

横梁是半自动电光分析天平的主要部件。在横梁的中下方装有细长而垂直的指针，梁上装有 3 个三棱体的玛瑙刀，位于正中的称为中刀或支点刀，刀口向下；两端的称为边刀或承重刀，刀口向上。3 个刀口必须完全平行——处于同一水平面上，刀刃要求锋利，无崩缺。梁的左右两边或对称孔内装有 2 个零点调节螺丝，用以调整天平空载时的平衡位置。

3 个刀口的锋利程度对天平的灵敏度有很大的影响。刀口越锋利，和刀口相接触的刀承越平滑，它们之间的摩擦越小，天平的灵敏度越高。所以应特别注意保护刀口，在不使用天平或加减物体和砝码时，必须把天平关闭。

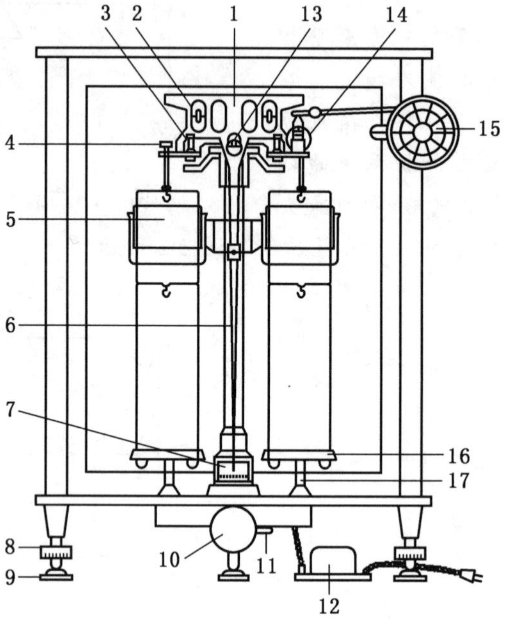

图 2-3 半自动电光天平的正面图

1. 横梁 2. 平衡螺丝 3. 支柱 4. 吊耳 5. 阻尼器 6. 指针 7. 投影屏 8. 水平调节螺丝 9. 垫脚 10. 升降旋钮 11. 调零杆 12. 变压器 13. 刀口 14. 圈码 15. 圈码指数盘 16. 秤盘 17. 盘托

横梁上有重心铊，重心铊上下移动可改变横梁重心位置，用于调整天平的灵敏度（出厂时已调整好）。

(2)天平支柱

垂直固定在底座上，位于天平正中。柱的上方嵌有玛瑙平板，它与梁中央的玛瑙刀口接触。柱上装有能升降的托梁架，在天平休止时，托住天平梁，使玛瑙刀口与平板脱开，以减少磨损，保护玛瑙刀口和平板。切不可接触未将天平横梁托起的天平，以免磨损刀口。

(3)吊耳

吊耳（也称蹬）如图 2-4 所示，吊耳承重板的中间面向下的部分嵌有玛瑙平板（刀承）与天平梁两端的玛瑙刀口接触。吊耳承重板的两端面向下有两个螺丝凹槽。天平不用时，凹槽与托梁架上的托吊耳螺丝接触，将吊耳托住，使玛瑙刀口和刀承脱开，以减少刀口的磨损。吊耳上还装有挂托盘和空

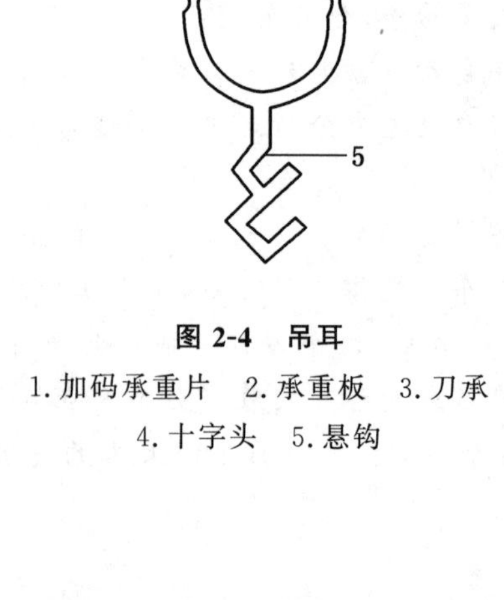

图 2-4 吊耳

1. 加码承重片 2. 承重板 3. 刀承 4. 十字头 5. 悬钩

气阻尼器内筒的悬钩。

(4)空气阻尼器

空气阻尼器是由两个铝制的圆筒形盒构成,外盒固定在天平柱上,内盒比外盒略小,正好套入外盒之中,两盒四周间隙均匀,没有摩擦。当天平梁摆动时,内盒随天平横梁而在外盒内上下移动,由于盒内空气阻力的作用,使天平横梁较快地停摆而达到平衡,从而提高了工作效率。左、右两个内筒有“1”、“2”标记,不可错挂。

(5)秤盘和盘托

秤盘是悬挂在吊耳钩上供放置砝码和被称量物品用的。停止称量时,盘托上升,把秤盘托住。左、右两个盘托也刻有“1”、“2”标记。

(6)读数系统

光学读数系统是对微分标尺进行光学放大的机构。指针装在天平梁的中间,它的下端贴有一个透明微分标尺,通过光学读数系统,使微分标尺上的刻度放大,再反射到投影屏上读出天平的平衡位置。如图2-5所示为天平读数的光路系统。

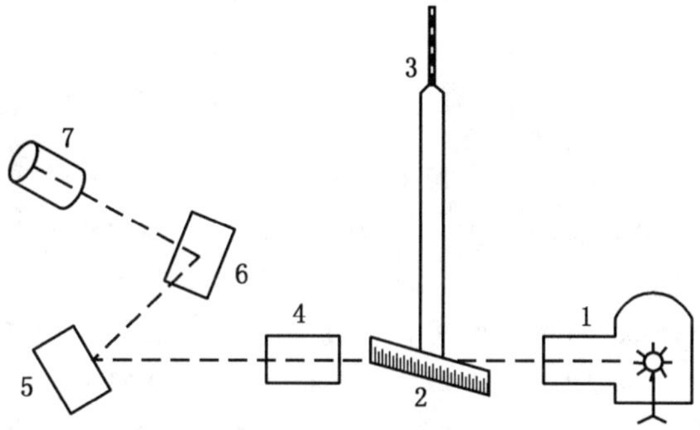

图2-5　天平读数的光路系统

1.光源　2.微分标尺　3.指针　4.透镜　5,6.反射镜　7.屏幕

投影屏中间有条垂直刻线,标尺投影与刻线重合即为天平的平衡位置。微分标尺刻有10大格,每一大格相当于1 mg,每一大格又分为10小格(即10分度),每分度相当于0.1 mg,因此当投影屏上显示出的标牌读数向右(或左)移动1大格时,相当于右盘上增加(或减少)1 mg砝码,偏移1小格相当于增减0.1 mg砝码,所以在投影屏上可直接读出10 mg的质量。

(7)旋钮

旋钮,也称升降旋钮,是天平的重要部件,它在天平台下正中,是天平的制动系统。它连接托梁架、盘托和光源,使用天平时,旋开旋钮,可使:

①托梁架下降,横梁上的3个刀口与相应的玛瑙平板接触;

②盘托下降,吊耳和天平盘即可自由摆动,天平进入工作状态;

③接通光源,在屏幕上可看到标尺的投影。

使用天平时,顺时针转动升降旋钮,天平梁微微下降,刀口和刀承互相接触,天平开始摆动,称为“启动”天平。此时,天平受到振动或碰撞,刀口容易损坏,“休止”天平时,反时针转动开降旋钮,把天平梁托起,此时刀口和刀承间有小缝隙,不再接触,可以避免磨损,切不可触动未休止的天平。无论启动或休止天平,均应轻轻地、缓缓地转动升降旋钮,以保护天平。

(8)机械加码

圈码指数盘上刻有圈码质量值,有内、外两层,外层为 100～900 mg,内层为 10～90 mg。

天平平衡时,可由指数盘直接读出圈码的质量,如加圈码 210 mg 时,指数盘如图 2-6 所示。

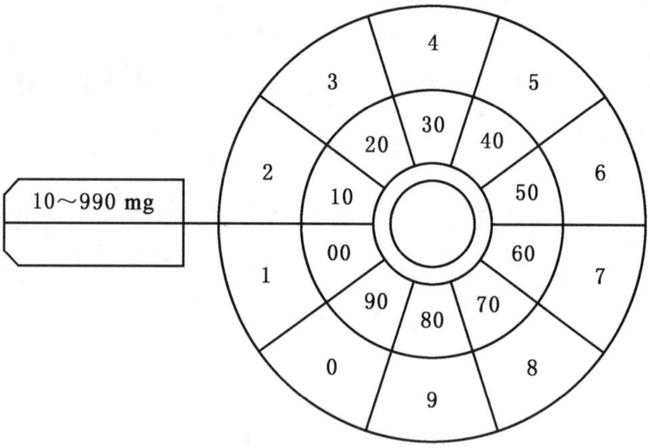

图 2-6　指数盘

注:内层为 10～90 mg;外层为 100～900 mg。

在加减环码时,要轻轻地,一挡一挡地转动指数盘的旋钮。关闭天平,用右手转动指数盘外圈,根据"从大到小,折半加入"法增减圈码,半开天平,从投影屏上观察标尺移动来判断圈码是否合适。指数盘外圈调好后,再用同样方法调节内圈指数盘,直至天平平衡。

(9)框罩及水平调节脚

框罩也称天平箱,用以保护天平不受灰尘、热源、潮湿、气流等外界条件的影响。玻璃框罩的外框是木制框架,三面镶有玻璃门,前门可上下升降,便于在安装、清洁和修理天平时用,称量时不用。左侧门用于取放称量物,右侧门用于取放砝码,称量时使用。天平箱下装有三只脚,前面两只装有螺旋,用以调节天平的水平位置,如图 2-7 所示。天平柱的上方装有气泡水准仪。后面一只脚是固定的。

(10)砝码

每架天平都附有一盒砝码。砝码具有确定的质量和一定的外形,它们按一定组合排列在砝码盒中,砝码的单位为克,面值相同的砝码如两个 2 g 的砝码,互相间有极小差异,因此砝码上面刻有标号 *,以示区别。称量时,为了尽可能地减小称量误差,对同一试样做几次称量时,应尽量使用同一个砝码,以消除由于砝码不同而造成的称量误差。以最大称量为 200 g 的分析天平为例,其盒内一般由以下一组砝码组成:

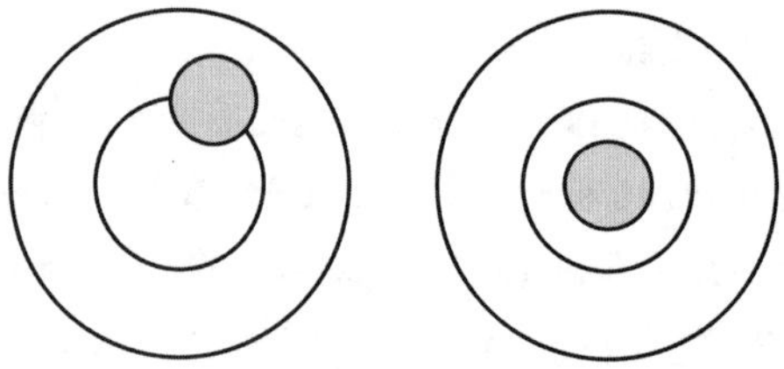

图 2-7　水平泡指示

100 g	1 个	50 g	1 个	20 g	2 个
10 g	1 个	5 g	1 个	2 g	2 个
1 g	1 个				

砝码是衡量质量的标准，它本身的精度直接影响称量的准确度。

砝码长期使用之后，其质量或多或少总有些改变，所以必须按使用的频繁程度，定期予以核准或送计量部门检定。

三、分析天平的性能与天平的检查调整

(1)灵敏度

①灵敏度及其影响因素。天平的灵敏度是指天平达到平衡时，在一个盘上增加 1 mg 重量时所引起的指针偏转的程度。指针偏转程度愈大，天平灵敏度愈高。通常是以增加 1 mg 时，指针在刻度标尺上偏移的格数来表示(格/mg)，例如，某台天平达到平衡时，在一秤盘上增加 1 mg，指针偏移 2 小格，则天平的灵敏度为 2 格/mg。如图 2-8 所示，天平梁 AOB 的支点为 O，天平臂长(OB 或 OA)为 l，天平梁与指针的重量为 W，重心为 G，G 与 O 之间的距离为 d，天平盘重量为 p，当天平空载达平衡时，指针指向 OD，当在右盘上增加一个小重量 m，天平梁倾斜至 OA'，指针偏转至 OD'，天平梁偏斜角度为 α，根据杠杆原理，支点右边的力矩应等于支点左边力矩之和，即：

$$(p+m)\times Ob = p\times Oa + W\times CG'$$

因为：

$$Ob = Oa = OB'\cos\alpha = OB\cos\alpha = l\cdot\cos\alpha$$

$$CG' = OG'\sin\alpha = d\sin\alpha$$

所以：

$$m\cdot l\cos\alpha = W\cdot d\sin\alpha$$

则：

$$\frac{\sin\alpha}{\cos\alpha} = \frac{m\cdot l}{W\cdot d} = \mathrm{tg}\alpha$$

当 α 很小时，可以认为 $\mathrm{tg}\alpha=\alpha$，则 $\alpha=\dfrac{m\cdot l}{W\cdot d}$。

α 角用弧度表示，当指针长度一定时，α 角可以用对应弧 OG' 即指针位移的距离表示。

当 $m=1$ mg 时，指针偏移角度 α 或指针偏移的格数，即为天平的灵敏度。

$$灵敏度 = \alpha = \frac{l}{W\cdot d}$$

由上式可知，天平的灵敏度与下列因素有关：a. 横梁的重量 W 越大，天平的灵敏度越低。b. 天平的臂长 l 越长，灵敏度则越高。但天平的臂太长时，横梁的重量增加，并使载重时的变形增大，灵敏度反而降低。c. 支点与重心的距离 d 越短，灵敏度越高。同一天平的臂长 l 和梁重 W 是固定的，只能改变 d 来调节天平的灵敏度。天平的灵敏度太低，称量的准确度难以满足；相反，天平的灵敏度太高，天平就不稳定，达到平衡就不容易，称量困难。因此，若天平的灵敏度太低，可将重心螺丝(在支点的下方)与支点的距离缩短；若天平的灵敏度太高，可将重心螺丝与支点的距离增大。应该指出，天平的臂在载重时略向下垂，以致臂的实际长度减小，而梁的重心也略向下移，故载重后，灵敏度减小。

实际上，天平的灵敏度还取决于三个玛瑙刀口的锋利程度。刀口越锋利，摆动时刀口摩擦越小，灵敏度就越高；若刀口崩缺，不论如何移动重心螺丝，也不能显著提高灵敏度。所以，使用天平时，应注意保护天平的刀口，勿使其受损失。

天平的灵敏度表示出天平能够感觉出两盘载重重量差的一种能力，所以，天平的灵敏度也可用分度值（或称感量）来表示。天平的分度值（感量）是指在平衡状态下指针偏移一格时所需要的毫克数，显然分度值（或感量）=1/灵敏度，单位是 mg/格。

例如，TG-628B 型阻尼天平的灵敏度为 2.5 格/mg，则感量为 0.4 mg/格，TG-328B 型半自动电光天平的感量为 0.1 mg/格，则灵敏度为 10 格/mg。感量为 0.4 mg/格的阻尼天平为万分之四分析天平。感量为 0.1 mg/格的电光分析天平称为万分之一分析天平，分析天平的型号不同，感量和最大载重量不一定相同，使用时应予以注意。天平灵敏度示意图见图 2-8。

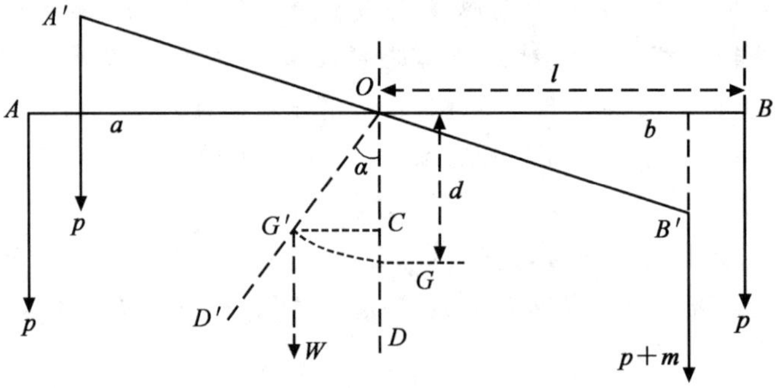

图 2-8 天平灵敏度示意图

②灵敏度的测定。

a. 零点的测定：接通电源，检查天平处于水平状态时，慢慢转动升降旋钮，开启天平，在天平空载时，检查投影屏上标线对准的刻度数位置。如零点与投影屏上的标线重合，此时，零点已调准，如不重合，可移动底板下的调零杆、左右移动投影屏的位置，使零点与标线重合。如零点与投影屏上的标线相差较远，可转动横梁上的左右平衡螺丝使其重合。检查零点的不变性，注意投影屏位置即标线位置，在整个称量过程中不能随意变动。

b. 灵敏度的测定：调好零点，关闭天平。在天平（TG-328B 型）的左盘上放一个校正过的 10 mg 片码或圈码。再开启天平，标尺应移至 9.9～10.1 mg 范围内，即读数在 100±1 格范围内均属合格。如不合格，应移动重心调节螺丝，改变灵敏度，直至标线指为 9.9～10.1 mg。注意在每次移动重心调节螺丝后，都要重新调节零点后，再加上 10 mg 砝码测其灵敏度。

在天平有 20 g 载重情况下，再测一次分度值，结果应在 100±1 格范围内（标尺移至 9.9～10.1 mg 范围内），即属合格。

注意：天平载重时，臂略有变形。因此，灵敏度也随之有微小的变化，必要时，可绘制灵敏度的校正曲线。天平载重 0 g、10 g、20 g、30 g、40 g、50 g 等时测定相应的载重灵敏度，然后以灵敏度为纵坐标，载重量为横坐标，绘制灵敏度曲线。

(2) 天平的正确性（不等臂性）

天平的正确性是指横梁两臂具有正确固定的比例关系，等臂天平要求两臂长度相等，不等臂天平则要求两臂长度符合设计规定的比例范围。由于天平横梁两臂材料不稳定，装配工艺和温度等影响，做不到严格相等。由于臂比不等而引入的误差称不等臂性误差，在检定结果中，天平的正确性以天平全载时的称量误差表示。

①检查天平不等臂方法如下：

a. 调节零点在“0.00”。

b. 左、右两盘各加最大载重的等重砝码，测其停点，如读数为“0.00”，表示两臂等长，否则不等长。

②消除方法：调整天平梁两端边刀中任一刀口的位置，使臂长相等。

(3)天平的稳定性和示值变动性

天平的稳定性就是指天平在受到扰动后，能自动恢复到原平衡位置的能力，对一般的天平来说，天平的稳定性，主要决定于横梁重心的高低。当重心在支点之下越远，天平就越稳定，反之，天平的稳定性越差。

天平的示值变动性，是指在不改变天平状态的情况下，多次开关天平，天平平衡位置的重复性，它实际上就是衡量结果的可靠程度。

天平的稳定性和示值变动性间有密切关系，但不是同一概念。稳定性主要与横梁的重心位置有关；而示值变动性除与稳定性有关外，还与天平的调整状态(如刀缝大小、三个刀是否平行)和环境因素(温差、气流、震动)有关。因此，示值变动性可以包括稳定性。

四、天平的称量方法

称量方法有直接称量法，固定重量称量法和差减称量法。在实际称量时，我们应根据称量要求和被称试样的性质采用不同的方法来提高称量的准确度，减少误差。

1. 直接称量法

就是将欲称量的物体直接放在天平上进行称量。此法用于称取不易吸水，在空气中性质稳定的物质，例如，称表面皿、称量瓶、坩埚、金属片等。假使要称取性质稳定的一些药品，先在分析天平上称表面皿、称量瓶等器皿的质量，再把药品放入器皿后称量，两次称量之差即为药品的质量。例如，用半自动电光天平直接称量一小烧杯的重量。步骤如下：

①称量前取下天平罩，叠好后放在天平箱上面。首先检查天平是否水平；圈码是否挂好；圈码指数盘是否指在“0.00”的位置；两盘是否空着，用小毛刷将天平盘清扫一下，如发现异常情况应报教师处理。

②调零点：接通电源，缓慢转动升降旋钮，调节投影屏上游标的零刻度线与投影屏上的标线重叠，即0.00位置。

③称量：把被称量的物品(小烧杯)放在台秤上粗称其质量，然后用一条干净的塑料薄膜或纸条套住小烧杯，放在调好零点的分析天平左盘的中央，把砝码放在右盘的中央，缓慢开动升降旋钮，观察光屏上的标尺移动方向。若标尺向右移动，表示砝码比物品重，应立即关闭天平，适当减去砝码；若标尺向左快速移动，并且出了刻度线，则表明砝码比物品轻，也应立即关上天平，再适当增加砝码。砝码选好后，关上天平边门，转动指数盘，用同样的方法，先转动外层指数盘，后转动内层指数盘，直至投影屏上的标线能落在刻度线0～10的任一位置，天平便达到平衡。

④读数：当投影屏上的标尺稳定后，就可以从标尺上读出10 mg以下的重量，天平标尺上既有正值的刻度，也有负值的刻度，称量时一般都使标线落在标尺的正值范围里，而不取负值，

以免求总重量时有加有减发生差错。这时砝码的质量加上指数盘上圈码的质量，再加上投影屏上的质量读数，即为被称物重。

例如，称小烧杯时，砝码为 50 g，指数盘圈码为 520 mg，投影屏的读数为 3.8 mg，则小烧杯的质量为 50.523 8 g。

⑤称量完毕后，记下物体质量。取出物体，砝码放回砝码盒中原来的位置上，关好天平边门，圈码指数盘回到原来位置，切断电源，罩好天平外罩，将坐凳放回原位，填写好天平使用记录卡，经老师签字允许后，方可离开天平室。

2. 固定重量称量法（指定试样质量的称量方法）

在分析工作中，有时要求准确称取某一指定质量的试样，例如：要求配制浓度为 $c\left(\frac{1}{6}K_2Cr_2O_7\right)=0.100\,0\ mol\cdot L^{-1}$ 的 $K_2Cr_2O_7$ 标准溶液 1 L，需称取 4.904 g $K_2Cr_2O_7$，这种方法便于计算结果或利用计算图表，必须采用固定称量法，此法要求试样在空气中不易吸水、性质稳定，如金属、矿石等，称量方法如下：

①在天平上准确称出容器的质量（容器可以是小表面皿、小烧杯、不锈钢制的小簸箕或碗形容器等）。

②在右盘上增加固定重量的砝码，在左盘器皿中逐次加入欲称取的物质，使停点达到理论值。如，准确称取某基准物 0.500 0 g，先在右盘上增加 0.500 0 g 砝码，然后用塑料匙于器皿中逐次加入少量基准物。每次加入后，要慢慢转动升降旋钮，稍稍开启天平，随即观察天平指针的偏移情况，判断加入的量是否已接近所需的质量，立即关上天平，反复同样操作，直到所加入的基准物离所需量很小时，完全开启天平，此时应极其小心地以左手持盛基准物的小塑料匙，伸向小烧杯中心部位上方的 2～3 cm 处，勺的顶部应在掌心上，用左手拇指、中指及掌心拿稳塑料匙，以食指轻弹（或敲）塑料匙柄，使试样慢慢散入容器中，直到投影屏上的读数与称量容器时读数相同，此时试样的重量恰好为 0.500 0 g。如图 2-9 所示。

图 2-9　固定称样法

3. 差减称量法

此法常用于连续称取多份易吸水、易氧化、易与空气中 CO_2 反应的物质，称量时，必须将试样放在称量瓶中进行。称取试样时，左手拿住以纸条套住的称量瓶如图 2-10 所示。先将盛有样品的称量瓶在台秤上粗称后，置于天平上，准确称量后从盘上取下，举在要放试样的容器（烧杯或锥形瓶）上方；右手用小纸片夹住瓶盖柄，打开瓶盖，将称量瓶慢慢向下倾斜，用瓶盖轻轻敲击瓶口，使试样缓缓落入所盛容器内，注意不要洒在容器外，如图 2-11 所示，当倾出的试样接近所要称取的质量时，将称量瓶慢慢竖起，同时用称量瓶盖继续轻轻敲一下瓶口，使黏附在瓶口的试样落入瓶内，再盖好瓶盖。然后再将称量瓶放回分析天平上称量，两次称量之差即为试样的质量。按上述方法连续递减，可称取多份试样。

称量瓶使用前须洗干净后，放在 150℃ 左右的烘箱内烘干后放入干燥器内冷却。烘干后的称量瓶不能用手直接拿取，而要用干净的纸条套在称量瓶上夹取，取盖时应垫上干净纸片，用差减法称量，在倒出试样时尽量要一两次就成功，避免多次反复或倒出过多，若倒出过多，只能弃去重称。

第一份试样重 $\Delta m_1 = m_1 - m_2$(g)　　第二份试样重 $\Delta m_2 = m_2 - m_3$(g)

第三份试样重 $\Delta m_3 = m_3 - m_4$(g)　　第 n 份试样重 $\Delta m_n = m_n - m_{n+1}$(g)

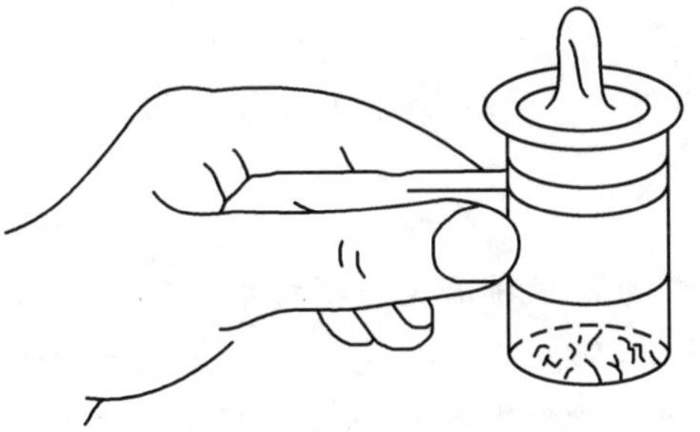

图 2-10　称量瓶拿法

图 2-11　倾出试样的方法

4. 挥发性液体试样的称量

用软质玻璃吹制一个具有毛细管的球泡，称为安瓿（或安瓿瓶），用于吸取挥发性试样，密封后进行称量，沸点低于15℃的试样，球泡壁应稍厚，泡壁均匀，在木板上敲击不碎。先称出空安瓿重量，然后将球泡部在火焰上微热，赶出空气后立即将毛细管插入试样中，同时，将安瓿浸在水浴中（碎冰＋食盐或干冰＋乙醇）待试样吸入到所需量（不超过球泡2/3）时移开试样瓶，使毛细管部试样吸入，用小火焰熔封毛细管，将熔下的毛细管部分赶去试样，和安瓿一起称量，两次称量之差，即为试样质量。盛装沸点低于20℃的试样时应带上有机玻璃防护面罩。

五、天平使用规则

①称量前先将天平护罩取下叠好，检查天平是否处于水平，盘上是否有污垢，用软毛刷清扫天平，检查天平各部位是否处于正常位置，天平是否水平，圈码指数盘是否在零位，圈码有无脱位；吊耳是否错位等。然后调整天平的零点。

②称量过程中要特别注意保护刀口，启动升降旋钮时，必须缓慢均匀，避免天平摆动过剧；增减砝码或取放物体时，必须将天平休止。不能在天平未休止的状态下，进行上述操作，这是保护天平刀口的关键。

③取放砝码必须用镊子夹取，严禁用手拿，加减砝码的原则是"由大到小，折半加入"，砝码只能放在砝码盒内和盘中，不能随便乱放。用指数盘加减圈码时应一挡一挡缓慢加减，以防圈码跳落或互撞。

④天平的前门在称量时不得随意打开，以防操作者呼出的热气和空气流进入天平箱，影响准确称量，称量过程中取放物体、加减砝码只能打开天平的左右两边侧门。

⑤被称物和大砝码要放在天平盘的中央，避免秤盘左右摇动。化学试剂和试样不得直接放在天平盘上，应盛放在干净容器中称量；对于腐蚀性气体或吸湿性物质，必须放在称量瓶或

其他适当的容器中称量。

⑥称重的物体必须与天平箱内温度一致，不能把过热、过冷的物体放在天平中称量，以免引起空气对流使称量的结果不准确，为了防潮，天平箱内应放有吸湿用的干燥剂(如硅胶，无水氯化钙等)。

⑦天平载重绝对不能超过天平的最大负荷，否则易损坏天平，在同一实验中，应使用同一台天平和配套的砝码，并注意相同面值的两个砝码的区别，确定其中哪一个优先使用。

⑧称量的数据应及时记录在记录本上，不能记在纸片或其他地方，以免遗失，前功尽弃。

⑨称量完后，必须检查天平是否关闭，砝码是否复原，称量物是否已取出，指数盘是否已恢复到零位，两个侧门是否关好，罩上天平罩，切断电源。

⑩天平使用后，必须认真填写使用卡片，交老师验收签字后，方能离开天平室。

六、常见故障的排除

分析天平在使用过程中，有时会出现一些故障，故障的排除是一项技术性很强的细致工作，在未掌握一定的技术之前不应乱动，天平的大修，一般由专门人员进行。然而，一般的操作人员掌握一些常见故障及其产生原因和修理方法，对正确使用天平，排除一些小故障是非常有益的。表 2-2 列出了等臂双盘天平常见故障及排除方法。

表 2-2 等臂双盘天平常见故障及排除方法

天平故障	产生原因	修理方法
阻尼器内、外筒间隙不等或发生摩擦	1. 天平安装不水平 2. 阻尼螺丝松动 3. 两筒之间掉进阻塞物	1. 调水准仪使气泡达中心位置 2. 松开阻尼架上的螺丝、重新调整、固定阻尼器 3. 检查两筒间有无阻塞物
天平灵敏度过高或过低(即感量过小或过大)	1. 天平梁的重心过高或过低 2. 天平的刀刃磨损变钝	1. 略微调整重心螺丝的高低，高一次测一次平衡位置及感量至合适为止 2. 提高重心螺丝无效，只能更换刀子
无刀缝(易使天平刀刃损坏及产生变动性)		调节翼子板上支放横梁的螺丝及支放吊耳的顶尖螺丝，使中刀缝为 0.3～0.25 mm，边刀缝为 0.2～0.15 mm
横梁摆动受阻：开启天平后，指针不摆动或摆动不灵活，光电天平的标尺时动时不动，或摆动至某一位置时突然受阻	天平活动部分和固定部分发生摩擦引起的主要原因有： 1. 水平不对 2. 活动阻尼筒与固定阻尼筒之间有纸毛或摩擦 3. 吊耳与刀盒或翼子板间相碰 4. 指针微分标牌与物镜相碰 5. 盘托杆与孔壁摩擦，盘托落不下去 6. 圈码和加码槽或加码杆及钩相碰或圈码变形导致相碰撞	1. 检查并调整水平，必要时另取一水平仪放于天平底板上校验天平的水平泡 2. ①刷去内外阻尼筒的灰尘杂物；②将内筒旋转 180°，再挂上试之；③从上部观察两阻尼筒之间的间隙，松开固定外阻尼筒的螺丝，移动外筒位置，使内外筒间隙相等后紧固 3. 调动支放吊耳的顶尖 4. 移动物镜使其不相碰 5. 检查盘托是否左右放错，修整盘托杆使其光滑易下落 6. 调整加码杆的高低长短位置，细致纠正加码钩的位置，整复圈码

续表 2-2

天平故障	产生原因	修理方法
加码器失灵	1. 加码器指数盘互相摩擦产生连动 2. 加码杆起落失灵	1. 拧松固定螺丝，略向外移动小指数盘，再拧紧螺丝 2. 取下加码装置的外罩，检查是否有螺丝松动或位置不对，调节之，适当上机油
投影屏满光但不显标尺	1. 光线焦点不在刻度线上 2. 缩微标尺安装过高或过低	升降缩微标尺，使刻度线对准光线的焦点
圈码不落在槽上或跳出槽外	1. 圈码钩形状不正 2. 操作动作过大	1. 扭正圈码钩 2. 缓慢操作圈码指数盘
光电天平开启天平后灯泡不亮	1. 插销或灯泡接触不良 2. 灯泡坏 3. 由升降枢控制的微动开关触点生锈，接触不良或未接触上	1. 检查插头，小变压器接头、灯座 2. 更换灯泡 3. 卸下天平梁，挂码等活动零件横放天平，用砂纸打磨接触点或弯曲接触片使其位置合适
指针摆动不稳定	1. 天平箱有气流通过 2. 被称物品易挥发或易吸潮 3. 被称物未冷至室温	1. 关闭天平门 2. 将被称物放在有盖的容器中，快速称量 3. 将被称物冷至室温后称量
投影屏上光线暗淡或有黑影缺陷	1. 光源与聚光管不在一条直线上 2. 第一、二反射镜位置不对	1. 使灯亮，取下灯光罩，调整灯座位置使小灯泡射出最亮光，再插上聚光管，调整聚光管前后位置，使 40 mm 处成一圆形光最亮为止 2. 调整第一反射镜角度使光充满窗口
盘托高低不合适		取下称盘，取出托盘器，调节下端的螺母，再安上试，直至用手轻推秤盘晃动几下后即停止摆动，盘托微托住秤盘止
耳折及吊耳脱落	1. 吊耳在开启天平时左右折是翼子板上支放吊耳的顶尖靠里或靠外，使吊耳在刀刃上不能平衡 2. 前后折是两顶尖高度不合适使前后刀缝不等 3. 吊耳脱落是因操作太重或太不平衡时全开天平或严重耳折引起 4. 托盘太高	1. 少许拧松固定顶尖的螺母，左右移动顶尖(向外折时向里移)至不折为止，再小心紧固 2. 用拨棍升高或降低顶尖螺丝 3. 调节托盘至适当位置
带针——开启天平时指针总是向一边偏移之后再逐渐进入正常摆动	1. 横梁不水平 2. 边刀缝不等，中刀缝小于边刀缝，致使某边刀刃先接触 3. 翼子板上各顶尖及支放横梁的螺丝及横梁上的各点，槽面有灰尘及脏物或加工粗糙 4. 某一边盘托太高使盘不能下降	1. 用量刀尺量两边刀到底板的高度，调整之 2. 调节刀缝 3. 用酒精小棉棍擦各接触点，注意勿留下棉花毛，也可用鹿皮擦 4. 加工粗糙的可以再加工或更换零件，有时是横梁两边不一样重，不易消除带针

七、电子分析天平

BS110S型电子分析天平是一种精度高、可靠性强、操作简便的称量仪器，可以快速得到高精度的称量结果。BS110S最大载重为110 g，分度值为0.000 1 g。BS110S电子天平构造如图2-12所示。

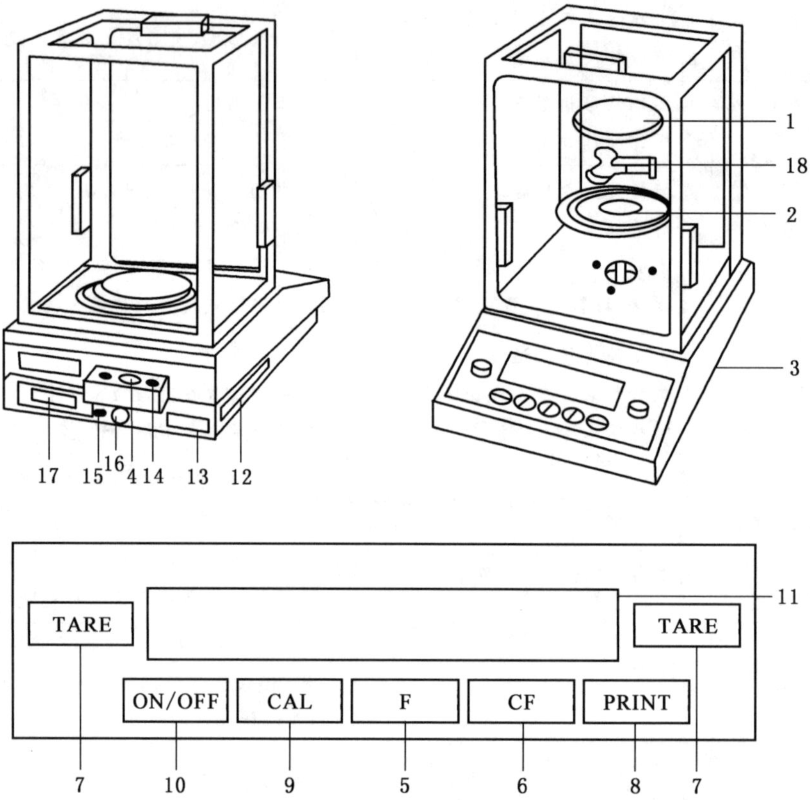

图2-12 BS110S电子天平构造示意图

1.秤盘 2.屏蔽环 3.地脚螺栓 4.水平仪 5.功能键 6.CF键 7.除皮键 8.打印键(数据输出) 9.调校键 10.接通/关断键 11.显示器 12.带有计量参数的计量检定合格标签 13.带有CE标记的型号牌 14.防盗装置 15.菜单(去联锁开关) 16.电源接口 17.数据接口 18.底盘

1. 天平的操作方法

(1)调节天平水平

(2)预热

为了达到理想的测量结果，电子天平在初次接通电源或者在长时间断电之后，至少需要30 min的预热时间，只有这样，天平才能达到所需的工作温度。

(3)接通电源

按下ON/OFF开关，电子称量系统自动实现自检功能。当显示器显示0.000 0 g(空载)，自检过程结果，此时，天平工作准备就绪。

(4)清零

只有当仪器经过清零之后，才能执行准确的重量测量。请按下两个除皮键(TARE)中的任一个，以便使质量显示为 0，这种清零操作可在天平的全量程范围内进行。

(5)称量

①直接称量法。将物品放到称量盘上，显示屏上的数据稳定值即为该物品的质量。

②固定重量法。

例：需称取 4.904 g $K_2Cr_2O_7$。

将称量瓶(或烧杯)放到称量盘上，显示器稳定后的数据即为该容器的质量，此时，按一下除皮键，显示屏显示为“0.000 0”，然后用试剂匙于器皿中逐次加入少量 $K_2Cr_2O_7$，观察显示屏上的数据，稳定后，再进行下一次的加入直至屏上刚好出现 4.904 g 时止，容器中 $K_2Cr_2O_7$ 的质量即为 4.904 g。

③差减称量法。先称取瓶和试剂的总重 m，然后逐步向外转移至所需质量得 m_2，(m_1-m_2)即为第一份容器中的试样质量，进行差减称量时应等待显示屏上的数据稳定后再记录读数。

(6)取出物品

清扫天平称量盘，关闭电源。

(7)填写天平使用卡片

交指导教师签字验收后，方能离开实验室。

2. 注意事项

①天平使用前要预热 30 min。

②显示屏上若有其他显示，请勿乱按键盘。

③天平最大载重为 110 g，载重使用绝对不能超过天平的最大负荷，否则易损坏天平。

3. 常见的故障排除

电子天平的常见的故障及排除如表 2-3 所示。

表 2-3　电子天平的常见故障及排除

故障	原因	排除
显示器上无任何显示	1. 无工作电压 2. 未接变压器	1. 检查供电线路及仪器 2. 将变压器接好
在调整校正之后，显示器无显示	1. 放置天平的表面不稳定 2. 未达到内校稳定	1. 确保放置天平的场所稳定 2. 防止振动对天平支撑的影响 3. 关闭防风罩
显示器显示“H”	超载	为天平卸载
显示器显示“L”或“Err54	未装秤盘或底盘	依据电子天平的结构类型，装上秤盘或底盘

续表 2-3

故障	原因	排除
称量结果不断改变	1.振动太大，天平暴露在无防风措施的环境中 2.防风罩未完全关闭 3.在秤盘与天平壳体之间有一杂物 4.吊钩称量开孔封闭盖板被打开 5.被测物重量不稳定(吸收潮气或蒸发) 6.被测物带静电荷	1.通过"电子天平工作菜单"采取相应措施 2.完全关闭防风罩 3.清除杂物 4.关闭吊钩称量开孔
称量结果明显错误	1.电子天平未经调校 2.称量之前未清零	1.对天平进行调校 2.称量前清零

实验 3　微型实验操作

一、实验目的

掌握微型化学实验仪器的正确使用方法，树立微型化学实验的观念。

二、实验原理

微型化学实验不是常规实验的简单缩微或减量，而是在微型化的条件下对实验进行重新设计和探索，达到用很少的试剂来获取尽可能多的化学信息。微型化学实验，具有试剂用量少、污染性小、现象明显、操作简单、效果优良、成本低廉等特点。微型化学实验仪器因材质和量不同于常规玻璃仪器，其缺点也较明显，因此在实践中有必要探索正确的使用方法，以保障实验过程和结果的准确性，同时尽可能延长仪器的使用寿命。

三、实验用品

1. 仪器

试管、离心试管、酒精灯、点滴板、量筒、多用滴管、微量滴头、井穴板、滴瓶。

2. 试剂

0.500 0 $mol \cdot L^{-1}$ HCl、食醋、待标定碱溶液、酚酞。

四、实验内容

(1)多用滴管和井穴板的使用；(2)碱溶液的标定；(3)样品的测定。

五、实验步骤与记录

实验步骤	实验记录
一、多用滴管和井穴板的使用 多用滴管液滴的大小主要取决于径管口径的大小，同时与按捏吸泡时用力强弱、吸泡内液面高度、操作温度、径管与水平面角度和滴管中液体的密度等因素有关。另外，径管内空气是否排净、外壁是否沾有液体等偶然因素也会显著影响液滴的体积。井穴板是微型化学实验的主要反应容器，它能起到烧杯、试管、试剂储瓶、点滴板、比色管等作用，使用时要保护井板底面光洁。避免磨毛。	1. 用多用滴管滴加液体的正确操作：拇指和食指缓缓用力按捏已吸有液体的吸泡并使径管朝下垂直于水平面，排出径管内的气体。用小块吸水纸擦干径管外壁，最后略为加大挤力，使液滴逐滴滴出。在微型实验中要掌握由多用滴管逐滴放出一定数目的、大小均匀的液滴的操作技巧。

续表

实验步骤

1. 径管角度与液滴大小的关系

取一支多用滴管，按捏吸泡吸入 0.01 mol·L^{-1} $KMnO_4$ 到吸泡 2/3 处(可先作标记)，擦干径管外壁，轻捏吸泡。驱出径管中空气，保持径管与水平面垂直(90°)，按捏吸泡逐滴把 $KMnO_4$ 溶液加到 0.7 mL 的井穴板的 1# 孔穴中，计滴数，直至溶液刚好充满孔穴。重复操作向 2# 孔穴滴加 $KMnO_4$ 溶液，两次平行操作液滴数相差不应大于 1 滴。在滴加的全过程中，拇指与食指要始终按捏着吸泡(不得松手)防止空气窜入吸泡中，造成操作误差。

用上述方法按 45°、180°分别滴加，记下滴数。由此可得什么结论？

2. 多用滴管的标定

一般采用体积法，用 1 个洁净、干燥的 10 mL 量筒，小心地把盛水的多用滴管伸入量筒内，滴入水到 1.0 mL 刻度处作起点(不要溅湿量筒和上部筒壁)，再把此滴管吸入水到吸泡 2/3 处，伸入量筒中，逐滴滴加 20 滴、40 滴、60 滴并记下相应的体积，求出液滴的平均体积。

3. 微量滴头的标定

把微量滴头套在一支未拉细的多用滴管的径管上，就构成了毛细滴管，然后按 2 法测定液滴体积(一般 0.025 mL)。

二、碱溶液的标定

用 2 mL 吸量管移取 1.50 mL 标准酸溶液置于井穴板中，加入适量指示剂，以盛有待标定溶液的多用滴管进行滴定，至指示剂变色，记下消耗的体积，求算待标定碱溶液的浓度。重复操作，直至两次平行滴定相对平均偏差不超过 0.2%。

计算公式：$c(\text{碱})=\dfrac{c(\text{酸})V(\text{酸})}{V(\text{碱})}$

三、样品的测定

食醋样品准确稀释 5 倍，取稀释液 1.50 mL 移入井穴板中，加入指示剂，用盛有标准碱溶液的多用滴管套上微量滴头进行滴定，记下标准溶液消耗体积，求样品稀释液浓度。重复操作，直至平行测定 2 次数据相对偏差不超过 0.2%。

实验记录

多用滴管的操作

角度	滴数		
	Ⅰ	Ⅱ	平均
45°			
90°			
180°			

套微量滴头的多用滴管操作

角度	滴数		
	Ⅰ	Ⅱ	平均
45°			
90°			
180°			

结论：________________

	滴数	体积	平均体积
多用滴管	20		
	40		
	60		
微量滴头	30		
	50		
	70		

2. 碱溶液的标定

酸标准溶液浓度 c(酸)：________

酸标准溶液体积 V(酸)：________

滴定消耗 NaOH 体积 V(碱)：

(1)________

(2)________

指示剂及变色范围：________

续表

实验步骤	实验记录
计算公式：$c_{稀释液}(HAc)=\dfrac{V(碱)c(碱)}{V_{稀释液}(HAc)}$ $c(HAc)=\alpha\times c_{稀释液}(HAc)$	3.样品测定 样品体积 V_1：______ 样品体积 V_2：______ V(碱 1)：______ V(碱 2)：______ 指示剂及变色范围：______

六、结果与讨论

碱溶液的标定		1	2
c(HCl)			
ΔV(HCl)			
ΔV(NaOH)			
c(NaOH)	计算值		
	平均值		
相对平均偏差			

食醋样品测定		1	2
c(NaOH)			
ΔV(NaOH)			
ΔV(样品)			
c(样品)	计算值		
	平均值		
相对平均偏差			
食醋浓度			

七、思考题

影响多用滴管液滴体积的主要因素有哪些？在使用时应注意什么？

日期：　　**学生姓名：**　　**指导教师：**　　**实验成绩：**

实验态度(10 分)			实验记录(30 分)			实验操作(30 分)			结论与思考题(30 分)		
差 0～3	良 4～7	优 8～10	差 0～15	良 16～25	优 26～30	差 0～15	良 16～25	优 26～30	差 0～15	良 16～25	优 26～30

【背景知识】

微型实验仪器

微型化学实验是指以微小量的试剂，在微型化的仪器装置中进行的化学实验，其试剂用量比对应的常规实验节约90%以上。微型实验有两个基本特征：试剂用量少和仪器微型化。因此，开发和推广微型化学实验是节省试剂、缩短教学学时、增强学生的环保意识、改善实验环境、提高实验教学质量的方向性改革，特别是在教学经费紧张的情况下，开发和推广应用微型化学实验有着更大的现实意义。

随着科学技术的发展、实验仪器精确程度的提高，化学实验的试剂和样品用量逐渐减少。20世纪70年代后，为了减少污染，保护人类生存的环境，化学实验的新方法和新技术越来越受到人们的重视；各国政府先后对三废排放、有害物质最高允许排放浓度等做了严格的规定。在这种背景下，微型化学实验应运而生。近20年来，作为化学实验改革的一种重要手段，微型化学实验在国内外日益发展，并广泛应用。美国是最早开展微型化学实验的国家。我国对微型化学实验的研究和应用始于1988年高等学校教育研究中心第二次学术会议上，杭州师范学院周宁怀教授做的国外微型化学实验的研究和发展报告。1992年国内自编的首本《微型化学实验》出版。此后，天津大学沈君朴主编的《无机化学实验》、清华大学袁书玉主编的《无机化学实验》、西北大学史启祯等主编的《无机与分析化学实验》等教材已收载了一定数量的微型实验。2000年周宁怀主编了《微型无机化学实验》。迄今为止，全国百余所院校在有关化学实验教学中，不同程度地采用了微型化学实验，显示了微型化学实验在国内已进入大面积推广阶段。同时，微型化学实验技术在科学研究、环境监测、医药卫生、工农业生产与应用等方面，呈现出令人瞩目的发展前景。

目前，定型的微型实验仪器，可按制作材料分为玻璃仪器和高分子材料的仪器两大系列。Mayo和Wicliamson分别设计以他们名字为型号的成套玻璃仪器均可放置在一个与16开书籍大小一般的塑料盒中。

国产微型化学制备仪，由南京十四中玻璃仪器厂批量生产，全套共计20个品种。可进行主要原料试剂在1 mmol上下的有机制备、无机合成等实验，还可分离出馏分量在50 μL左右的馏液和升华提纯几毫克的固体。

除了成套的微型化学实验仪器外，其他微型化学实验仪器有：

(1)微型离子交换树脂柱

取长度为18 cm左右玻璃毛细滴管(5 mm)细端接上乳胶管并加螺丝夹，滴管底部填入少许玻璃毛或棉花，把经过溶胀的离子交换树脂柱装入管内，树脂层高10 cm左右(装入量相当于1 g干树脂)，这就是一支微型离子交换柱。它与经过标定的多用滴管及六孔井穴板配合使用，可进行去离子水制取、离子分离等实验，也可用于离子交换条件探索等研究工作。

(2)玻管反应器

把内径为5～8 mm的硬质玻管，在煤气灯上加工成W形、V形管道反应器，简称玻管反应器用于一些产生少量气体的反应和一些气-液、气-固反应的实验，具有试剂用量少、反应现象明显、系列反应管道化、有害气体不易泄漏、污染少等优点。

(3)微型滴定管

把2 mL刻度吸量管尖嘴通过乳胶管(内有小玻璃珠)和5号针头相连就构成液滴体积约

0.002 mL/滴的微型滴定管。控制滴定剂用量在 1.5 mL 左右，其滴定误差与常规滴定一致。用于微量滴定操作，节省昂贵试剂的效果十分明显。

(4) 多用滴管

多用滴管由具有弹性的聚乙烯通过吹塑制成，由一个圆筒形的吸泡连接一根细长的径管而成。如图 3-1 所示。

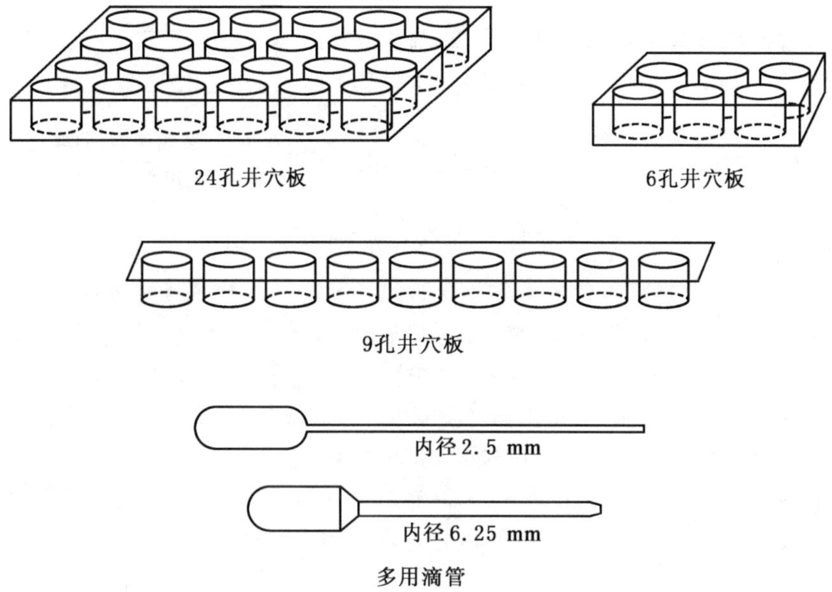

图 3-1 井穴板和多用滴管

多用滴管集储液与滴液的功能为一体，又能耐一般无机酸碱的腐蚀，是无机酸、碱、盐溶液的实用小滴瓶，适合学生实验时使用。一些易与空气中的 O_2、CO_2 等反应的试剂配制好后，即可按捏多用滴管的吸泡，使空气大部分排出，吸入所配的试剂至充满吸泡的 2/3 体积时，倒转滴管使径管朝上，轻挤吸泡，排出径管中的液体（可边排边用吸水纸吸去），然后在酒精灯上熔封径管口部，再用胶布及胶带纸贴上试剂标签，这样就完成了该试剂滴瓶的灌装封口工作。此试剂滴瓶可保存较长的时间并便于携带和存放，用一块厚度约 1 cm 的泡沫塑料，以合适的打孔器在上面钻几排孔就是一只实用的滴瓶架，微型滴瓶架目前市场有售。

多用滴管的径管经加热软化后可拉细（也可在室温下拉细）做成毛细管（图 3-2），可用它转移液体，若预先校准它的液滴体积（约 50 滴/mL），则通过液滴的数目可较准确的计量出滴加液体的体积，这时它成了少量液体滴加计量器和一个简易的微型滴定管。由于手工拉出的毛细管管壁薄，温度的变化对毛细管的影响颇大，液滴体积要经常校准比较麻烦。

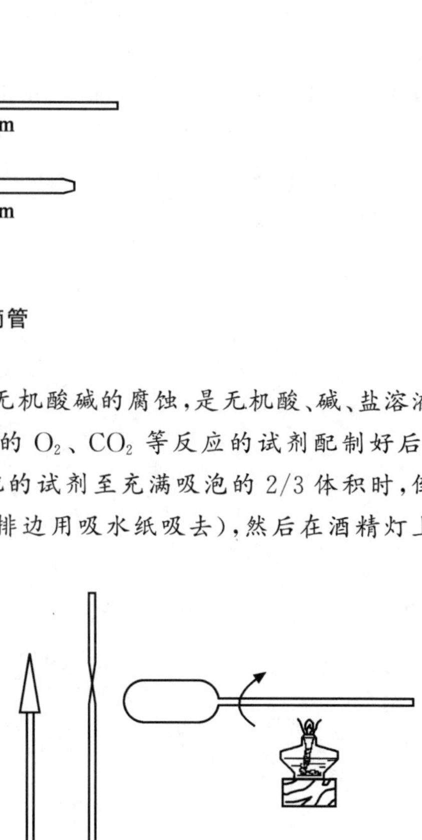

图 3-2 多用滴管径管的加工

实践发现，在多用滴管径管上紧套一个市售医用塑料微量吸液头（简称微量滴头），就组合成液滴体积约为0.025 mL的毛细滴管（图3-3），这时液滴体积不易变化，便于使用。

多用滴管的吸泡还是一个反应容器，也可放入离心机中离心，它的其余功能还有待于进一步开发。使用多用滴管时，流体的量是以“滴”计，1滴为0.020～0.040 mL，是常规实验液体计量单位mL的1/50左右，显著节省了化学试剂。

(5)井穴板

国外的井穴板以板上井穴数目来定规格，有96孔（井穴容积约0.3 mL）、24孔（约2.8 mL）、12孔（约6.3 mL）几种。

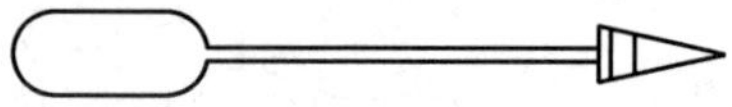

图3-3　多用滴管(a)与微量滴头(b)组成的毛细滴管

国内生产的井穴板现有96孔和40孔（约0.3 mL），这两种规格的井穴板医学界称为酶标板，9孔单条井穴板（约0.7 mL），6孔井穴板（约5 mL）。后两种在微型实验中应用较多，市场供应的井穴板多为透明的聚苯乙烯或有机玻璃材料，经压缩制成。对于井穴板的技术要求是：一块板上各井穴的容积应一致，同一列井穴的透光率相同。井穴板是微型化学实验的重要反应容器。温度不高于50℃的无机反应，一般都可在井穴板上进行，因而井穴板具有烧杯、试管、点滴板、试剂储瓶等功能，有时还可起到一组比色管的作用，颜色改变或有沉淀生成的无机反应在井穴板中进行，其现象明显，容易观察。

井穴板和多用滴管也存在缺点：不能在高于50℃的温度下使用；一些能与聚乙烯、聚苯乙烯作用的有机溶剂如CCl_4、$(CH_3)_2CO$等不能盛在这些器件中。

实验4　苯甲酸的重结晶

一、实验目的

了解利用重结晶法提纯化合物的意义和原理；掌握重结晶、热过滤、减压过滤的基本操作。

二、实验原理

重结晶是利用被提纯物质和杂质在某种溶剂中的溶解度差异提纯固体化合物的方法。

通常从制备或自然界得到的物质一般是不纯的，里面会含有杂质。纯化这些固体化合物的最有效方法就是选用合适的溶剂进行重结晶。固体化合物在溶剂中的溶解度随温度变化而改变，一般温度升高溶解度增加，反之则溶解度降低，把固体化合物在较高温度下溶于适当溶剂中制成饱和溶液，如果有不溶性杂质趁热过滤除去，将滤液冷却后，由于溶解度降低而变成过饱和溶液析出结晶，再经过滤即可得到较为纯净的固体物质。可溶性杂质留在母液中。

重结晶适用于提纯杂质含量在5%以下的固体化合物。杂质含量多的话，常需先用其他方法如水蒸气蒸馏、萃取等手段先将粗产品初步纯化，然后再用重结晶法提纯。

三、实验用品

1. 仪器

玻璃漏斗、热水漏斗、布氏漏斗、抽滤瓶、酒精灯、循环水泵、水浴锅、烧杯、锥形瓶、玻璃棒。

2. 试剂

苯甲酸、水、活性炭。

四、实验内容

(1)重结晶溶剂的选择；(2)用水做溶剂重结晶提纯苯甲酸。

五、实验步骤与记录

实 验 步 骤	实 验 记 录
1. 制备热的饱和溶液 将称量好的样品放于烧杯内，加入比计算量稍少些的选定溶剂，加热煮沸。若未完全溶解，可分批添加溶剂，每次均应加热煮沸，直至样品溶解。	1. 粗品质量：________ 粗品外观：________ 溶剂种类：________ 溶剂体积：________

续表

实验步骤	实验记录
2.脱色 若溶液中含有带色杂质,可加入适量活性炭(一般为粗品质量的1%~5%)脱色。操作:待热溶液稍冷后,加入活性炭,搅拌,再加热保持微沸5~10 min(切勿在接近沸点的溶液中加入活性炭,以免引起暴沸)。	补加溶剂次数:______ 补加溶剂体积:______ 现象:______ ______
3.热过滤 将短颈玻璃漏斗置于预热好的铜质热水漏斗上,放上多折滤纸。先用少量热的溶剂湿润,立即把热溶液分批倒入漏斗(不要倒得太满,也不要等滤完再倒,未倒的溶液和保温漏斗用小火加热,保持微沸),并将表面皿盖到漏斗上(凹面向下)。热过滤时一般不要用玻璃棒引流;接受滤液的容器内壁不要贴紧漏斗颈,以免滤液迅速冷却析出晶体,晶体沿器壁向上堆积,堵塞漏斗口,使之无法过滤。	2.脱色前溶液颜色:______ 脱色后溶液颜色:______ 活性炭性质:______ 3.现象:______ 原因:______
4.冷却析晶 将所得滤液静置冷却,使结晶析出。如要获得较大颗粒的结晶,需将滤液在室温下放置,让其慢慢冷却。一般迅速冷却并不断搅拌,则得到细小晶体。这样形成的结晶表面积大、吸附的杂质多。若冷却后仍无结晶析出,可用玻璃棒在液面下摩擦器壁或加入少量该化合物的结晶作为晶种,也可用冰水浴冷却,促使结晶析出。	热过滤的关键技术是:______ ______ 4.现象:______ ______
5.减压过滤 析出晶体与母液的分离,常用布氏漏斗进行减压过滤。为了更好地将晶体与母液分开,最好用清洁的玻璃塞将晶体在布氏漏斗上挤压,并随同抽气尽量除去母液。结晶表面残留的母液,可用尽量少的溶剂洗涤。洗涤时,先撤去真空,把溶剂均匀地洒在漏斗内的滤饼上,使全部结晶刚好被溶剂覆盖为宜。用玻璃棒或刮刀拨动晶体(勿把滤纸捅破),使晶体润湿。稍候片刻,再抽气抽干。重复1~2次,将晶体转移到表面皿上。	原因:______ ______ 5.晶体外观:______ 晶体质量:______
6.干燥、称量与测定熔点 减压过滤后的结晶,因表面还有少量溶剂,为保证产品的纯度,必须充分干燥。根据结晶的性质可采用不同的干燥方法,如自然晾干、红外灯烘干和真空恒温干燥等。 充分干燥后的结晶称其质量,测熔点,计算产率。如果纯度不符合要求,可重复上述操作,至熔点符合要求为止。	6.产品质量:______ 熔点:______ 是否再次提纯?______ ______

六、结果与讨论

1. 绘制热过滤装置，并标注仪器名称。

2. 绘制减压过滤装置（水泵略），并标注仪器名称。

产品外观形状	质量	回收率/%	熔点

本实验成败的关键：

七、思考题

1. 在锥形瓶中制备热饱和溶液时，长时间加热对重结晶实验有什么影响？若以有机溶剂为重结晶溶剂，必须安装什么装置？

2. 在热过滤中采用扇形折叠滤纸有什么好处？滤液中结晶形成的快慢对晶体纯度有什么影响？

3. 在布氏漏斗中，如果滤纸大小不合适，抽滤时会出现什么问题？

4. 用框图表示重结晶的实验流程。

日期： **学生姓名：** **指导教师：** **实验成绩：**

实验态度(10 分)			实验记录(30 分)			实验操作(30 分)			结论与思考题(30 分)		
差 0～3	良 4～7	优 8～10	差 0～15	良 16～25	优 26～30	差 0～15	良 16～25	优 26～30	差 0～15	良 16～25	优 26～30

【背景知识】

一、重结晶溶剂的选择

重结晶的关键是选择适当的溶剂。选用的溶剂应具备下列条件：

①与被提纯物质不起化学反应。②较高温度下待提纯物质在溶剂中溶解度大，低温时溶解度小。③对杂质的溶解度非常大(留在母液中将其分离)或非常小(通过热过滤除去)。④能得到较好的结晶。⑤溶剂的沸点不宜过低或过高。过低则溶解度改变不大，不易操作；过高则晶体表面的溶剂不易除去。⑥价格低，毒性小，易回收，操作安全。

重结晶提纯究竟选用哪一种溶剂，一方面可通过查阅化学手册或文献资料中的溶解度，根据“相似相溶”原理选择。例如含羟基的化合物，在大多数情况下或多或少地能溶解在水或乙醇中。另一方面可通过试验方法来确定。试验方法如下：

取几支小试管，各放入0.1 g被提纯物质并分别加入0.5～1 mL不同种类的溶剂，振荡下或微热，观察溶解情况。若固体很快溶解，表明溶解度太大，该溶剂不适用。若不溶，可加热至沸(严防溶剂着火!)。若仍不能溶解，小心分批加入溶剂至3～4 mL，继续加热至沸。若仍不能溶解，说明溶解度太小，也不适用。反之，若样品在1～4 mL沸腾溶剂中溶解，则将试管进行冷却，观察晶体析出情况。若晶体能正常析出，析出晶体最多的是最合适的溶剂。

通常情况下，寻找一种合适的单一溶剂是很困难的。往往一种物质在一些溶剂中的溶解度很大，而在另一些溶剂中的溶解度很小。此时，使用混合溶剂可能得到满意的结果。所谓混合溶剂，就是把对此物质溶解度很大和很小，且又能互溶的两种溶剂(如水和丙酮)混合起来，这样可以得到良好的溶解性能。一般先用溶解度大的溶剂将待纯化样品加热溶解(若有不溶物，趁热过滤除去；若有色，用活性炭在煮沸状态下脱色，然后趁热过滤)，向此溶液中小心加入热的不溶性溶剂，直至出现浑浊，然后加入溶解度大的溶剂使之澄清。将溶液放置冷却，使晶体慢慢析出。有时也可将两种溶剂按一定比例预先混合，其操作和使用单一溶剂时相同。常用的混合溶剂有：乙醇-水、乙酸-水、丙酮-水、甲醇-二氯甲烷、氯仿-乙醚、丙酮-石油醚、苯-石油醚等。

表4-1为常用重结晶溶剂的物理常数。

表4-1　常用重结晶溶剂的物理常数

溶剂	沸点/℃	冰点/℃	相对密度	与水的混溶性	易燃性
水	100	0	1.00	+	0
甲醇	64.96	<0	0.79	+	+
乙醇(95%)	78.1	<0	0.80	+	++
冰醋酸	117.9	16.7	1.05	+	+
丙酮	56.2	<0	0.79	+	+++
乙醚	34.51	<0	0.71	—	++++
石油醚	30～60	<0	0.64	—	++++
乙酸乙酯	77.06	<0	0.90	—	++
苯	80.1	5	0.88	—	++++
氯仿	61.7	<0	1.48	—	0
四氯化碳	76.54	<0	1.59	—	0

二、制备热饱和溶液

溶解样品的装置因所用溶剂不同而不同，并且根据溶剂的沸点和易燃情况，选择适当的方式加热。当用有机溶剂进行重结晶时，使用回流装置。将样品置于圆底烧瓶中，加入比需要量少的溶剂，投入沸石，开启冷凝水，开始加热并观察样品溶解情况。若未完全溶解可分次补加溶剂，每次加入后均需再加热使溶液沸腾，直至样品全部溶解。此时若溶液澄清透明，即可撤去热源，室温放置，使晶体析出。若有不溶性杂质，则过滤以后，冷却滤液得到结晶。

在以水为溶剂时，原则上用锥形瓶溶样，在石棉网上加热，其他操作同前，只需估计并补加因蒸发而损失的水。若使用水与有机溶剂的混合溶剂，则按照有机溶剂处理。

溶样过程中，要注意判断是否有不溶或难溶性杂质存在，以免误加过多的溶剂。在重结晶中，若要得到比较纯的产品和好的收率，必须注意溶剂的用量。溶剂过多，造成溶解损失太大；溶剂过少，又会给热过滤带来麻烦，可能造成更大损失。因此要全面衡量以确定最佳用量，一般比饱和溶液需要量多加20%左右的溶剂。

在溶解过程中，应避免被提纯的化合物成油珠状。若成油珠状，表明混入了杂质和少量溶剂，对纯化产品不利。此外，还要尽量避免溶质的液化。解决办法是：①选择沸点低于被提纯物熔点的溶剂，或者在低于被提纯物熔点以下的温度进行溶解。②适当加大溶剂的量。如乙酰苯胺的熔点114℃，选择水为溶剂，但乙酰苯胺在水中如果83℃以前没有完全溶解就会呈熔化状态。此时就不宜把水加热至沸，而应在低于83℃的情况下进行重结晶。估算溶剂量时只能把83℃下乙酰苯胺在水中的溶解度作为参考依据，就是适当增加水的用量，尽管会对结晶速率和收率略有影响。

三、脱色

向溶液中加入吸附剂并适当煮沸，使其吸附除去样品中杂质的过程。最常用的吸附剂是活性炭。合成的有机化合物常含有色杂质，在重结晶时，杂质虽可溶于沸腾的溶剂中，但当冷却析出结晶时，一部分杂质又会被晶体吸附；或者在溶液中存在某些树脂状物质或分散性不溶杂质，其颗粒很小，难以通过一般过滤除去。活性炭可以有效地吸附溶解性有色杂质、树脂状杂质以及均匀分散的不溶性杂质，从而趁热过滤时除去。

使用活性炭应注意：①加活性炭以前，首先将固体加热溶解在溶剂中。②待热溶液稍冷后，加入活性炭，振摇，使其均匀分布在溶液中。绝对不能在接近沸点的溶液中加入活性炭，否则会引起暴沸现象。③加入活性炭的量，没有严格的规定，视杂质多少而定，一般为粗品质量的1%～5%。加入量过多，活性炭会吸附一部分产品，降低回收率。④活性炭在水溶液中脱色效果最好，也可在其他溶剂中使用，但在烃类中使用效果差。

此外，也可以采用硅藻土、氧化铝等吸附剂脱色。

四、过滤

过滤一般有两个目的，一是滤除溶液中的不溶物得到溶液，二是去除溶剂（或溶液）得到结晶。常用过滤方法有3种：

(1)常压过滤

用内衬滤纸的锥形玻璃漏斗过滤,滤液靠自身的重力透过滤纸流下,实现分离。

(2)减压过滤(抽气过滤)

用安装在抽滤瓶上铺有滤纸的布氏漏斗或玻璃砂芯漏斗过滤,吸滤瓶支管与抽气装置连接,过滤在减低的压力下进行,滤液在内外压差作用下透过滤纸或砂芯流下,实现分离,见图4-1减压过滤装置。减压过滤时布氏漏斗上的滤纸选用要大小合适、洗涤漏斗中的固体物要操作正确、过滤结束时停止操作的次序要按照要求。为了防止晶体从滤纸边吸入抽滤瓶中,在溶液倾入前必须使用同一溶剂将滤纸润湿后抽滤,使其紧贴于漏斗的底面。

(3)热过滤

当热饱和溶液中含有不溶性杂质或经过活性炭脱色时,要趁热过滤除去上述杂质和活性炭。可以采用简易热过滤装置、热水漏斗或减压抽滤装置完成。具体方法如下:

①用热水漏斗过滤。用插有一个玻璃漏斗的铜制热水漏斗过滤,图4-2为热过滤装置。热水漏斗内外壁间的空腔可以盛水,加热使漏斗保温,使过滤在热水保温下进行。热过滤时温度的保持是影响热过滤成功与否的重要条件。选一短颈玻璃漏斗放在烘箱中预热或适当加热,放上预先折叠好的多折滤纸,其向外的棱边应紧贴于漏斗壁上,见图4-2。先用少量热的溶剂润湿滤纸,然后倒入溶液。一次不要倒得太满,也不要等滤完再倒,未倒的溶液和保温漏斗用小火加热,保持微沸,并将表面皿盖到漏斗上(凹面向下)。热过滤时一般不要用玻璃棒引流;接受滤液的容器内壁不要贴紧漏斗颈,以免滤液迅速冷却析出晶体,晶体沿器壁向上堆积,堵塞漏斗口,使之无法过滤。

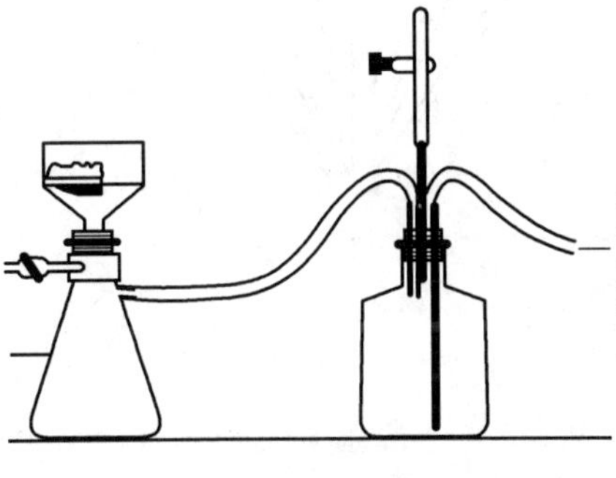

图4-1　减压过滤装置

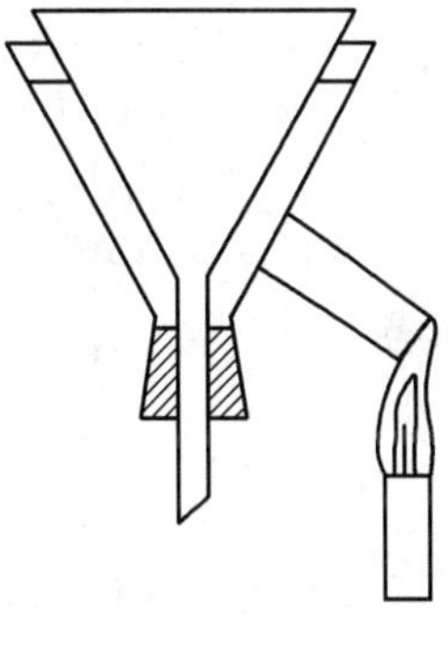

图4-2　热过滤装置

若用有机溶剂,过滤时应先熄灭火焰或使用挡火板。

多折滤纸的折叠方法如下。

如图4-3所示,将圆滤纸折成半圆形,再对折成圆形的1/4,以1对4折出5,3对4折出6,如图4-3(a)所示;1对6和3对5分别再折出7和8,如图4-3(b)所示;然后以3对6,1对5分别折出9和10,如图4-3(c)所示;最后在1和10,10和5,5和7,…,9和3间各反向折叠,稍压紧如同折扇,如图4-3(d)所示;打开滤纸,在1和3处各向内折叠一个小折面,如图4-3(e)所示。折叠时在近滤纸中心不可折得太重,因该处最易破裂,使用时将折好的滤纸打开后翻转,放入漏斗。

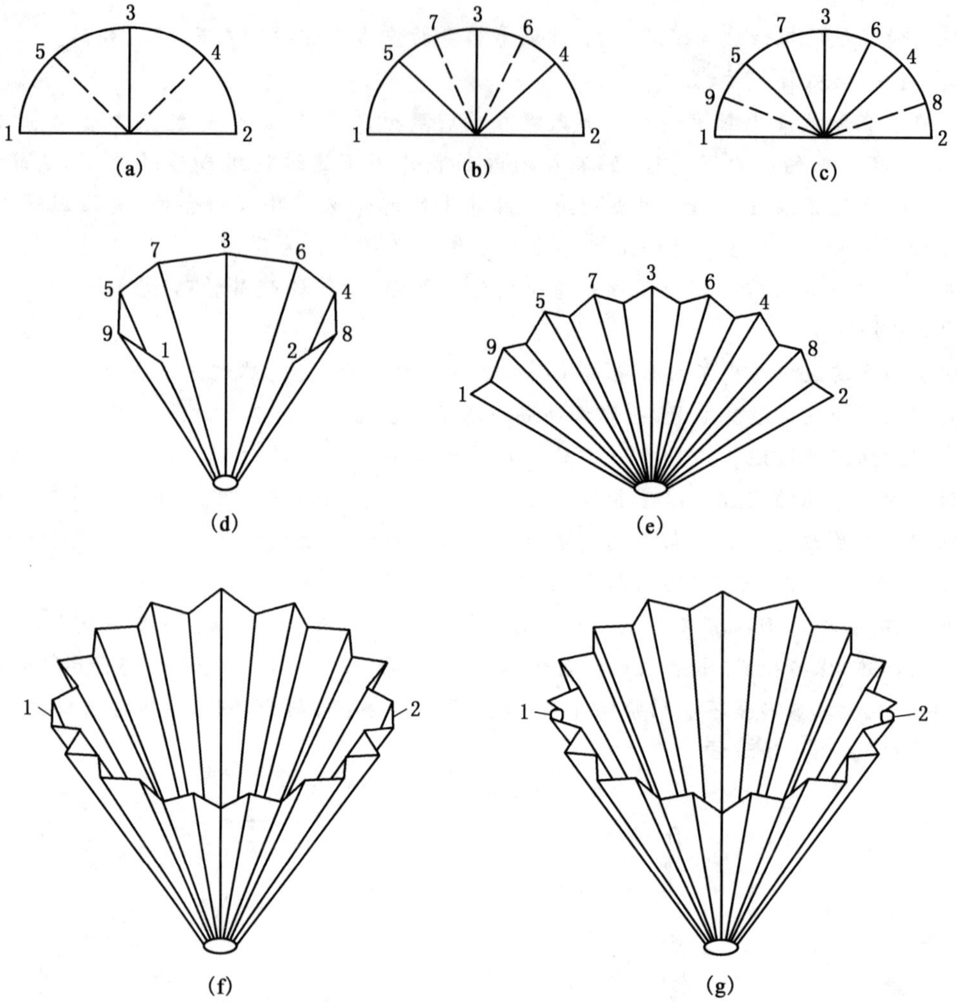

图 4-3 多折滤纸的折叠方法

②用减压抽滤装置过滤。减压过滤由于过滤速度快,适用于溶剂量大的热过滤。但遇到沸点较低的溶剂时,容易被抽走。操作时,应先剪好一内径略小于布氏漏斗的圆形滤纸,将漏斗、抽滤瓶预先在烘箱中烘热,用热熔剂润湿滤纸抽紧,然后开始过滤。选用的滤纸要求致密,较高的湿强度,以免活性炭透过滤纸进入滤液中。此法尤其适合以水为溶剂的热过滤,抽滤时真空度不宜太高。抽滤瓶中的母液和析出的晶体应在水浴中加热溶解后转移出来,且不可用明火直接加热,以防抽滤瓶炸裂。

③用简易热过滤装置。将短颈玻璃漏斗放置在锥形瓶上,放上多折滤纸,直接过滤即可。

在以上热过滤过程中,应保持漏斗中有较多的溶液,待全部溶液倒完后再抽干,用热水漏斗过滤和简易热过滤时,倒入溶液不得超出滤纸上沿。有活性炭漏过时应重新溶解、过滤。样品过多地结晶于多折滤纸上时,可用热溶剂冲洗或重新溶解。

五、结晶

将热滤液冷却，溶质由于溶解度降低而逐渐析出。此步的关键在于控制冷却速度，使溶质真正成为晶体析出并长到适当大小，而不是以油状物或沉淀的形式析出。一般遵循“稀、热、慢、陈”的原则，采取对应的操作策略。快速冷却或在冷却下搅拌，所析出的结晶颗粒很小，表面积较大，吸附在表面上的杂质较多；若将热滤液在室温下静置，随着慢慢冷却，一般能够析出较大的结晶来。

杂质的存在影响化合物晶核的形成和结晶体的生长，会出现溶液虽已达到饱和但仍不结晶的现象。通常采取一定的措施，帮助形成晶核。方法如下：①用玻璃棒摩擦瓶壁，以形成粗糙面或玻璃小点作为晶核，使溶质分子定向排列，促使晶体析出；②投入少量该物质的晶种，供给定型晶核，促使晶体形成，称之为“接种”或“种晶”。

有时被纯化物质呈油状物析出，长时间充分静置以后，虽也可结晶固化，但固体中杂质较多(杂质在油状物中的溶解度一般较在溶剂中大，其次析出的固体还包含较多的母液)。用溶剂大量稀释，虽可防止油状物形成，但产物损失较大。这时可将析出油状物的溶液加热重新溶解，然后慢慢冷却。当发现油状物开始析出时便剧烈搅拌，使油状物在均匀分散的条件下固化，如此得到较纯的产品。当然也可另选其他溶剂。

实验5 普通蒸馏——工业乙醇的蒸馏

一、实验目的

学习普通蒸馏的原理和意义；掌握普通蒸馏装置的安装、拆除及蒸馏操作技术。

二、实验原理

蒸馏是分离和提纯液态有机化合物最常用的方法之一，可以把液体和溶于液体的固体分开，还可以分离沸点不同的液体混合物。此外，蒸馏可用于测液体的沸点，判断液体的纯度。如果需要对液体进行浓缩或回收溶剂，也可进行蒸馏。

液体分子由于分子运动有从液体表面逸出的倾向，并且这种倾向随温度的升高而增大，从而在液面上部形成蒸气，同时逸出的蒸气分子不断地回到液体，当液体分子从液体表面溢出的速度和蒸气分子回到液体内的速度相等时，液面上的蒸气达到饱和，即饱和蒸气，它对液面所施加的压力被称为饱和蒸气压。该饱和蒸气压只与温度有关，与液体和蒸气的绝对量没有关系，随温度的升高而增大。当液体的蒸气压增大到与外界大气压相等时，液体沸腾、汽化，蒸气遇冷成为液体，用另一容器收集冷凝液，即普通蒸馏或常压蒸馏。液体沸腾时的温度就是该液体的沸点（boiling point，缩写为 b. p.）。

纯的液体有机化合物在一定的压力下有一定的沸点，但是在一定的压力下具有一定沸点的不一定是纯的液体有机化合物，因为某些有机化合物能和其他化合物形成二元或三元共沸物，这些混合物具有一定的沸点。比如乙醇（b. p. 78.5℃）与水形成二元共沸物（含乙醇 95.6%，含水 4.4%），b. p. 78.2℃。

液体混合物受热时，沸点低的组分离开体系的速度比沸点高的组分快，其蒸气压大，因而在蒸气中的摩尔组成比其在液体中摩尔组成高；沸点高的组分蒸气压低，在蒸气中的摩尔组成比其在液体中摩尔组成低。蒸气遇冷成为冷凝液，二者的组成相同，即冷凝液中含有较多的低沸点组分、较少的高沸点组分，蒸馏瓶中含有较多的高沸点组分、较少的低沸点组分。液体混合物各组分的沸点相差越大，冷凝液中所含的低沸点组分越多、高沸点组分越少，分离的效果越好。当液体混合物二组分的沸点相差大于 30℃时，可采用蒸馏把液体混合物分开，若沸点相差不大，需用分馏才能得到较好的分离效果。

三、实验用品

1. 仪器

电加热套、圆底烧瓶、蒸馏头、温度计套管、温度计、直形冷凝管、尾接管、锥形瓶、量筒。

2. 试剂

工业乙醇、沸石。

四、实验内容

(1)蒸馏装置的安装;(2)蒸馏操作;(3)拆除装置。

五、实验步骤与记录

实验步骤	实验记录
1. 蒸馏装置的安装 普通蒸馏装置见图 5-1。 (1)在一铁架台上放好电加热套。 (2)依据待蒸馏的液体的体积,选用合适的圆底烧瓶,使待蒸馏的液体体积占圆底烧瓶容量的 1/3～2/3。在加热套上方用铁夹垂直夹好圆底烧瓶,然后在圆底烧瓶上装上蒸馏头,蒸馏头上装上温度计套管,温度计插在蒸馏头的中央,调整温度计的位置,使温度计水银球的上缘与蒸馏头支口的下缘在同一水平线上,如背景知识中图 5-2 所示。温度计的选用依据的是待蒸馏的液体的沸点的高低,若沸点低于 100℃,使用 100℃的温度计即可;若高于 100℃,应用高温温度计。注意铁夹不能夹得太紧或太松,其开口应朝上。 (3)在另一铁架台上用铁夹夹好直形冷凝管,调整直形冷凝管的位置,使其与蒸馏头同轴,松开冷凝管铁夹,移动冷凝管,使冷凝管和蒸馏头接好。用胶管和水管相连。若液体的沸点高于 140℃,用空气冷凝管。 (4)把尾接管装到冷凝管上,使尾接管支管连通大气。锥形瓶放到尾接管下。对于有机化合物多用磨口圆底烧瓶做接收瓶。当蒸馏易潮解或无水化合物时,为防止馏出液吸水,可在尾接管的支管上加装一干燥管。若蒸出物易挥发,则在尾接管的支管上接橡皮管,将橡皮管放进盛有水或其他的吸收液的烧杯中。 (5)检查蒸馏装置的安装是否做到平稳端正、横平竖直、连接紧密,检查冷凝水管的连接是否低进高出。	1. 安装蒸馏装置的原则是:__________ ______________________ 待蒸馏的液体体积少于圆底烧瓶容量的 1/3 对蒸馏的影响是:________ 待蒸馏的液体体积多于圆底烧瓶容量的 2/3 对蒸馏的影响是:________ ______________________ 待蒸馏的液体的沸点高于 130℃,需要使用空气冷凝管的原因是:______ ______________________ 尾接管支管需要通大气的原因是: ______________________ 2. 蒸馏装置的安装要连接紧密的原因是:__________________ ______________________
2. 蒸馏操作 (1)取去温度计和温度计套管,把长颈漏斗放进蒸馏头。注意长颈漏斗的长度要长于蒸馏头支管下缘。 (2)用量筒量取 60 mL 工业乙醇,通过长颈漏斗把工业酒精慢慢地倒入圆底烧瓶中,不能使工业酒精流入冷凝管中。加入 2～3 粒沸石,装好温度计套管和温度计。 (3)缓慢打开自来水管,使冷凝水进入冷凝管。	3. 工业酒精的外观:__________ ______________________ 加入沸石的目的是:__________ ______________________ 通入冷凝水的要求是:__________ ______________________

续表

实验步骤	实验记录
(4)开始加热。加热至沸腾时，调节加热速度，使馏出液的速度为1～2滴/s。记录第一滴馏出液进入接受瓶时的温度 t_1，此时接受的是前馏分。等温度恒定时，换第二个接收瓶接受需要收集的中间馏分，记录此时的温度 t_2。当温度突然上升或下降时，换第三个接收瓶接受后馏分，记录此时的温度 t_3。用量筒量收集的中间馏分的体积 V_2。 (5)当圆底烧瓶内剩余少量液体样品时，切断电源，停止蒸馏，移去热源，关闭冷凝水。注意蒸馏液体时，即使蒸馏的是纯的有机化合物也不能蒸干。 3. 拆除装置 按从右到左、从上到下的原则拆除实验装置。	t_1 ________℃ t_2 ________℃ t_3 ________℃ V_2 ________ mL 中间馏分外观：________ 蒸馏时不能蒸干的原因：________ ________

六、结果与讨论

前馏分体积/mL	收集馏分体积/mL	沸程	收率/%

绘制蒸馏装置图，并标注仪器名称。

七、思考题

1. 蒸馏过程中，液体快沸腾时发现忘记加沸石了，该怎么办？

2.蒸馏时加热的快慢,对实验结果有什么影响?

3.普通蒸馏操作有什么意义?哪些液体混合物可用蒸馏的方法进行分离、提纯?

日期:　　　　学生姓名:　　　　指导教师:　　　　实验成绩:

实验态度(10 分)			实验记录(30 分)			实验操作(30 分)			结论与思考题(30 分)		
差 0～3	良 4～7	优 8～10	差 0～15	良 16～25	优 26～30	差 0～15	良 16～25	优 26～30	差 0～15	良 16～25	优 26～30

【背景知识】

一、常压蒸馏装置图

使用蒸馏可以分离、提纯液体混合物或者固体、液体混合物。当被蒸馏的化合物的沸点高于140℃，使用空气冷凝管，其装置见图5-1，若对蒸馏要求不高，可用简单蒸馏，其装置见图5-2。

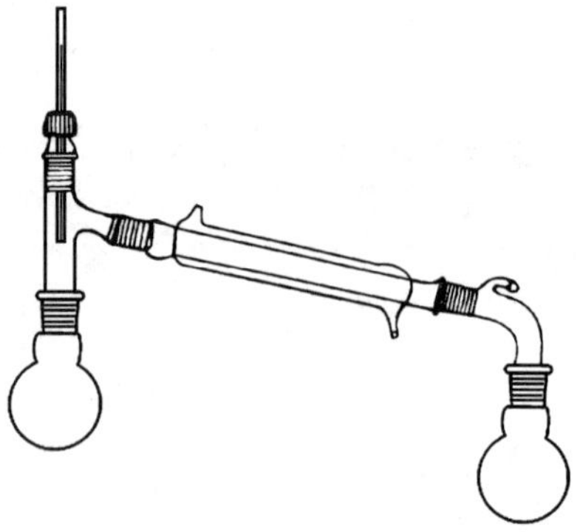

图 5-1 普通蒸馏装置

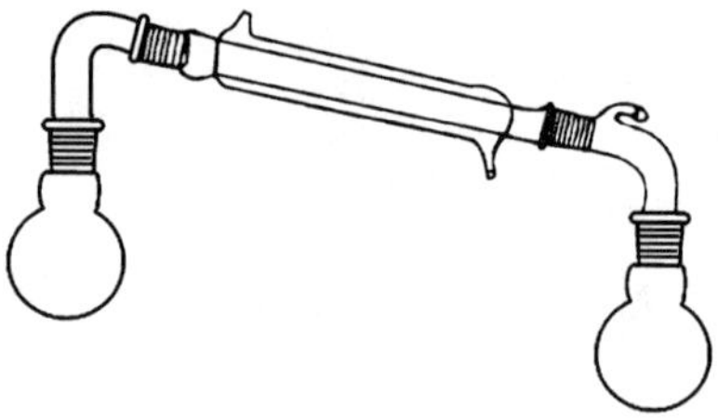

图 5-2 简单蒸馏装置

纯的液体有机化合物在一定的压力下有一定的沸点，但是在一定的压力下具有一定沸点的不一定是纯的液体有机化合物，因为某些有机化合物能和其他化合物形成二元或三元共沸物，这些混合物具有一定的沸点。比如乙醇(b. p. 78.5℃)与水形成二元共沸物(含乙醇95.6%，含水4.4%)，b. p. 78.2℃。

液体混合物受热时，沸点低的组分离开体系的速度比沸点高的组分快，其蒸气压大，因而在蒸气中的摩尔组成比其在液体中摩尔组成高；沸点高的组分蒸气压低，在蒸气中的摩尔组成比其在液体中摩尔组成低。蒸气遇冷成为冷凝液，二者的组成相同，即冷凝液中含有较多的低沸点组分、较少的高沸点组分，蒸馏瓶中含有较多的高沸点组分、较少的低沸点组分。液体混合物各组分的沸点相差越大，冷凝液中所含的低沸点组分越多、高沸点组分越少，分离的效果越好。当液体混合物二组分的沸点相差大于30℃时，可采用蒸馏把液体混合物分开，若沸点相差不大，需用分馏才能得到较好的分离效果。

二、化学反应常用加热仪器

蒸馏需要加热才能使液体沸腾，实现蒸馏的目的。实际上，加热是化学实验中一项非常重要的操作，不仅溶解、升华等基本操作需要加热，而且很多化学反应也需要加热。加热可分为直接加热和间接加热。实验室里能用明火直接加热的只有试管和坩埚等少数仪器。烧杯、烧瓶、锥形瓶和蒸发皿等仪器，一般都不能用明火直接加热，因为直接加热会使这些玻璃仪器受热不均匀而造成仪器的损坏。间接加热的方式如下：

①使用石棉网加热。烧杯、烧瓶等容器都可放在隔有石棉网的加热器上进行加热。使用灯具加热时，石棉网要放在三脚架或铁架台的铁圈上。

②电热套加热。电热套是由玻璃纤维包裹着电热丝织成的碗状半圆形的加热器，有控温

装置可调节温度。由于它不是明火加热，所以可以加热和蒸馏易燃有机物，也可加热沸点较高的化合物，适用加热温度范围较广。

③水浴加热。当被加热物质要求受热均匀而温度又不超过100℃时，可将容器浸入水中进行加热，即水浴。进行水浴加热的专用仪器是水浴锅。一般水浴锅为铜制，锅盖是一组直径由大到小的铜圈，可以放置不同规格的容器，现常用恒温数显水浴锅。

④油浴加热。当加热温度在100～250℃范围，应采用油浴。将加热用油置于一容器内，用电加热，有控温装置可调节温度。常用油浴介质有乙二醇、甘油、有机硅油、石蜡油等。各种油类能达到的最高温度及其特性见表5-1。

水浴和油浴都属于热浴，砂浴、熔融盐浴等也属于热浴。

常见电加热仪器有电炉、电加热套等见图5-3。

电炉

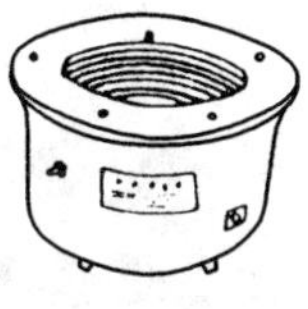
电加热套

图5-3 常见电加热仪器

马弗炉是利用电流通过布置在炉膛围壁上的电热元件产生的电阻热为热源，通过辐射和对流将样品加热的装置。通过温度控制器可对炉膛内的温度进行测量、显示、控制，可使炉膛内的温度自动保持恒温。使用马弗炉时，炉门应轻开轻关，取放被加热的物质时应轻拿轻放，应切断电源以保证人身安全，不能向炉膛内直接灌注液体，不能在额定温度以上工作，电炉长期工作时的温度应比额定温度低50℃。要经常清洁炉膛内的铁屑、氧化皮，以保持炉膛内的清洁。含碳气氛、含卤族元素气氛、含硫气氛、含氢和氮气氛、含水蒸气的气氛和盐类、一些熔化的金属及其金属蒸气均会对加热元件表面的氧化膜造成影响，在这些气氛中长期工作会降低加热元件的使用寿命。

表5-1 油浴介质使用温度及特性

油浴介质	最高温度/℃	特　性
石蜡油	220	不易分解、易燃
甘油	140～150	高温易分解
邻苯二甲酸二丁酯		
植物油	220	高温易分解
硅油	250	稳定、价格贵
真空油脂		

实验6　减压蒸馏——乙酰乙酸乙酯的提纯

一、实验目的

了解减压蒸馏的原理及应用范围；掌握减压蒸馏仪器的安装和操作技术。

二、实验原理

减压蒸馏又称真空蒸馏。它是在低于0.1 MPa(通称1个标准大气压)下进行蒸馏的操作技术。因为液体的沸点随着外界压力的变化而变化，一般来说，随着压力的降低而降低，所以对于那些高沸点的有机物或在常压蒸馏时尚未达到沸点就发生氧化、聚合、断裂、缩合等的有机物，可以借助于真空降压系统，通过降低系统压力以降低被蒸馏液体的沸点，达到顺利分离与提纯有机物的目的。

乙酰乙酸乙酯在常压下的沸点180.4℃，若使用常压蒸馏提纯，很容易发生分解；当系统的压力降低至6 000 Pa，其沸点也降低为约64℃，使用减压蒸馏可有效防止乙酰乙酸乙酯分解，达到提纯的目的。

三、实验用品

1. 仪器

电热套、圆底烧瓶、克氏蒸馏头、毛细管、温度计、直形冷凝管、缓冲瓶、真空接收管、接收器、水循环真空泵。

2. 试剂

乙酰乙酸乙酯。

四、实验内容

(1)安装仪器；(2)系统加热蒸馏；(3)产品处理。

五、实验步骤与记录

实验步骤	实验记录
1. 安装仪器(按图6-2) 在100 mL的圆底烧瓶中放入40 mL的乙酰乙酸乙酯，旋紧毛细管上的螺旋夹，打开安全瓶上的二通活塞，然后开泵抽气。逐渐关闭活塞，从真空表上读取该系统的真空度。如果是因为漏气而不能达到所需的真空度(0.09 MPa)，要立即检查各部位的塞子、活塞或橡皮管连接部位处是否紧密，必要时可用	1. 仪器安装应当注意的事项 如何检验系统的密封性：______ ______ ______ ______

续表

实验步骤	实验记录
熔融的固体石蜡或生胶带、真空脂等进行密封。如果超过所需的真空度，可调节螺旋夹，使液体中有连续平稳的小气泡通过，并小心地旋转二通活塞，直至调到所需真空度。	样品用量：________ 样品外观：________ 减压蒸馏的关键技术是：________ ________ ________
2. 系统加热蒸馏 待系统压力平稳后，开启冷凝水，接通电热套电源开始加热。加热时，控制加热速度；当达到乙酰乙酸乙酯的沸点范围时(97～102℃)，可转动多头接收管的位置，使流出液进入不同的接收器中。在整个蒸馏的过程中，要密切注意温度计和真空度的读数变化情况，并记录沸点、真空度等相关数据。 蒸馏完毕，撤去热源，慢慢打开毛细管上的螺夹，并缓缓打开安全瓶上的活塞，使得系统内外压力平衡，然后方可关闭水泵。	2. 系统加热蒸馏 蒸馏速度：________ 馏分的沸点范围：________ 气压计读数：________ 系统压力：________ 关闭系统时各项措施目的分别是： ________ ________ ________ ________
3. 产品处理 将所得馏分称其质量，计算产率。	3. 产品处理 产品外观：________ 产品质量：________

六、结果与讨论

产品外观形状	质量/g	回收率/%	备注

绘制减压装置(水泵略)，并标注仪器名称。

七、思考题

1. 系统压力大于或小于1个标准大气压时，气压计读数与系统压力之间的关系是什么？

2. 减压蒸馏时应注意哪些问题？

3. 减压蒸馏应用条件有哪些？

日期：　　　　学生姓名：　　　　指导教师：　　　　实验成绩：

实验态度(10分)			实验记录(30分)			实验操作(30分)			结论与思考题(30分)		
差 0～3	良 4～7	优 8～10	差 0～15	良 16～25	优 26～30	差 0～15	良 16～25	优 26～30	差 0～15	良 16～25	优 26～30

【背景知识】

一、减压蒸馏原理

在低于大气压下进行蒸馏的操作观察称为减压蒸馏。减压蒸馏是分离和提纯液体或低熔点固体有机物的一种主要方法。它特别适用于那种常压蒸馏时未达到沸点就已经受热分解、缩合、氧化的物质。

1. 实验原理

液体的沸点是指它的蒸气压等于外界大气压时的温度。因此，液体的沸点随着外界压力的降低而降低。若将系统内液面上的压力降低，即可使液体在较低的温度下沸腾而被蒸馏出来。

减压蒸馏时物质的沸点与压力相关。一般高沸点(250～300℃)的有机物当压力降低到 2.666 kPa 时，其沸点比常压(101.325 kPa)下低 100～120℃。也可以根据图 6-1 的沸点压力近似的关系图推算出不同物质在不同压力条件下的沸点。

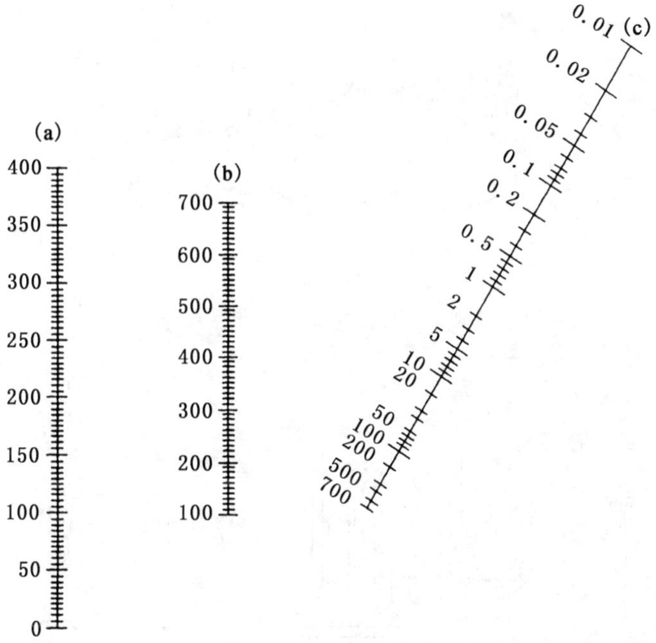

图 6-1　在常压、减压下的沸点近似图

(a)减压沸点(℃)　(b)常压沸点(℃)

(c)系统压力(mmHg，1 mmHg=133.3 Pa)

该图的具体使用方法：分别在两条线上找出两个已知点，用一把小尺子将两个点连接成一条直线，并与第三条线相交，其交点就是所要求的数值。例如，水在一个标准大气压下沸点为 100℃，若求 2.666 kPa(20 mmHg)时的沸点，可先在(c)线上找到 20，将两点连接成一条直线，并延伸至(a)线与之相交，其交点便是 2 666 Pa 时水的沸点(22℃)。利用此图也可以反过来估计常压下的沸点和压力。

乙酰乙酸乙酯在常压下的沸点 180.4℃，在该温度时很容易发生分解；当系统的压力降低至 6 000 Pa，其沸点大约降低了一半，即 94℃，此时乙酰乙酸乙酯便不会发生分解了。

下表是乙酰乙酸乙酯在不同压力下沸点变化情况：

℃

项目	压力/Pa						
	1 600	1 867	2 400	4 000	6 000	10 666	101 325
沸点	71	74	79	88	94	100	180.4
沸点范围	69～73	72～76	76～80	86～90	92～96	98～102	

2. 减压蒸馏装置

减压蒸馏装置主要是由蒸馏部分、抽气部分以及在它们之间的保护和测压装置 3 部分组成，如图 6-2 所示。如果用水泵减压，简便的减压蒸馏装置如图 6-3 所示。

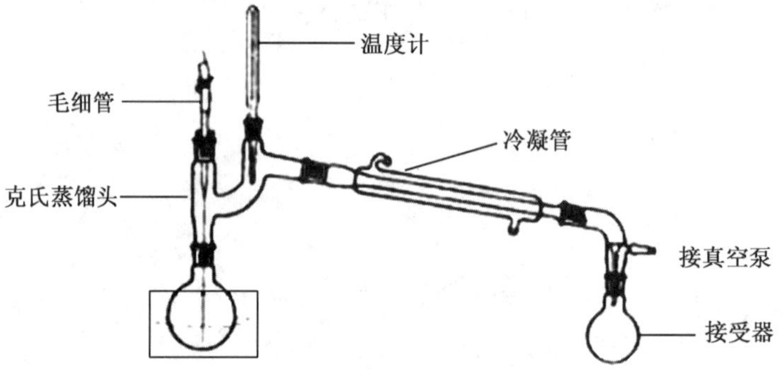

图 6-2　减压蒸馏装置示意图

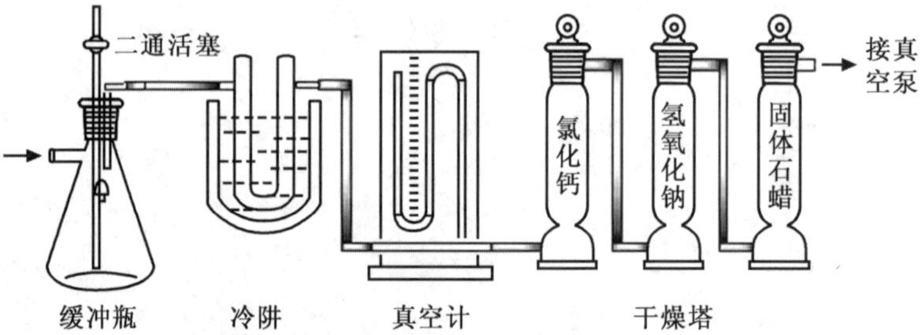

图 6-3　减压蒸馏干燥部分示意图

(1)蒸馏部分

蒸馏部分由圆底烧瓶、克氏蒸馏头、冷凝器和接收器组成。在克氏蒸馏头带有支管一侧的上口插温度计，另一口则插一根末端拉成毛细管的厚壁玻璃管。毛细管的下端要伸到离瓶底 1～2 mm 处。毛细管的上端有一段带螺旋夹的橡皮管，在减压蒸馏时，调节螺旋夹，使极少量的空气经毛细管进入到圆底烧瓶液体中，冒出小气泡，成为沸腾中心，同时，又起到一定的搅拌功能。这样可以比较有效地防止暴沸，使液体保持平稳。

在蒸馏装置中接收管一定要带有支管。该支管与抽气系统相连。在蒸馏中若要收集不同的馏分，则可以使用多头接收管(图 6-4)。蒸馏时，根据馏程范围可转动多头接收管收取不同的馏分。接收器可用圆底烧瓶、吸滤瓶等耐压器皿，但不能使用锥形瓶。

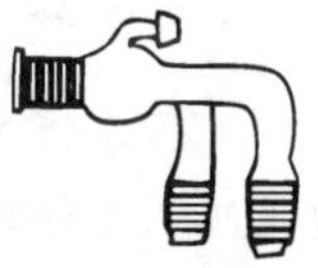

图 6-4　多头接收管

(2)抽气部分

实验室通常用水泵或油泵进行减压。

①水泵。水泵系用玻璃或金属制成。在水压很大时，水泵可以把压力减到低至 2.0～2.7 kPa。这对于一般的减压蒸馏已经足够了。

②油泵。油泵可以顺利地将压力降至 267～533 Pa，好的油泵甚至能够降低到 13.3 Pa。使用油泵时需要注意防护保养，不使有机物、H_2O 和酸等蒸气进入油泵内。易挥发的有机物的蒸气被油泵所吸收，就会增加油蒸汽压，影响真空效果；酸气会腐蚀油泵的机件；水蒸气凝结后与油气形成浓稠的乳浊液，破坏油泵的工作。

(3)保护和测压装置部分

当用油泵进行减压时，为了保护油泵，必须在接收器和油泵之间顺次安装安全瓶、冷却阱和几种吸收塔。其中安全瓶的作用是通过两活塞来调节系统压力和放气，防止油泵中的油产生倒吸之用。冷却阱的构造如图 6-5 所示，将它置于盛有冷却剂的广口保温瓶中。冷却剂的选择据所需而定，例如可用冰-水、冰-盐、干冰等。吸收塔(干燥塔)通常设两个，前一个装有无水 $CaCl_2$(或硅胶)，后一个装有颗粒状的 NaOH。有时为了吸除烃类气体，可再加一个石蜡片吸收塔。

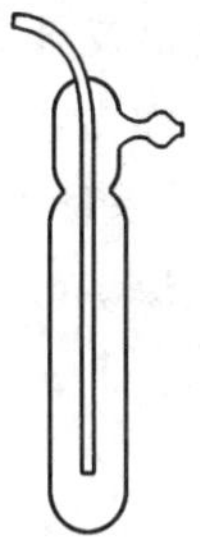

图 6-5　冷却阱

实验室通常采用水银压力计来测量减压系统的压力。图 6-6 为开口式水银压力计。其两臂水银高度之差即为大气压与体系压力之差。因此，蒸馏系统内的实际压力(真空度)应是大气压减去这一水银柱之差。图 6-7 为封闭式水银压力计，其两臂液面高度之差即为系统的压力。测定压力时，可以将管后木座上的滑动标尺的零点调整到右臂水银柱顶端线上，这时左臂的水银柱顶端线所指示的刻度即为系统的压力。

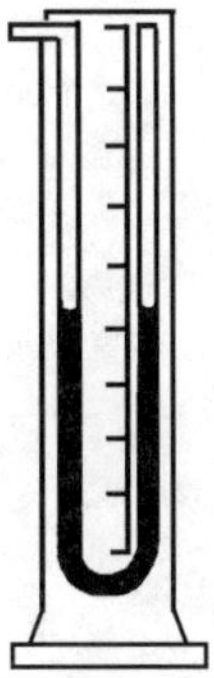

图 6-6　开口式水银压力计

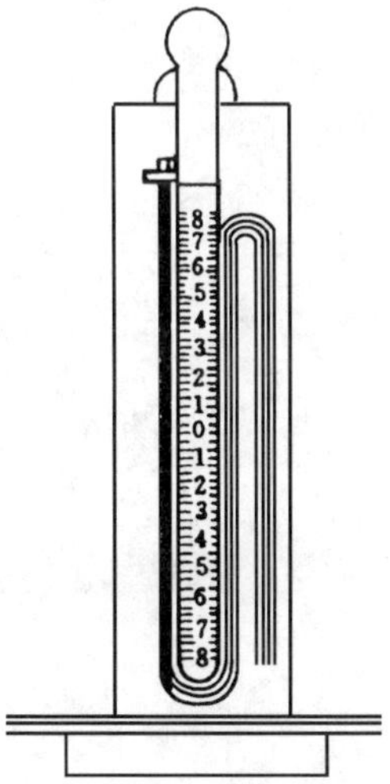

图 6-7　封闭式水银压力计

二、减压蒸馏操作步骤

当待蒸馏物含有低沸点的物质时，应先进行普通蒸馏，然后用水泵减压蒸去低沸点物质，最后用油泵进行减压蒸馏。

在圆底烧瓶中，放入液体的体积，不得超过其容积的1/2。安装好仪器后，旋紧毛细管上的螺旋夹，打开安全瓶上的二通活塞，然后开泵抽气。逐渐关闭二通活塞，从压力计上观察系统的真空度。如果因为漏气而不能达到所需的真空度时，可检查各部位塞子、磨口或橡皮管连接处是否紧密，必要时可用熔融的固体石蜡密封橡皮管的连接处(必要时各磨口连接处都要涂少许真空脂密封)。如果超过所需的真空度，可调节螺旋夹，使液体中有连续平稳的小气泡通过，并小心地旋转二通活塞，直至调到所需真空度。待系统压力平稳后，开启冷凝水，选择合适的热源开始加热。加热时，控制加热速度，使蒸馏速度为1～2滴·s^{-1}；当达到蒸馏物质的沸点时，可转动多头接收管的位置，使流出液进入不同的接收器中。在整个蒸馏的过程中，要密切注意温度计和真空度的读数变化情况，并记录沸点、真空度等相关数据。

蒸馏完毕，撤去热源，待冷却后，慢慢打开毛细管上的螺旋夹，并缓缓打开安全瓶上的活塞，使得系统内外压力平衡，然后方可关闭油泵。否则，由于系统内的压力较低，油泵中的油有吸入干燥塔的可能。

实验 7　水蒸气蒸馏——花椒油的提取

一、实验目的

熟悉水蒸气蒸馏的原理、条件、实验装置及应用范围；掌握用水蒸气蒸馏的方法从花椒籽中提取花椒油的原理和方法；掌握水蒸气蒸馏、溶剂萃取等操作技术。

二、实验原理

将水蒸气通入不溶或难溶于水、但在100℃左右有一定蒸气压的有机物中，使有机物在低于100℃的温度下，随着水蒸气一起蒸馏出来的过程称为水蒸气蒸馏。水蒸气蒸馏是分离和提纯有机化合物的重要方法之一。其基本原理是：

将水蒸气通入不溶或微溶于水且含有杂质的有机物B中，则组成该混合物的各组分都具有一定的蒸气压。根据道尔顿分压定律，整个系统的总压等于各组分的蒸气压之和。即

$$p_{总}=p(H_2O)+p_B$$

当总蒸气压与外界大气压相等时，混合物沸腾。显然混合物的沸点低于任何一个组分的沸点，因此在常压下用水蒸气能在低于100℃的情况下将高沸点组分与水一起蒸馏出来，然后再用萃取的方法将有机物萃取出来。

三、实验用品

1. 仪器

电热套、圆底烧瓶、长玻璃管、蒸气导出管、导入管、T形管、直形冷凝管、尾接管、锥形瓶、烧杯、分液漏斗。

2. 试剂

花椒粉、NaCl、乙醚、无水 Na_2SO_4。

四、实验内容

(1)花椒油的提取；(2)花椒油的分离。

五、实验步骤与记录

实验步骤	实验记录
1. 花椒油的提取 在水蒸气发生瓶中，加入约占容器 2/3 的水，几粒沸石，旋开 T 形管的螺旋夹，开始加热。称取 10 g 花椒粉装入 250 mL 圆底烧瓶中，加入 50 mL 水，按照背景知识中的图 7-1 将仪器安装好。当有大量水蒸气产生并从 T 形管的支管冲出时，立即旋紧螺旋夹，水蒸气便进入蒸馏部分，开始蒸馏。与此同时，接通冷却水，用锥形瓶收集馏出物。调节加热速度，使瓶内的混合物不致飞溅得太厉害，并控制馏出液的速度为每秒 2～3 滴。如由于水蒸气的冷凝而使蒸馏瓶内液体量增加，可适当加热蒸馏瓶。当馏出液无明显油珠、澄清透明时，打开 T 形管的螺旋夹，与大气保持相通，然后移去热源，关闭冷凝水，停止水蒸气蒸馏。否则可能发生倒吸现象。	1. 原料质量：______ 水蒸气发生器中的加水体积：______ 加热方式：______ T 形管积水较多时处理方法：______ ______ 安全管中水位上升较高时处理方法： ______ 水蒸气导入管堵塞时处理方法：______ ______ 蒸馏时间：______ 馏出液体积：______
2. 花椒油的分离 (1)萃取 用 30～50 g 食盐饱和馏出液，然后将馏出液倒入分液漏斗中，每次用 15 mL 乙醚萃取 2 次，静置分层，弃去水层，合并萃取醚层，用少量无水 Na_2SO_4 干燥醚层。 (2)蒸馏浓缩 将干燥后的馏出液用玻璃丝棉慢慢滤入干燥、洁净并预先称重的 50 mL 圆底烧瓶中，安装蒸馏装置，在水浴上蒸出大部分乙醚，将烧瓶在水浴中小心加热，浓缩至溶剂除净为止。擦干烧瓶外壁的水，称重，计算花椒油的提取率。	2. (1)加食盐的作用：______ 萃取溶剂：______ 萃取次数：______ 萃取液总体积：______ (2)浓缩时的加热方式：______ 烧瓶质量：______ 烧瓶＋产品质量：______ 产品质量：______ 产品性状：______

六、结果与讨论

绘出水蒸气蒸馏的实验装置图，并标注各部位仪器名称。

产品外观形状	质量/g	提取率/%	备注

七、思考题

1. 水蒸气蒸馏和普通蒸馏有什么异同？水蒸气蒸馏的实验装置由哪几部分组成？

2. 水蒸气发生器的盛水量通常为多少？蒸馏瓶所装液体体积多少为适宜？安全玻璃管的作用是什么？T 形管和螺旋夹的作用分别是什么？

3. 水蒸气蒸馏用于分离和纯化有机物时，被提纯物质应该具备什么条件？

日期：　　**学生姓名：**　　**指导教师：**　　**实验成绩：**

实验态度(10 分)			实验记录(30 分)			实验操作(30 分)			结论与思考题(30 分)		
差 0～3	良 4～7	优 8～10	差 0～15	良 16～25	优 26～30	差 0～15	良 16～25	优 26～30	差 0～15	良 16～25	优 26～30

【背景知识】

一、水蒸气蒸馏的实验装置

水蒸气蒸馏的实验装置主要由水蒸气发生器、蒸馏部分、冷却部分和接收部分组成。和普通蒸馏装置相比，增加了水蒸气发生器。图 7-1 给出了实验室常用的水蒸气蒸馏装置。

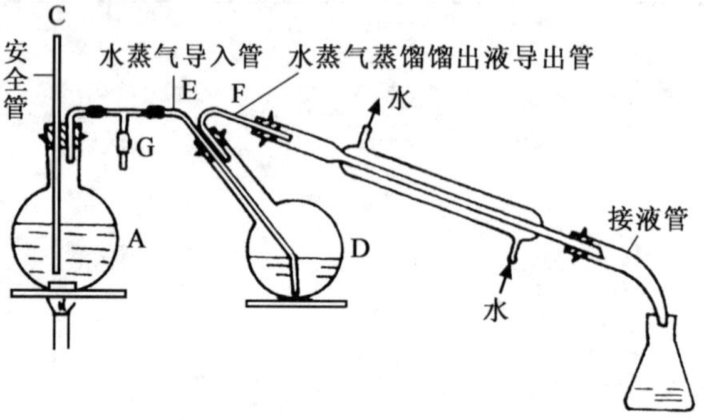

图 7-1　实验室常用的水蒸气蒸馏装置

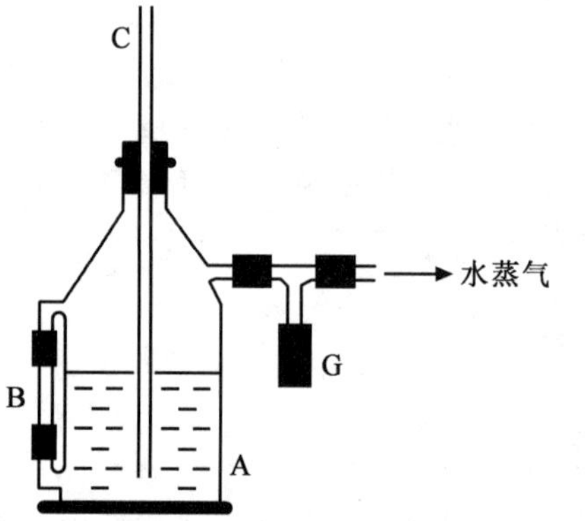

图 7-2　水蒸气发生器

A 是水蒸气发生器，一般是用金属制成的，如图 7-2 所示，也可用短颈圆底烧瓶代替，水蒸气发生器中盛水量以其容积的 2/3 为宜。如果太满，沸腾时水将冲至蒸馏烧瓶。B 是液面计，可直接观察发生器内的水位高度，适时增加水量。C 是安全玻璃管，长约 1 m，直径约 8 mm，管的下端几乎插到发生器的底部。当容器内气压较大时，水可沿着玻璃管上升，以调节内压；如果蒸气通道系统发生阻塞，水便会从管的上口喷出。因此安全管起报警作用，此时应检查导管是否被阻塞。在蒸馏过程中，通过水蒸气发生器安全管中水面的高低，可以判断水蒸气蒸馏系统是否畅通，若水平面上升很高，则说明某一部分被阻塞了（通常是由于水蒸气导入管被树脂状物质或焦油状物堵塞），这时应立即旋开 T 形管 G 上的螺旋夹，然后移去热源，拆下装置进行检查和处理，当管内喷出水蒸气，表示发生器内水位已接近器底，应马上添加水。水蒸气导出管与蒸馏部分导管之间由一 T 形管 G 相连。T 形管的支管套上一短橡皮管，橡皮管上用螺旋夹夹住，T 形管的另一端与蒸馏部分的导管相连。这段水蒸气导管应尽可能短些，以减少水蒸气的冷凝。T 形管用来除去水蒸气中冷凝下来的水，有时在操作发生不正常的情况下，可使水蒸气发生器与大气相通。蒸馏部分，通常是采用长颈圆底烧瓶，为防止瓶中液体跳溅而冲入冷凝管内沾污馏出液，蒸馏烧瓶应向水蒸气发生器的方向倾斜 45°角，烧瓶内的液体不应超过其容积的 1/3。少量物质的水蒸气蒸馏也可用短颈圆底烧瓶加一克氏蒸馏头。如图 7-3 所示。水蒸气导入管应插入烧瓶底部，距瓶底 8～10 mm，导出管连接在一直形冷凝管上。

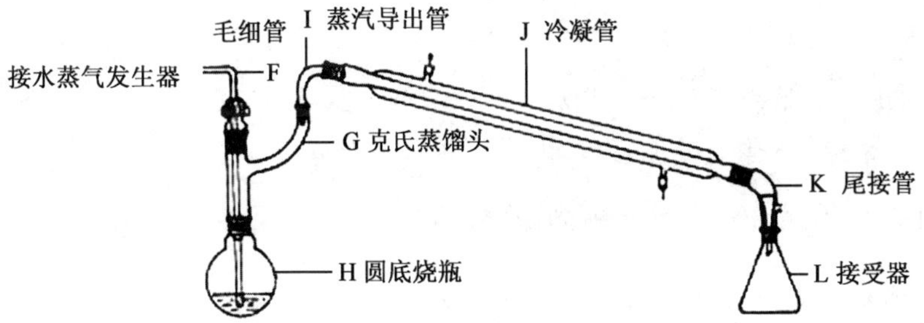

图 7-3　少量物质的水蒸气蒸馏装置

蒸馏过程中要始终保持气路畅通。在蒸馏过程中，必须经常检查安全管中的水位是否正常，有无倒吸现象，蒸馏部分混合物溅飞是否剧烈。一旦发生不正常，应立即旋开 T 形管上的螺旋夹，移去热源，找原因排故障，等故障排除后，方可继续蒸馏。

在蒸馏需要中断或蒸馏完毕后，一定要先打开螺旋夹通大气后，方可停止加热。否则将会发生倒吸现象。在操作时，要随时注意安全管中的水柱是否发生不正常的上升现象，以及烧瓶中的液体是否发生倒吸现象。

二、馏出液组成的计算

水蒸气蒸馏时，馏出液两组分的组成由被蒸馏化合物的分子量以及在此温度下两者相应的蒸气压来决定。假如它们是理想气体，根据理想气体方程：

$$p_B V = n_B RT;\ p(H_2O)V = n(H_2O)RT$$

式中：p 为蒸气压，V 为蒸气的体积，n 为物质的量，R 为气体常数，T 为热力学温度。将两式相除得：

$$\frac{p(H_2O)}{p_B} = \frac{n(H_2O)}{n_B},$$

$$\text{又 } n = \frac{m}{M},\text{则} \frac{m(H_2O)}{m_B} = \frac{M(H_2O)p(H_2O)}{M_B p_B}$$

式中：m 为物质的质量，M 为物质的摩尔质量。这表明水与有机物在馏出液中的相对质量与它们的相对分子质量和蒸气压成正比。由于水的相对分子质量小而蒸气压较大，这就使水成为分离相对分子质量大、蒸气压低的有机物的很好的液体。例如，当溴苯和水一起加热到 95℃沸腾时，水的蒸气压为 85.3 kPa(640 mmHg)，溴苯的蒸气压为 16 kPa(120 mmHg)，水和溴苯的相对分子质量分别为 18 和 157，代入上式，则有

$$\frac{m(H_2O)}{m_B} = \frac{640\times18}{120\times157} = \frac{1}{1.64} = \frac{0.61}{1}$$

$$\frac{m(H_2O)}{m_B} = \frac{85.3\times18}{16\times157} = \frac{1}{1.64} = \frac{0.61}{1}$$

这表示每蒸出 1 g 水能带出 1.64 g 溴苯，或每蒸出 1 g 溴苯需要 0.61 g 水，同时可计算出馏出液中含有 62% 的溴苯。

即：
$$\frac{1.64}{1.64+1}\times 100\% = 62\%$$

应当指出：上式关系式只适合于与水不相混溶的有机物，而实际上很多化合物在水中或多或少有些溶解，使水的蒸气压降低，因此上述计算只是近似的。

三、利用水蒸气蒸馏对化合物的要求

水蒸气蒸馏是分离提纯有机化合物的重要方法之一，可用水蒸气蒸馏分离提纯的有机物必须同时具备下列3个条件：

①不溶或难溶于水。

②与水长时间煮沸不发生化学反应。

③在100℃左右时被提纯物应具有一定的蒸气压(一般不少于1.332 kPa，即10 mmHg以上)。

四、水蒸气蒸馏的应用范围

①含有大量树脂状或不挥发杂质，采用萃取或普通蒸馏等方法都难以分离的混合物。

②从较多固体反应物中分离出被吸附的液体。

③某些在常压下蒸馏可与杂质分离，但其本身易被破坏的高沸点有机物。

④从某些天然产物中提取易挥发的成分。

实验 8　毛细管法测定苯甲酸的熔点

一、实验目的

了解熔点测定的原理和意义；掌握毛细管法测熔点的操作方法。

二、实验原理

熔点(melting point，缩写为 m. p.)是固体物质重要物理性质之一，是鉴别化合物和定性检测其纯度的一种重要手段。

熔点是固体物质在 101.325 kPa 压力下其固相和液相达到平衡时的温度，如图 8-1 所示，曲线 SM 表示该物质的固相的蒸气压随温度的变化，曲线 ML 表示液相蒸气压随温度的变化，由于固相蒸气压随温度的变化比液相随温度的变化大，所以两条曲线有交叉，在交叉点 M 处固液两相蒸气压相等，达到平衡，此时的温度 T_M 即为该物质的熔点。若该物质含有杂质，二者不形成固熔体，根据拉乌尔(Raoult)定律，在一定的温度和压力下，在溶剂中增加溶质的摩尔数，溶剂蒸气分压降低，其曲线为 $M'L'$，固相蒸气压随温度变化曲线 SM 与曲线 $M'L'$ 在 M' 处交叉，熔点 $T_{M'}$ 比纯物质的 T_M 低，因此通过测定熔点可定性检测该物质的纯度。由于大多数固体物质的熔点各不相同，因此可通过测定未知物的熔点与已知物的熔点相比较来进行鉴别，若二者熔点相同，可初步判断二者为同一物质，然后把二者按 1∶9、1∶1、9∶1 三种比例混合，分别测定熔点，如果混合物的熔点不变，则二者为同一物质；若混合物的熔点降低，则二者为不同物质。

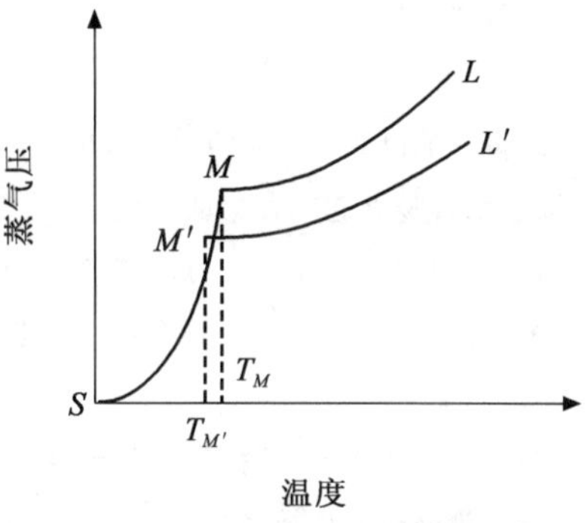

图 8-1　物质蒸气压随温度变化曲线

纯物质有尖锐的熔点，但是在实际的测定中，一个纯的化合物从开始熔化(初熔)至完全熔化(全熔)有一定的温度范围，该温度范围叫做熔程或熔点距，一般不超过 0.5～1℃，若含有杂质，则熔程长，熔点降低。熔点的测定有毛细管法和熔点仪法两种。

三、实验用品

1. 仪器

b 形管、温度计、毛细管、表面皿、橡皮圈、缺口橡皮塞、铁架台(铁夹)、酒精灯。

2. 试剂

苯甲酸、未知样品。

四、实验内容

(1)熔点管的准备;(2)苯甲酸熔点的测定。

五、实验步骤与记录

实验步骤	实验记录
1.测定熔点前毛细管的准备 将一根直径在1～1.5 mm,长为70～100 mm的干净的毛细管一端放于酒精灯的外焰,使毛细管口封闭,封口要圆滑。加热毛细管时,一边加热,一边旋转,使毛细管受热均匀,毛细管封的要严、薄、直,不能弯曲、有疙瘩。	1.毛细管封的不严对熔点的测定的影响有:________________ ________________
2.装填样品 (1)将苯甲酸样品用研钵研成粉末,干燥。 (2)取0.1～0.2 g上述样品放于干净的表面皿上,堆成小堆。 (3)将一端已封口的毛细管开口的那一端插入样品堆中,再将该毛细管竖立起来在桌面上墩几下,使样品进入管底。 (4)取一根长约50 cm的玻璃管垂直于一干净的表面皿上,如图8-2所示,将上述毛细管开口向上,从玻璃管上口自由落下多次。 (5)重复上述操作,使样品装得紧密,高度为2～3 mm。样品装完后,管外样品要擦净。 (6)每种样品装3根毛细样品管。	2.苯甲酸样品外观:________________ 苯甲酸样品质量:________________ 样品装得不紧密对熔点的测定的影响有:________________ ________________ 甘油外观:________________
3.测定熔点装置的安装 (1)将干燥的b形管固定在铁架台上,将导热液(一般用浓硫酸、甘油、液体石蜡或硅油做导热介质,本实验用甘油做导热油)装入b形管中,至高于上侧管约1 cm。 (2)取一与b形管口合适的软木塞,钻孔,使温度计卡于其中,将该软木塞切一个小开口。 (3)温度计插于软木塞孔中,刻度面向塞子的开口,然后将上述制好的样品毛细管(开口端向上,封口端向下)用橡皮圈紧固在温度计上,样品管中样品部位应靠在温度计水银球的中部,如图8-3所示。小心地将温度计垂直伸入导热液中。注意橡皮圈应在导热液液面之上,样品管开口端应高于导热油液面。 (4)调整温度计的位置,使其处于b形管上下两侧管之间。	3.将软木塞切一个开口的目的是:____ ________________ ________________ 温度计刻度面向塞子的开口的目的是:________________ 样品管开口端高于导热油液面的原因是:________________ ________________ 测熔点时须在b形管侧管处加热的原因是:________________ ________________

续表

实验步骤	实验记录
4. 加热测定 (1)用酒精灯加热 b 形管侧管，如图 8-4 所示。 (2)开始时温度可以升高得快一点儿，离熔点 15℃时，调整酒精灯火焰与 b 形管的距离，使温度上升的速度控制在 1～2℃/min，越接近熔点，温度升得越慢。 (3)当毛细管中样品开始塌落、有液体出现(即始熔)时，记录此时的温度 t_1，继续加热，直至固体样品完全变为液体(即全熔)，记录此时的温度 t_2，停止加热。 (4)b 形管导热油降温，当温度下降 30℃时，将上述制好的苯甲酸样品的第二根样品管用橡皮筋紧固在温度计上，重复上述操作，进行第二次测定。测定的熔点数据至少要有两次数据能重复。测定过程中应注意观察样品有无萎缩、变色、发泡、升华、碳化等现象。 5. 实验完毕 取下温度计，让其自然冷却，接近室温时，用水冲洗。等 b 形管冷却后，将导热液甘油倒入回收瓶中。	4. 加热测定 第一次： t_1 ________℃ t_2 ________℃ 第二次： t_3 ________℃ t_4 ________℃ 第三次： t_5 ________℃ t_6 ________℃ 样品变化现象：________ ________

六、结果与讨论

	第 1 次	第 2 次	第 3 次	平均
熔程				

你认为实验成败的关键因素是什么？画出 b 形管测定熔点装置图，并标注仪器名称。

七、思考题

1. 测过熔点的毛细管冷却后样品再次成为固体样品，为什么不能直接进行第二次测定？

2. 测定熔点时，下列因素将分别对测定结果产生什么影响？①毛细管壁太厚；②毛细管不干净；③样品研得不细或装的不紧；④加热太快。

3. 如果有两种化合物的熔点相同，能确定二者是同一化合物吗？如何用测熔点的方法进行确定？

4. 测量熔点有什么意义？简述毛细管法测定熔点的步骤。

日期：　　　　　学生姓名：　　　　　指导教师：　　　　　实验成绩：

实验态度(10 分)			实验记录(30 分)			实验操作(30 分)			结论与思考题(30 分)		
差 0～3	良 4～7	优 8～10	差 0～15	良 16～25	优 26～30	差 0～15	良 16～25	优 26～30	差 0～15	良 16～25	优 26～30

【背景知识】

一、毛细管法测熔点的实验装置

实验装置具体见图 8-2 至图 8-4。

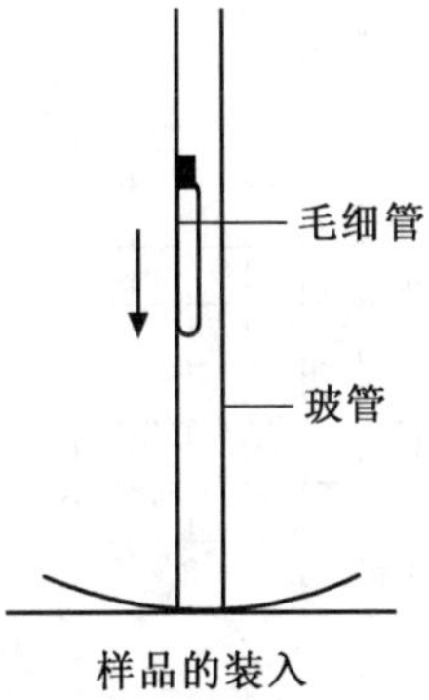

图 8-2　填装样品

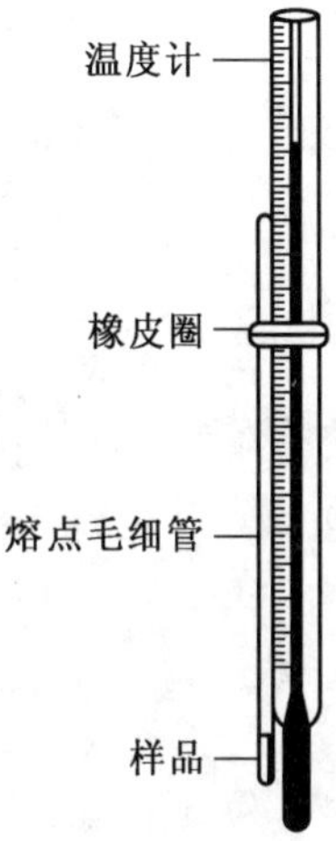

图 8-3　样品固定

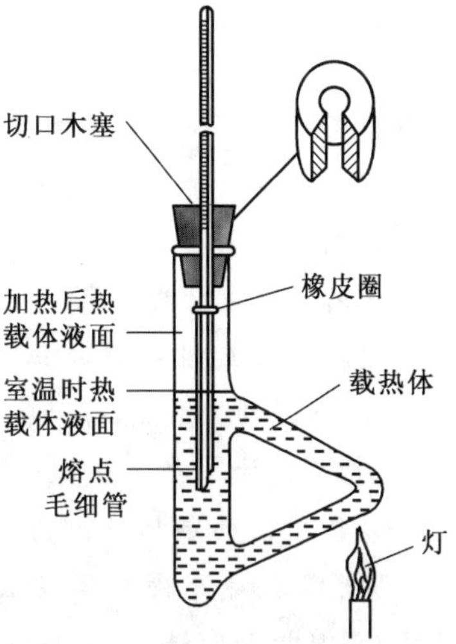

图 8-4　加热 b 形管测熔点

二、温度计的校正

用毛细管法测得的熔点、沸点与标准熔点、沸点(文献值)不完全一致,原因是多方面的,其中温度计引起的误差是一个重要因素,比如温度计的毛细孔径不均匀、刻度不准确;其次,温度计的刻度是在温度计全部均匀受热的情况下刻出来的,而测量时温度计仅有部分与待测物质接触,有一段水银线露在外面,受热并不均匀,这些都会引起误差,因此有必要对温度计进行校正以获得准确的熔点、沸点。

温度计的校正有 2 种方法:

1. 以纯的有机化合物的熔点为标准

①选用已知熔点的纯有机化合物(表 8-1),用待校正的温度计分别测定熔点。

表 8-1　标准化合物的熔点　　℃

样品名称	熔点	样品名称	熔点
水-冰	6	苯甲酸	122.4
α-萘胺	50	尿素	135
对二氯胺	53	二苯基羟基乙酸	151
二苯胺	54～55	水杨酸	159
苯甲酸卞酯	71	对苯二酚	173～174
萘	80.6	3,5-二硝基苯甲酸	205
间二硝基苯	90	蒽	216.2～216.4
二苯乙二酮	95～96	酚酞	262～268
乙酰苯胺	114.3	蒽醌	286(升华)

②计算每种化合物的实测熔点与标准熔点的差值。

③以实测熔点为纵坐标、以实测熔点与标准熔点的差值为横坐标，画出温度校正曲线图，如图8-5所示。

④用待校正温度计测定样品的熔点。

⑤在温度校正曲线图中找到温度校正值。

⑥将样品实测熔点加上温度校正值，即为该样品的熔点。

2. 以标准温度计为标准

①将标准温度计和待校正温度计平行放在热浴中，缓慢均匀加热，每升高5℃记录两支温度计的读数，计算出二者的差值。

②以待校正的温度计测得的温度为纵坐标、以两支温度计测得的温度的差值为横坐标，画出温度校正曲线。

③用待校正温度计测样品的熔点或沸点。

④在温度校正曲线图中找到温度校正值。

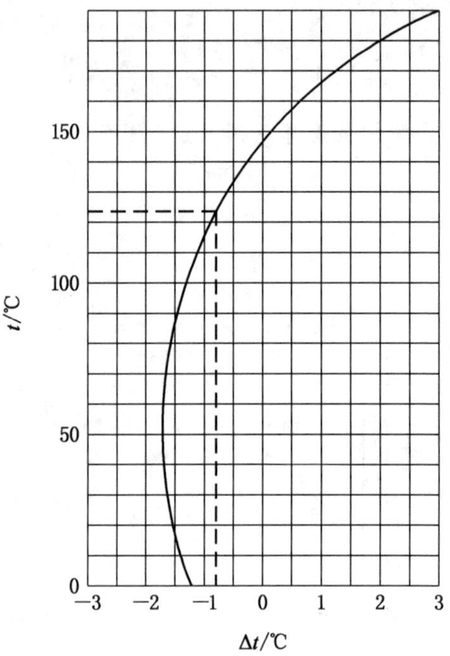

图 8-5 温度计校正曲线

⑤将样品实测熔点或沸点加上温度校正值，即为该样品的熔点或沸点。

三、显微测定法测定物质熔点

毛细管法测定熔点常用的装置是b形熔点测定管，即提勒管(Thiele tube)。用毛细管法测熔点的优点是仪器简单，缺点是不易确切地观察到晶体在加热过程中发生的变化，可采用显微熔点仪测熔点以克服该缺点。

有多种熔点仪可用于样品熔点的测定，现以X-型显微熔点仪为例说明如何用熔点仪进行熔点的测定操作，如图8-6所示。

①将待测样品烘干，用研钵研细。

②用丙酮洗净载玻片和盖玻片，用擦镜纸擦干，将载玻片放在熔点仪的可移动支持器上。

③将①中样品小心地铺在载玻片的中央，不能堆积，用盖玻片盖住样品。

④调节支持器使样品对准加热台中心洞孔，再用隔热玻璃罩罩住，插上温度计。

⑤调节镜头焦距，直至从镜孔中看清晶体外形。

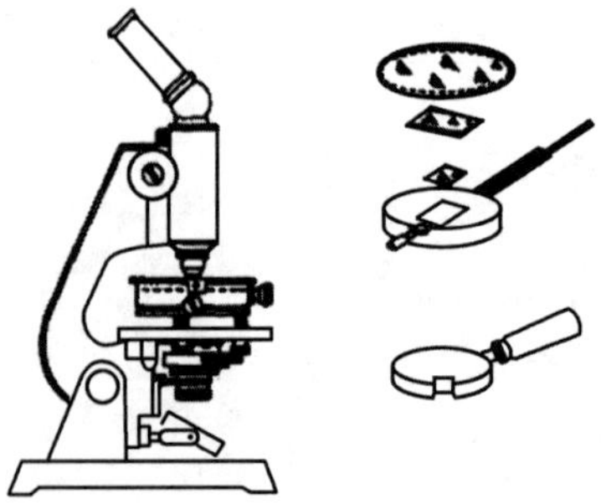

图 8-6 X-型显微熔点仪

⑥通电加热，调节电位器旋钮控制升温速度，开始时可以每分钟升高5℃，当温度升到比样品熔点低10～

15℃时,用微调旋钮控制升温速度,使不超过 1℃·min^{-1},接近熔点,升温速度控制在 0.2～0.3℃·min^{-1},仔细观察样品变化,当晶体棱角开始变圆时,记录此时的初熔温度,当晶体完全消失时,记录全熔温度。

⑦停止加热,拿走隔热玻璃罩,用镊子取去载玻片,用铝散热块加速冷却加热台。

⑧用新的载玻片重复上述操作,对同一样品重复测定 2～3 次。

实验 9　微量法测定乙醇的沸点

一、实验目的

了解沸点测定的原理和意义；掌握微量法测定沸点的操作技术。

二、实验原理

沸点(boiling point，缩写为 b. p.)是液体物质重要物理性质之一，是鉴别化合物和定性检测其纯度的一种重要手段。

如果物质是液体，组成液体的分子由于分子运动有从液体表面逸出的倾向，并且这种倾向随温度的升高而增大，从而在液面上部形成蒸气，同时逸出的蒸气分子不断地回到液体，当液体分子从液体表面逸出的速度和蒸气分子回到液体内的速度相等时，液面上的蒸气达到饱和，即饱和蒸气，它对液面所施加的压力被称为饱和蒸气压，该饱和蒸气压只与温度有关，与液体和蒸气的绝对量没有关系。随着温度的升高，该液体的蒸气压也升高，当蒸气压达到外界施于液面的压力时，液体内部就有大量气泡逸出，液体沸腾，这时的温度即为该外界压力下的沸点。沸点与外界的压力有关，如果外界的压力为 101.325 kPa，液体沸腾时的温度，即为通常意义上的沸点，此时，液相与气相达到平衡，因此沸点也可表述为在 101.325 kPa 压力下，某种液体气、液两相达到平衡时的温度。

纯的液体在一定压力下有一定的沸点，因此可通过测定液体沸点定性鉴定化合物的纯度，但是具有一定沸点的物质不一定是纯的化合物，因为某些化合物形成的共沸物也具有一定的沸点。

沸点的测定有常量法和微量法 2 种，当样品的量较少时可采用微量法测定。

对沸点进行测定，提纯需要对温度计进行校正。

三、实验用品

1. 仪器

酒精灯、b 形管、毛细管、温度计、橡皮圈、玻璃管(ϕ=5 mm，一端封口)、缺口橡皮塞、胶头滴管、铁架台。

2. 试剂

乙醇、未知样品。

四、实验内容

(1)微量法乙醇沸点的测定；(2)微量法未知样品沸点的测定。

五、实验步骤与记录

实验步骤	实验记录
1. 测定沸点前的准备 (1)测沸点用的毛细管内管的准备。将一根直径在 1～1.5 mm，长为 100 mm 的干净的毛细管一端放于酒精灯的外焰，使毛细管口封闭，封口要严、圆滑。 (2)液体样品的加入。用胶头滴管吸取待测样品无水乙醇，往外管滴加 3～4 滴样品。外管为长 7～8 cm，内径 5 cm 一端封闭的玻璃管。	1. 毛细管封的不严对沸点的测定的影响有：__________ __________ __________ 乙醇外观：__________
2. 测定沸点装置的安装 (1)把 b 形管固定在铁架台上，将导热液(一般用浓硫酸、甘油、液体石蜡或硅油为导热介质，本实验用甘油做导热液)装入 b 形管中，至高于上侧管约 1 cm。 (2)取一与 b 形管口合适的软木塞，钻孔，使温度计卡于其中，将该软木塞切一个小开口。 (3)将温度计插于软木塞孔中，刻度面向塞子的开口。 (4)将内管开口向下插入盛有乙醇样品的外管中，做成沸点管，如图 9-2 所示，然后将沸点管用橡皮圈紧固在温度计旁，如图 9-2 所示。小心地将温度计垂直伸入导热液中。沸点管开口端应高于导热油液面。 (5)调整温度计的位置，使其处于 b 形管上下两侧管中间。	2. 测沸点的关键技术是：__________ __________ __________ 将软木塞切一个开口的目的是____ __________ __________ 温度计的刻度面向塞子的开口的目的是：__________ __________ __________
3. 沸点的测定 (1)用酒精灯加热 b 形管侧管，以 5℃ · min^{-1} 的速度升温，当温度升到比沸点稍高时，沸点管内不断有气泡逸出，停止加热，注意观察。当气泡不再冒出而液体刚要进入沸点内管时，即毛细管内蒸气压与外压相等，记下此时的温度 t_1，即样品的沸点。注意开始加热时，要将内管中空气完全排出，升温速度要控制好。 (2)等 b 形管温度下降 20℃后，再测一次。注意：两次测定数值相差不超过 1℃，若超过，则需要多次测定。 4. 实验完毕 取下温度计，让其自然冷却，接近室温时，用水冲洗。等 b 形管冷却后，将导热液甘油倒入回收瓶中。	3. 现象：__________ __________ 第一次测定： t_1：__________℃ 第二次测定： t_2：__________℃ 第三次测定： t_3：__________℃

六、结果与讨论

	第 1 次	第 2 次	第 3 次	平均
沸点				

绘制微量法测沸点装置图，并标注仪器名称。

本实验成败的关键：

七、思考题

1. 微量法测定沸点时，如何准确判断沸点？若加热速度很快，对沸点的测定有无影响？

2. 测量沸点有什么意义？如何根据化合物的沸点判断其纯度？

3. 微量法测沸点装置与熔点测定装置有何异同？两种测定方法结果有何不同？

日期： **学生姓名：** **指导教师：** **实验成绩：**

实验态度(10 分)			实验记录(30 分)			实验操作(30 分)			结论与思考题(30 分)		
差 0～3	良 4～7	优 8～10	差 0～15	良 16～25	优 26～30	差 0～15	良 16～25	优 26～30	差 0～15	良 16～25	优 26～30

【背景知识】

一、常量法测定物质沸点

液体的蒸气压只与体系的温度有关,随温度的升高而增大。当液体的蒸气压增大到与外界大气压相等时,液体沸腾,温度不再上升,此时的温度就是该液体的沸点。

纯的液体有机化合物在一定的压力下有一定的沸点,如果沸点发生变动,则说明液体不纯,但是在一定的压力下具有一定沸点的不一定是纯的液体有机化合物,因为某些有机化合物能和其他化合物形成二元或三元共沸物,这些混合物具有一定的沸点。比如乙醇(b. p. 78.5℃)与水形成二元共沸物(含乙醇 95.6%,含水 4.4%),b. p. 78.2℃;乙醇与苯(b. p. 80.1℃)形成二元共沸物(含乙醇 32.4%,含苯 67.6%),b. p. 67.8℃;乙醇、水与苯形成三元共沸物(含乙醇 18.5%,含水 7.4%,含苯 74.1%),b. p. 64.6℃。

液体沸腾时,液体被气化,把蒸气冷凝下来,用另一容器收集冷凝液,该过程即蒸馏。在蒸馏过程中测定液体沸腾时温度,可测定液体沸点,这就是常量法测定化合物的沸点。对于蒸馏,还可以分离和提纯液态有机化合物。

常量法测沸点需要用到的仪器有圆底烧瓶、蒸馏头、温度计、温度计套管、直形冷凝管、尾接管、接收瓶、电加热套、铁架台、铁夹,用乙醇做样品。

常量法测沸点的操作如下:

1. 按实验5普通蒸馏装置安装好测沸点装置

2. 测定乙醇样品的沸点

①取去温度计和温度计套管,把长颈漏斗放进蒸馏头,然后将无水乙醇倒入长颈漏斗,注意不能使无水乙醇流入冷凝管中。加入 2～3 粒沸石,装好温度计套管和温度计。

②缓慢打开自来水管,使冷凝水进入冷凝管。

③开始加热。加热至沸腾时,调节加热速度,使馏出液的速度为 1～2 滴/s。记录第一滴馏出液进入接收瓶时的温度 t_1。等温度恒定时,换另一接收瓶接受,记录此时的温度 t_2,此温度即样品的沸点。

④当圆底烧瓶内剩余少量液体样品时,停止蒸馏移去热源,关闭冷凝水。

⑤按从右到左、从上到下的原则拆除实验装置。

二、微量法测沸点蒸气压与温度关系曲线图(图 9-1)及装置图(图 9-2)

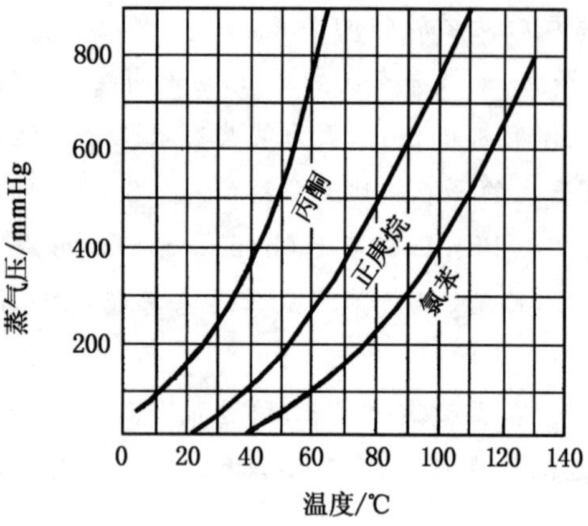

图 9-1　蒸气压与温度的关系

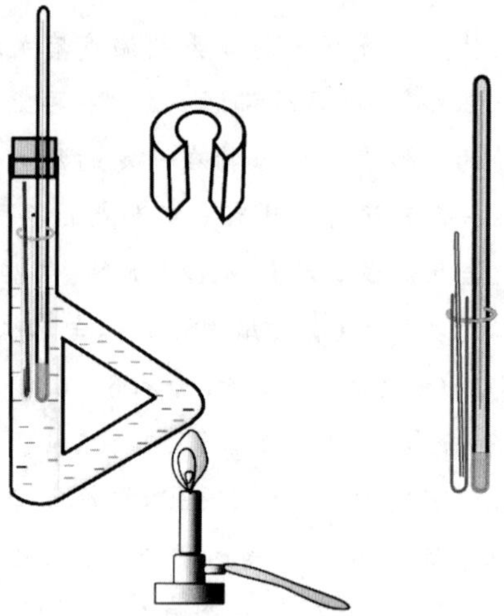

图 9-2　沸点管的装配及微量法测沸点装置

实验 10　摩尔气体常数 R 的近似测定

一、实验目的

巩固理想气体状态方程和分压定律的应用；熟悉分析天平和气压计的使用；掌握一种测定气体常数的方法。

二、实验原理

根据理想气体克拉伯龙方程 $pV=nRT$，可以得到摩尔气体常数 $R=pV/nT$，通过实验对 R 的值进行测定。图 10-1 是简易测定气体常数装置。

图 10-1　测定气体常数的微型装置

本实验通过金属镁与盐酸发生反应置换出 H_2 来测定 R 的数值。其反应式为：

$$Mg + 2HCl = MgCl_2 + H_2$$

称取一定质量的金属镁与过量的盐酸反应，在一定压力和温度下，可以测出反应所放出的 H_2 体积。实验的温度和压力可以根据温度计和压力计的读数得到。H_2 的物质的量可以通过反应中镁的质量换算得到。同时，由于 H_2 是水面上收集的，混有一定的水蒸气。在该条件下水的饱和蒸气压 $p(H_2O)$ 可以在手册中查到。根据分压定律，H_2 的分压可由得：

$$p_{总}=p(H_2)+p(H_2O)$$

则：

$$p(H_2)=p_{总}-p(H_2O)$$

式中：$p_{总}$ 为大气压，可由气压计读出。

由于 $p(H_2)$、$V(H_2)$、$n(H_2)$、T 均可由实验测得，这样将以上所得各项数据代入 $R=pV/nT$，即可算出摩尔气体常数 R 的数值。本实验也可通过铝或锌等金属与盐酸反应来测定。

三、实验用品

1. 仪器

烧杯(250 mL)、量筒(10 mL)、漆包铜丝、橡皮塞、温度计、气压计、多用滴管、洗气瓶。

2. 试剂

2 mol · L^{-1} HCl、镁带(铝片或锌片；预先将表面氧化层除去)。

四、实验内容

(1)氢气的发生；(2)气体体积的测量；(3)大气压与温度的测量。

五、实验步骤与记录

实验步骤	实验记录
1. 氢气的发生 按照图 10-1 安装实验装置。在一个 250 mL 的烧杯中装入 3/4 体积的水。取一根长约 5 cm 的漆包铜丝，插入橡皮塞，下端露出 2～3 cm。准确称取 0.007 0～0.009 0 g 的镁条（除去表面氧化膜），记录镁条的重量，并将其夹在橡皮塞的铜丝上，固定好。用一支多用滴管，吸入 2 mol · L^{-1} HCl，深入 10 mL 的量筒底部，加 3 mL 的盐酸；并用另一支干净的多用滴管小心地把蒸馏水沿着量筒壁加满整个量筒，操作时尽量减少酸和水的混合。将装好镁带的塞子塞进量筒，并将量筒倒置，把有塞子的一端浸入装有水的烧杯中，记录观察到的现象。	1. 氢气的发生 次 数　镁带的质量/g 1 ______ 2 ______ 3 ______ 为何要减少水和酸的混合？ 镁带质量不在此范围内对结果的影响：______ ______ ______ 减少两者混合的措施：______ ______
2. 气体体积的测量 待镁条完全反应后，静置 5 min，待量筒冷却到室温，再用玻璃棒轻轻敲击量筒外侧，尽可能将附着量筒内壁上的气泡赶到上部。上下移动量筒（移动过程始终保持量筒开口端浸没在液面以下），使量筒内液面与烧杯中水面相平，这时内外压力相等，记录量筒内气体的体积。	2. 气体体积的测量 次 数　H_2 的体积/mL 1 ______ 2 ______ 3 ______
3. 大气压与温度的测量 记录操作时的温度和气压。从附录中查出水在此温度时的饱和蒸气压 $p(H_2O)$。按照同样步骤再重做 2 次。	3. 大气压与温度的测量 大气压力 p/Pa ______ 温度 T/K ______ 水在此温度下的饱和蒸气压： $p(H_2O)$ ______ Pa

六、结果与讨论

根据原始数据进行数据整理，将相关数据填入数据处理表中。计算实验结果和相对误差。

$$实验相对误差=(R_{测定值}-R_{通用值})/R_{通用值}\times100\%$$

内容	1	2	3
镁带的质量 m/g			
H_2 的物质的量 n/mol			
氢气的体积 V/m^3			
实验温度 T/K			
大气压 $p_{总}$/Pa			
水的饱和蒸气压 $p(H_2O)$/Pa			
H_2 的分压 $p(H_2)=p_{总}-p(H_2O)$/Pa			
R 的计算值/$(J \cdot K^{-1} \cdot moL^{-1})$			
R 的平均值			
实验的相对误差/%			

七、思考题

1. 造成实验误差的主要原因有哪些？读取氢气的读数时，为何要使量筒内外水面相平？

2. 由镁(Mg)的摩尔质量出发，在 273 K 和 101 kPa 的条件下，计算镁带的质量(mg)与氢气的体积(mL)之比是多少？该数值对实验结果有无参考价值？

日期：　　**学生姓名：**　　**指导教师：**　　**实验成绩：**

实验态度(10 分)			实验记录(30 分)			实验操作(30 分)			结论与思考题(30 分)		
差 0～3	良 4～7	优 8～10	差 0～15	良 16～25	优 26～30	差 0～15	良 16～25	优 26～30	差 0～15	良 16～25	优 26～30

【背景知识】

一、注意事项

①用塞子塞量筒时，不可用力过猛，防止量筒被完全堵死，产生的 H_2 不能将里面的水排出。

②由于称取镁带质量较小，因此称量误差较大。同时，实验室内不同地方温度也有差别，检测结果误差也较大，但本实验旨在练习实验基本操作，不追求有效数字位数。

③镁条不要过轻，防止产生的氢气过少而读数时产生较大的误差；镁条不要过重，以免产生的氢气的体积超过量气管的测量限度。

④用多用滴管加盐酸时，不能沿试管壁流下，应伸到底部滴加。

⑤反应后静置 5 min，把气泡赶到上层空间。

⑥温度应在水溶液中测量。

二、水在不同温度下的饱和蒸汽压

温度 t/℃	饱和蒸汽压 /(×10^3 Pa)	温度 t/℃	饱和蒸汽压 /(×10^3 Pa)	温度 t/℃	饱和蒸汽压 /(×10^3 Pa)	温度 t/℃	饱和蒸汽压 /(×10^3 Pa)
1	0.657 16	26	3.362 9	51	12.970	76	40.205
2	0.706 05	27	3.567 0	52	13.623	77	41.905
3	0.758 13	28	3.781 8	53	14.303	78	43.665
4	0.813 59	29	4.007 8	54	15.012	79	45.487
5	0.872 60	30	4.245 5	55	15.752	80	47.373
6	0.935 37	31	4.495 3	56	16.522	81	49.324
7	1.002 1	32	4.757 8	57	17.324	82	51.342
8	1.073 0	33	5.033 5	58	18.159	83	53.428
9	1.148 2	34	5.322 9	59	19.028	84	55.585
10	1.228 1	35	5.626 7	60	19.932	85	57.815
11	1.312 9	36	5.945 3	61	20.873	86	60.119
12	1.402 7	37	6.279 5	62	21.851	87	62.499
13	1.497 9	38	6.629 8	63	22.868	88	64.958
14	1.598 8	39	6.996 9	64	23.925	89	67.496
15	1.705 6	40	7.381 4	65	25.022	90	70.117
16	1.818 5	41	7.784 0	66	26.163	91	72.823
17	1.938 0	42	8.205 4	67	27.347	92	75.614
18	2.064 4	43	8.646 3	68	28.576	93	78.494
19	2.197 8	44	9.107 5	69	29.852	94	81.465
20	2.338 8	45	9.589 8	70	31.176	95	84.529
21	2.487 7	46	10.094	71	32.549	96	87.688
22	2.644 7	47	10.620	72	33.972	97	90.945
23	2.810 4	48	11.171	73	35.448	98	94.301
24	2.985 0	49	11.745	74	36.978	99	97.759
25	3.169 0	50	12.344	75	38.563	100	101.32

实验 11　$I_3^- \rightleftharpoons I_2 + I^-$ 平衡常数的测定

一、实验目的

了解化学平衡和平衡移动的原理；学习平衡常数测定的方法；练习滴定分析操作。

二、实验原理

$$I_3^- \rightleftharpoons I_2 + I^- \tag{1}$$

碘溶于碘化钾溶液中形成 I_3^-，并在一定温度下建立上述平衡，其平衡常数 K_a 可用式(2)表示：

$$K_a = \frac{a(I^-)a(I_2)}{a(I_3^-)} = \frac{\gamma(I^-)c[I^-] \times \gamma(I_2)c[I_2]}{\gamma(I_3^-)c[I_3^-]} = \frac{\gamma(I^-)\gamma(I_2)}{\gamma(I_3^-)} \times \frac{c[I^-]c[I_2]}{c[I_3^-]} \tag{2}$$

式中：a (activity)为各物质的活度；$c[\ ]$为各物质的浓度；γ 为各物质的活度系数。

如果溶液较稀，则

$$\frac{\gamma(I^-)\gamma(I_2)}{\gamma(I_3^-)} = 1\text{，因此 } K_a \approx \frac{c[I^-]c[I_2]}{c[I_3^-]} = K_c \tag{3}$$

为测定平衡时 I_3^- 的浓度，可把过量固体碘加入已知浓度为 c' 的 KI 溶液中，充分震荡使达到平衡，然后用标准 $Na_2S_2O_3$ 溶液(其配制和标定见实验 22)标定上层清液。

$$I_2 + 2S_2O_3^{2-} = S_4O_6^{2-} + 2I^- \tag{4}$$

由于溶液中存在 $I_3^- \rightleftharpoons I_2 + I^-$ 的平衡，这时实际测得的是平衡时 I_2 和 I_3^- 的浓度之和 c，即 $c = c[I_3^-] + c[I_2]$因此

$$c[I_3^-] = c - c[I_2] \tag{5}$$

而平衡时 I_2 的浓度可用碘在纯水中的饱和浓度代替，用标准 $Na_2S_2O_3$ 溶液滴定固体碘与水达平衡时的上层清液，依据方程式(4)，即可测出 $c[I_2]$，再据式(5)，可计算出 $c[I_3^-]$。

由于形成 1 分子 I_3^- 要消耗 1 分子 I^-，所以平衡时 I^- 的浓度可由下式计算

$$c' - c[I_3^-] = c[I^-]$$

将 $c[I^-]$、$c[I_2]$和 $c[I_3^-]$代入式(3)，即可算出该温度下的平衡常数 K_c。

三、实验用品

1. 仪器

滴定管、碘量瓶、锥形瓶、移液管、电子天平、量筒、吸耳球。

2. 试剂

0.010 0 $mol \cdot L^{-1}$，0.020 0 $mol \cdot L^{-1}$ KI、0.2% 淀粉指示剂、0.005 0 $mol \cdot L^{-1}$ $Na_2S_2O_3$、I_2固体(AR)。

四、实验内容

(1)配制饱和溶液；(2)标定。

五、实验步骤与记录

<table>
<tr><th>实 验 步 骤</th><th>实 验 记 录</th></tr>
<tr>
<td>
1. 配制饱和溶液
(1)用量筒量取 60 mL 0.010 0 $mol \cdot L^{-1}$的 KI 溶液，倒入 1 号碘量瓶中。称取 0.5 g 已研细的碘，倒入 1 号碘量瓶中，盖好瓶塞。
(2)量取 60 mL 0.020 0 $mol \cdot L^{-1}$的 KI 溶液，倒入 2 号碘量瓶中，再加入 0.5 g 已研细的碘，盖好瓶塞。
(3)量取 180 mL 蒸馏水，倒入 3 号碘量瓶中，加入 0.5 g 已研细的碘，盖好瓶塞。
(4)将上述三个碘量瓶在室温振摇 30 min，然后放置 10 min，使过量的固体碘完全沉降。
2. 标定
(1)往滴定管中加入 0.005 0 $mol \cdot L^{-1}$的 $Na_2S_2O_3$ 溶液，记录初始读数 V_1。
(2)用 10 mL 移液管移取 1 号碘量瓶上层清液 10 mL，加入 250 mL 锥形瓶中，然后再加入 40 mL 蒸馏水。注意：用移液管移取时不要吸入固体碘。
(3)开始滴定，至浅黄色时，加入 4 mL 0.2%淀粉溶液，继续滴定至蓝色刚好消失为止，即为终点。记录此时酸式滴定管中 $Na_2S_2O_3$ 溶液的读数 V_1'。注意：由于碘易挥发，应尽快滴定，滴定时不宜剧烈摇晃锥形瓶。重复上述操作，再测定一次，记录 V_{11}、V_{11}'。
(4)用上述方法标定 2 号碘量瓶上层清液，分别记录读数 V_2、V_2'、V_{22}、V_{22}'。
(5)用 50 mL 移液管移取 3 号碘量瓶上层清液 50 mL，用 0.005 0 $mol \cdot L^{-1}$的 $Na_2S_2O_3$ 溶液滴定，方法与标定 1 号碘量瓶上层清液相同，分别记录初始读数 V_3、滴定终点读数 V_3'。
(6)再测定一次，分别记录初始读数 V_{33}、滴定终了读数 V_{33}'。碘的浓度的计算公式：
$c=\frac{c(Na_2S_2O_3) \cdot V(Na_2S_2O_3)}{2V(KI-I_2)}$ $c'=\frac{c(Na_2S_2O_3) \cdot V(Na_2S_2O_3)}{2V(H_2O-I_2)}$
</td>
<td>
1. 现象：________________
____
鉴于碘的易挥发性，在取溶液和滴定时的操作上应该：________________
____
____
2. $Na_2S_2O_3$ 标定记录
<table>
<tr><th>编号</th><th>次数</th><th>$V_{初}$</th><th>$V_{终}$</th></tr>
<tr><td rowspan="2">1</td><td>Ⅰ</td><td></td><td></td></tr>
<tr><td>Ⅱ</td><td></td><td></td></tr>
<tr><td rowspan="2">2</td><td>Ⅰ</td><td></td><td></td></tr>
<tr><td>Ⅱ</td><td></td><td></td></tr>
<tr><td rowspan="2">3</td><td>Ⅰ</td><td></td><td></td></tr>
<tr><td>Ⅱ</td><td></td><td></td></tr>
</table>
现象：________________
____
淀粉加入的适宜时间：________________
____
</td>
</tr>
</table>

六、结果与讨论

碘量瓶号	1		2		3	
标定次数	Ⅰ	Ⅱ	Ⅰ	Ⅱ	Ⅰ	Ⅱ
$Na_2S_2O_3$ 溶液用量/mL						
$Na_2S_2O_3$ 溶液平均用量/mL						
$Na_2S_2O_3$ 溶液浓度/($mol \cdot mL^{-1}$)						
碘量瓶上层清液取用体积/mL						
$c[I_2]+c[I_3^-]$/($mol \cdot L^{-1}$)						
$c[I_2]$/($mol \cdot L^{-1}$)						
KI 溶液浓度 c'/(mol/L)						
$c[I^-]$/($mol \cdot L^{-1}$)						
K_c						
K_c(平均)						
平均偏差						
相对平均偏差						

七、思考题

1. 在实验中以固体碘在水中的平衡浓度代替碘在碘化钾溶液中的平衡浓度，会引起怎样的误差？为什么可以代用？

2. 本实验用 $Na_2S_2O_3$ 溶液滴定碘溶液，能否用碘溶液滴定 $Na_2S_2O_3$ 溶液？请给予分析。

日期：　　　　学生姓名：　　　　指导教师：　　　　实验成绩：

实验态度(10 分)			实验记录(30 分)			实验操作(30 分)			结论与思考题(30 分)		
差 0～3	良 4～7	优 8～10	差 0～15	良 16～25	优 26～30	差 0～15	良 16～25	优 26～30	差 0～15	良 16～25	优 26～30

实验 12　反应热和中和热的测定

一、实验目的

了解用量热计测定热容的原理和方法；掌握测定中和热、反应热的操作技术。

二、实验原理

酸碱反应是一个放热过程，在一定的温度和压力下，1 mol H^+ 和 1 mol OH^- 反应生成 1 mol H_2O 的过程中所放出的热量为中和热[见式(1)、式(2)]。对于强酸和强碱的反应，由于它们在水溶液中完全电离，反应的实质是 H^+ 和 OH^- 反应生成 H_2O，因此不同的强酸和强碱的反应中和热是相同的。

$$H^+(aq)+OH^-(aq)=H_2O \tag{1}$$

$$\Delta_r H_m^{\ominus}=-57.2\ kJ\cdot mol^{-1}(25℃) \tag{2}$$

如果用固体 NaOH 和 HCl 溶液进行反应，由于固体 NaOH 溶于水是一个放热过程，所以 1 mol HCl(aq)和 1 mol NaOH(s)反应生成 1 mol 水的反应热大于中和热，据盖斯定律可计算出 NaOH(s)的溶解热(见背景知识)。

对于弱酸和强碱的反应、弱碱和强酸的反应，由于在发生中和反应的同时，还分别发生了弱酸的电离、弱碱的电离，而电离过程需要吸收热量，其各自的中和反应热不等于 $-57.2\ kJ\cdot mol^{-1}$，而是小于强酸和强碱反应的中和热。

本实验用保温杯做简易量热计测定 HCl 和 NaOH 反应的中和热。在量热计中进行的放热反应所放出的热量不仅使反应混合物的温度升高，而且使量热计的温度也升高，因此反应产生的热量可用式(3)表示：

$$Q=(C_p+C_p^{aq})\Delta t \tag{3}$$

式中：C_p 为量热计的定压热容，即量热计内温度每升高 1 K 所需要的热量，单位为 $J\cdot K^{-1}$；C_p^{aq} 为溶液的定压热容，单位为 $J\cdot K^{-1}$；Δt 为反应热效应引起的体系温度的变化，单位为 K。

若用 n 摩尔 HCl 溶液进行反应，则生成 n 摩尔的水，中和热可用式(4)表示：

$$\Delta_r H_m^{\ominus}=-\frac{Q}{n}=-\frac{(C_p+C_p^{aq})\Delta t}{n} \tag{4}$$

用量热计测定反应的热效应时，需测定 C_p 和 C_p^{aq}。对于 C_p，可在量热计中加入质量为 m、温度为 t_1 的冷水，再加入质量也为 m、温度为 t_2 的热水，混合后水的温度为 t_3，水的比热容为已知的 c，则热水失去的热量 Q_1、冷水得到的热量 Q_2 可分别用式(5)、式(6)表示，量热计得到的热量 Q_3 用式(9)表示：

$$Q_1=mc(t_2-t_3) \tag{5}$$

$$Q_2 = mc(t_3 - t_1) \tag{6}$$

$$Q_3 = mc(t_2 - t_3) - mc(t_3 - t_1) = mc(t_1 + t_2 - 2t_3) \tag{7}$$

式中：m 的单位为 g，温度 t 的单位为 K，c 的单位为 $J \cdot K^{-1} g^{-1}$。

所以量热计的定压热容 C_p 可表示为式(8)：

$$C_p = \frac{mc(t_1 + t_2 - 2t_3)}{t_3 - t_1} \tag{8}$$

对于 C_p^{aq}，由于反应溶液的浓度低，溶液的密度、比热容可近似地用水的密度 ρ（单位为 $g \cdot mL^{-1}$）、比热容 $c(J \cdot K^{-1} g^{-1})$来代替，其 C_p^{aq} 可用式(9)表示：

$$C_p^{aq} = \rho Vc \tag{9}$$

式中：V 为溶液的体积（单位为 mL）。

测出 C_p 和 C_p^{aq}，将其代入式(4)，就可算出中和热 $\Delta_r H_m^{\ominus}$。

三、实验用品

1. 仪器

保温杯、烧杯、酒精灯、温度计、移液管、试管、容量瓶、量筒、滴管、台秤。

2. 试剂

NaOH(s)、NH_4Cl(s)、无水乙醇、NaOH($2\ mol \cdot L^{-1}$)、HCl($2\ mol \cdot L^{-1}$)、酚酞(0.2%)。

四、实验内容

(1)固体溶解实验；(2)液体互溶时体积的变化；(3)量热计热容 C_p 的测定；(4)NaOH(aq)和 HCl(aq)反应的中和热的测定；(5)NaOH(s)和 HCl(aq)反应的反应热测定。

五、实验步骤与记录

实验步骤	实验记录
1. 固体溶解实验	1.(1)现象：________
(1)固体 NaOH 溶解实验	________
①用 10 mL 量筒量取 5 mL 蒸馏水，加入一干净的试管中。	t_1' ________
②用温度计搅拌 1～2 min，记录水的温度 t_1'。（注意：用温度计搅拌时要轻轻地搅拌，以防打破温度计。）	t_2' ________
③取 3～4 粒固体 NaOH，加入试管中。	(2)现象：________
④再用温度计轻轻地搅拌 1～2 min，记录水的温度 t_2'。	________
(2)固体 NH_4Cl 的溶解实验	t_3' ________
①用 10 mL 量筒量取 5 mL 蒸馏水，加入一干净的试管中。	t_4' ________
②用温度计轻轻地搅拌 1～2 min，记录水的温度 t_3'。	(3)现象：________
③取 3～4 粒固体 NH_4Cl，加入试管中。	________
④再用温度计轻轻地搅拌 1～2 min，记录水的温度 t_4'。	该实验说明：________
	________

续表

<table>
<tr><th>实 验 步 骤</th><th>实 验 记 录</th></tr>
<tr><td>2. 液体互溶时体积的变化
(1)用 25 mL 移液管移取 25 mL 蒸馏水,加入 50 mL 容量瓶中。
(2)再用一支干净的 25 mL 移液管移取 25 mL 无水乙醇,沿容量瓶内壁缓缓加入 50 mL 容量瓶中。
(3)观察液面的位置。
(4)盖上容量瓶盖,迅速摇动 2～3 min。
(5)观察液面的位置。</td><td>2. 现象:____________
____
原因:____________
____________</td></tr>
<tr><td>3. 量热计热熔 C_p 的测定
(1)将温度计插入保温杯盖上的孔中,调整温度计的位置,使温度计的水银球不能碰触保温杯底部,又能浸入水中,装好量热计,如图 12-5 所示。
(2)用 100 mL 量筒量取 100 mL 蒸馏水,倒入量热计中,盖好带有温度计的保温杯盖,平缓摇动,直至温度不再变化,记录温度 t_1。
(3)在铁架台上放置酒精灯,根据酒精灯的位置在铁架台上固定好铁圈,铁圈上放石棉网。
(4)用 100 mL 量筒量取 100 mL 蒸馏水,倒入一干净的 250 mL 烧杯中,把烧杯放在石棉网上,用酒精灯加热,直至水温高于 t_1 约 20℃,停止加热,转动烧杯,摇匀,迅速测量此热水温度 t_2。
(5)迅速把上述热水倒入量热计中,立即盖好带有温度计的保温杯盖,平缓摇动,使混合均匀。
(6)在倒入热水的同时开始计时,每 15 s 记录一次温度,当温度升到最高点 t_3(观察到的最高温度,而实际的最高温度需绘制温度-时间曲线求得,该曲线图见图 12-1)时,每 30 s 记录一次温度,继续观察 3 min。</td><td>3. t_1 ____________
t_2 ____________
t_3 ____________
<table><tr><th>时间/s</th><th>温度/℃</th></tr><tr><td></td><td></td></tr><tr><td></td><td></td></tr><tr><td></td><td></td></tr><tr><td></td><td></td></tr><tr><td></td><td></td></tr><tr><td></td><td></td></tr><tr><td></td><td></td></tr></table></td></tr>
<tr><td>4. 测定 NaOH(aq)和 HCl(aq)反应的中和热
(1)将保温杯中的水倒掉,用自来水冲凉,擦干。
(2)用 100 mL 量筒量取 50 mL 2 mol·L^{-1}的 HCl 溶液倒入保温杯中,再用 100 mL 量筒量取 50 mL 蒸馏水,倒入保温杯中,加入 1 滴 0.2%的酚酞,盖上保温杯盖,平缓摇动,使溶液混合均匀,从而使体系内部达到热平衡,记录盐酸溶液温度 t_4。
(3)用 100 mL 量筒量取 50 mL 2 mol·L^{-1}的 NaOH 溶液,倒入一干净的 250 mL 烧杯中,再用 100 mL 量筒量取 50 mL 蒸馏水倒入烧杯中,摇匀,使碱液温度与酸液温度相同。若碱液温度低于酸液温度,用手捂热盛碱液的烧杯;若碱液温度高于酸液温度,则用自来水冷却盛碱液的烧杯,从而使碱液的温度与酸液相同。
(4)迅速将碱液倒入保温杯中,盖好塞子,平缓摇动。在倒入碱液的同时,开始计时,每 15 s 记录一次温度,当温度升到最高点 t_5(观察到的最高温度)时,每 30 s 记录一次温度,继续观察 3 min。注意:t_5(实际)的求法与 t_3(实际)的求法相似,即绘制温度-时间曲线,通过作图法求得,见图 12-2。</td><td>4. t_4 ____________
t_5 ____________
现象:____________
____
<table><tr><th>时间/s</th><th>温度/℃</th></tr><tr><td></td><td></td></tr><tr><td></td><td></td></tr><tr><td></td><td></td></tr><tr><td></td><td></td></tr><tr><td></td><td></td></tr><tr><td></td><td></td></tr></table></td></tr>
</table>

续表

实验步骤	实验记录
5. 测定 NaOH(s)和 HCl(aq)反应的反应热 (1)将保温杯中的反应混合物倒入废液缸中，洗净保温杯，擦干。 (2)用 100 mL 量筒量取 50 mL 2 mol・L^{-1}的 HCl 溶液倒入保温杯中，加入 1 滴 0.2%的酚酞，再用量筒量取 150 mL 蒸馏水，倒入保温杯中，盖上保温杯盖，平缓摇动，使溶液混合均匀，记录恒定后的温度 t_6。 (3)在台秤上称取 4.80 g 固体 NaOH，倒入保温杯中，立即盖上保温杯盖，平缓摇动。在倒入碱液的同时，开始计时，每 15 s 记录一次温度，当温度升到最高点 t_7(观察到的最高温度)时，每 30 s 记录一次温度，继续观察 3 min。t_7(实际)的求法与 t_3(实际)的求法相似，即绘制温度-时间曲线，通过作图法求得，见图 12-3。	5. t_6 ______________ t_7 ______________ 现象：______________ ______________________

时间/s	温度/℃

六、结果与讨论

1. 绘制温度-时间曲线，求得实际最高温度 t_3；量热计热容 C_p 的计算(表 12-1)。

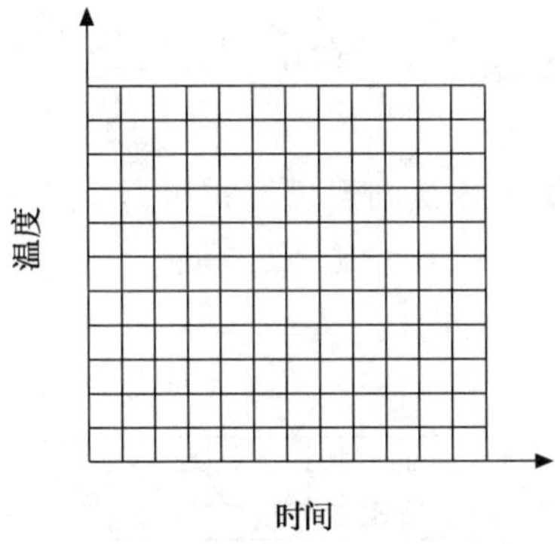

图 12-1　温度-时间曲线，求得 t_3 实际最高温度

表 12-1　C_p 的计算

t_1	t_2	t_3(实际)	冷水质量	水的比热容 C	C_p
				4.18 J・g^{-1}・K^{-1}	

计算公式：

$$C_p=\frac{mC(t_1+t_2-2t_3)}{t_3-t_1}$$

2. 绘制温度-时间曲线，求得实际最高温度 t_5；C_p^{aq} 和中和热 $\Delta_r H_{m,1}^{\ominus}$ 的计算(表 12-2)。

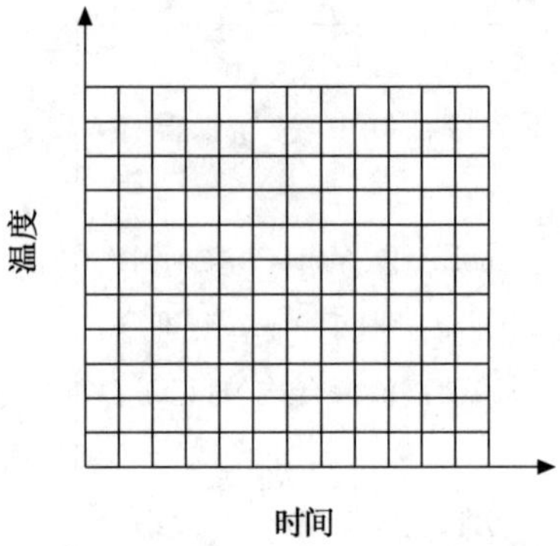

图 12-2 温度-时间曲线，求得 t_5 实际最高温度

表 12-2 C_p^{aq} 和 $\Delta_r H_{m,1}^{\ominus}$ 的计算

<table>
<tr><td colspan="2">溶液密度 ρ</td><td colspan="2">溶液的比热容 C</td><td>溶液总体积 V</td><td>C_p^{aq}</td></tr>
<tr><td colspan="2"></td><td colspan="2"></td><td></td><td></td></tr>
<tr><td>t_4</td><td>t_5(实际)</td><td>Δt_1</td><td>Q_1</td><td>生成水的物质的量 n_1</td><td>$\Delta_r H_{m,1}^{\ominus}$</td></tr>
<tr><td></td><td></td><td></td><td></td><td></td><td></td></tr>
</table>

计算公式：

$$C_p^{aq}=\rho VC=\rho V_{水}\ C_{水}$$

$$\Delta_r H_{m,1}^{\ominus}=-\frac{Q_1}{n_1}=-\frac{(C_p+C_p^{aq})\Delta t_1}{n_1}$$

3. 绘制温度-时间曲线，求得实际最高温度 t_7；反应热 $\Delta_r H_{m,2}^{\ominus}$ 和 NaOH(s)溶解热 $\Delta_r H_{m,3}^{\ominus}$ 的计算(表 12-3)。

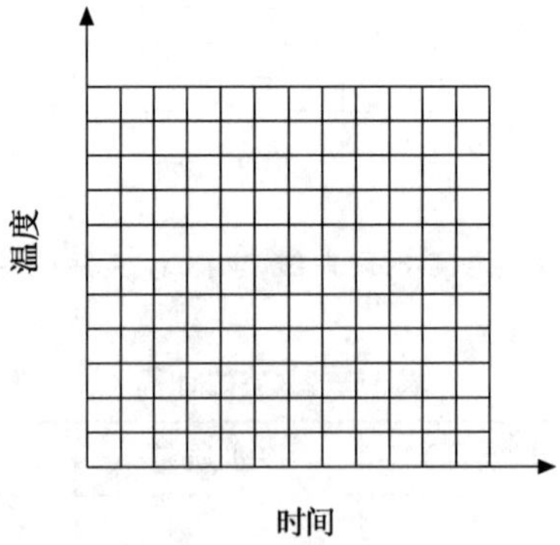

图 12-3 温度-时间曲线，求得 t_7 实际最高温度

表 12-3 $\Delta_r H^{\ominus}_{m,2}$ 和 $\Delta_r H^{\ominus}_{m,3}$ 的计算

t_6	t_7（实际）	Δt_2	Q_2	生成水的物质的量 n_2	$\Delta_r H^{\ominus}_{m,2}$	$\Delta_r H^{\ominus}_{m,3}$

计算公式：

$$\Delta_r H^{\ominus}_{m,2} = -\frac{Q_2}{n_2} = -\frac{(C_p + C_p^{aq})\Delta t_2}{n_2}$$

$$\Delta_r H^{\ominus}_{m,3} = \Delta_r H^{\ominus}_{m,2} - \Delta_r H^{\ominus}_{m,1}$$

七、思考题

1. 本实验计算测定 NaOH(s)和 HCl(aq)反应的反应热应以 HCl 的量还是以 NaOH 的量为准？为什么？

2. 浓度为 1 mol · L^{-1} 的 H_2SO_4 被强碱中和时所放出的热量是否就是中和热？

3. 在测定量热计热容及反应的热效应时，为什么要使最后的混合液总体积相等？

4. 分析造成本实验结果误差的主要因素有哪些？

日期：　　　学生姓名：　　　指导教师：　　　实验成绩：

实验态度(10 分)			实验记录(30 分)			实验操作(30 分)			结论与思考题(30 分)		
差 0～3	良 4～7	优 8～10	差 0～15	良 16～25	优 26～30	差 0～15	良 16～25	优 26～30	差 0～15	良 16～25	优 26～30

【背景知识】

反应热

化学反应过程中不仅有物质的变化，而且有能量的变化，这种能量的变化表现为反应热效应，而化学反应通常是在恒压条件下进行的，所以此反应热效应为等压热效应。化学反应的等压热效应 Q_p 等于化学反应的摩尔反应焓变 $\Delta_r H_m$（放热反应为负值，吸热反应为正值）。在标准状态下化学反应的焓变称为化学反应的标准焓变，用 $\Delta_r H_m^{\ominus}$ 表示。

对于固体 NaOH 和 HCl 溶液的反应，由于固体 NaOH 溶于水是一个放热过程，所以 1 mol HCl(aq)和 1 mol NaOH(s)反应生成 1 mol 水的反应热大于－57.2 kJ/mol。

由于中和热 $\Delta_r H_m^{\ominus}$ 是状态函数，只决定于始终态，与反应的途径无关，所以 NaOH(s)和 HCl(aq)的反应可设计为 NaOH(s)的溶解与 H^+ 和 OH^- 反应生成 H_2O 两步进行，如图 12-4 所示。

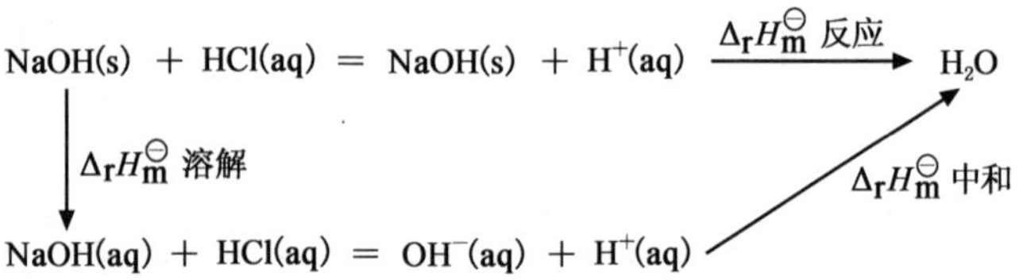

图 12-4 NaOH(s)和 HCl(aq)的反应途径

根据盖斯定律（Hess's law），可知：$\Delta_r H^{\ominus}_{m,反应} = \Delta_r H^{\ominus}_{m,溶解} + \Delta_r H^{\ominus}_{m,中和}$

因此，$\Delta_r H^{\ominus}_{m,溶解} = \Delta_r H^{\ominus}_{m,反应} - \Delta_r H^{\ominus}_{m,中和}$，从而计算出 NaOH(s)的溶解热。

本实验用量热计（图 12-5）测热容、反应热、中和热，但量热计不可能是完全绝热的隔离体系，体系会传给量热计外的空气部分热量，所以观察到的最高温度 t_3 比实验测得的最高温度偏低，因此需绘制温度-时间曲线，如图 12-6 所示，将 CB 线外推，与纵轴相交于 D 点，求出实际的最高温度。

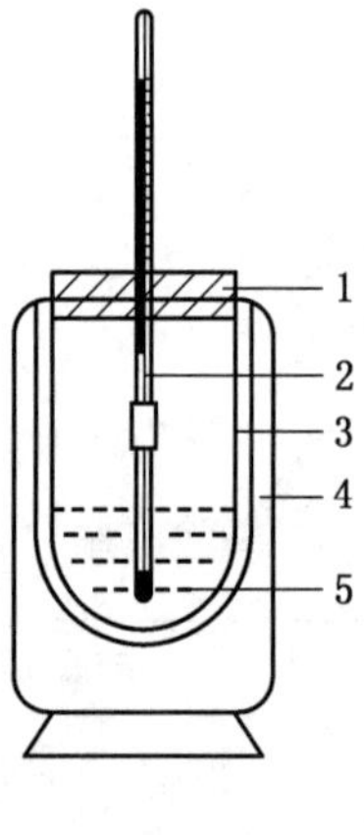

图 12-5 简易量热计

1. 保温杯盖 2. 温度计 3. 真空隔热层 4. 保温杯外壳 5. 水或反应物

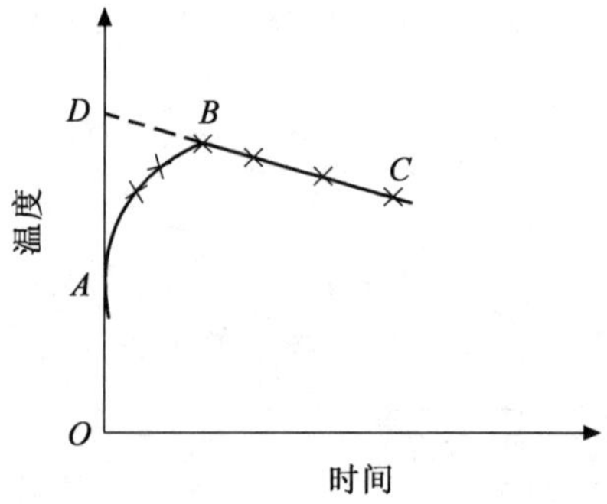

图 12-6 温度-时间曲线图

实验 13　酸碱平衡及沉淀溶解平衡

一、实验目的

加深对离解平衡、同离子效应、缓冲溶液、难溶电解质多相离子平衡及溶度积规则的理解，巩固 pH 的概念；掌握用试纸测定溶液 pH 的基本方法，学习缓冲溶液的配制及性质。

二、实验原理

1. 弱电解质的离解平衡

弱酸弱碱在水溶液中的离解即弱酸给出质子变成其共轭碱，水接受质子变成其共轭酸 H_3O^+；或水给出质子变成其共轭碱 OH^-，碱接受质子变成其共轭酸。溶液的酸碱性取决于物质给出或接受质子能力的相对大小。化学平衡移动规律同样适合这种平衡体系。在弱酸或弱碱的溶液中加入含有相同离子的强电解质，会使弱电解质的电离度减小，此即同离子效应。

2. 缓冲溶液

缓冲溶液一般由浓度较大的弱酸及其共轭碱或弱碱及其共轭酸组成。在稀释或加入少量的酸、碱时，平衡的移动使其 pH 改变很小。缓冲溶液的缓冲能力与缓冲溶液的总浓度及缓冲比有关。缓冲溶液的总浓度一般控制在 0.1～1 $mol \cdot L^{-1}$，缓冲比一般控制在(1：10)～(10：1)之间。

3. 难溶电解质的多相离子平衡

难溶电解质 A_mB_n 在一定温度下在水溶液中达到沉淀溶解平衡后，其平衡常数就是饱和溶液中两种离子浓度幂的乘积，称为溶度积。

$$A_mB_n(s) \rightleftharpoons mA^{n+}(aq) + nB^{m-}(aq)$$

$$K_{sp}^{\ominus} = [c_{A^{n+}}/c^{\ominus}]^m [c_{B^{m-}}/c^{\ominus}]^n$$

若 Q_c 表示任意状态时离子浓度幂的乘积，则有：

若 $Q_c > K_{sp}^{\ominus}$，溶液过饱和，有沉淀生成。

若 $Q_c = K_{sp}^{\ominus}$，溶液饱和，沉淀溶解达成平衡。

若 $Q_c < K_{sp}^{\ominus}$，溶液未饱和，无沉淀生成，若有固体，则固体溶解。

根据溶度积规则可判断沉淀的生成和溶解。

三、实验用品

1. 仪器

井穴板、多用滴管、微型试管、离心试管、量筒、离心机。

2. 试剂

HAc(0.001、0.1、0.2 $mol \cdot L^{-1}$)，NaAc(0.1、0.2 $mol \cdot L^{-1}$)，NaOH(0.1、0.2、1 $mol \cdot L^{-1}$)，

HCl($0.1\ mol \cdot L^{-1}$、$6\ mol \cdot L^{-1}$)，$NH_3 \cdot H_2O$($0.1\ mol \cdot L^{-1}$)，NH_4Cl($0.1\ mol \cdot L^{-1}$)，NH_4Ac($0.1\ mol \cdot L^{-1}$)，NaCl($0.1\ mol \cdot L^{-1}$)，KCl($1.0\ mol \cdot L^{-1}$)，$FeCl_3$($0.1\ mol \cdot L^{-1}$)，HNO_3($6\ mol \cdot L^{-1}$)，$AgNO_3$($0.1\ mol \cdot L^{-1}$)，$Pb(NO_3)_2$($0.1\ mol \cdot L^{-1}$)，Na_2S($0.1\ mol \cdot L^{-1}$)，Na_2SO_4($0.1\ mol \cdot L^{-1}$)，$MgCl_2$($0.1\ mol \cdot L^{-1}$)，K_2CrO_4($0.1\ mol \cdot L^{-1}$)，NH_4Cl(饱和)，$Al_2(SO_4)_3$(饱和)，Na_2CO_3(饱和)。

指示剂：0.2%酚酞，0.2%甲基橙，广泛 pH 试纸，精密 pH 试纸。

固体：NaAc，NH_4Cl，$Fe(NO_3)_3 \cdot H_2O$。

四、实验内容与记录

1. 用广泛 pH 试纸比较物质的酸碱性

试剂	pH		解释原因
	测定值	计算值	
$0.1\ mol \cdot L^{-1}$ HAc			
$0.1\ mol \cdot L^{-1}$ HCl			
$0.1\ mol \cdot L^{-1}$ NaOH			
蒸馏水			
$0.1\ mol \cdot L^{-1}$ $NH_3 \cdot H_2O$			
$0.001\ mol \cdot L^{-1}$ HAc			

2. 用指示剂比较溶液的同离子效应(在 0.7 mL 井穴板中)

试剂	指示剂	所加试剂	现象	解释原因
10 滴 $0.1\ mol \cdot L^{-1}$ HAc	1 滴 甲基橙	NaAc (少许固体)		
10 滴 $0.1\ mol \cdot L^{-1}$ $NH_3 \cdot H_2O$	1 滴酚酞	NH_4Cl (少许固体)		

3. 比较纯弱酸、弱碱体系及弱酸(碱)及其共轭碱(酸)组成的共轭体系的 pH

体系	pH		ΔpH	结论
	测定值	计算值		
$0.1\ mol \cdot L^{-1}$ HAc				
$0.1\ mol \cdot L^{-1}$ HAc 与 $0.1\ mol \cdot L^{-1}$ NaAc 等体积混合				
$0.1\ mol \cdot L^{-1}$ $NH_3 \cdot H_2O$				
$0.1\ mol \cdot L^{-1}$ $NH_3 \cdot H_2O$ 与 $0.1\ mol \cdot L^{-1}$ NH_4Cl 等体积混合				
综合以上 3 个实验，讨论离解平衡的移动				

4. 缓冲溶液的性质(在离心试管中)

试　剂	pH	结论
(1)4 mL 蒸馏水加 2 滴 0.001 $mol \cdot L^{-1}$ HAc(摇匀后分成两份)		
一份中加入 1 滴 0.2 $mol \cdot L^{-1}$ HCl		
另一份中加入 1 滴 0.2 $mol \cdot L^{-1}$ NaOH		
(2)2 mL 0.2 $mol \cdot L^{-1}$ HAc 和 2 mL 0.2 $mol \cdot L^{-1}$ NaAc(摇匀后分成两份)		
一份中加入 1 滴 0.2 $mol \cdot L^{-1}$ HCl		
另一份中加入 1 滴 0.2 $mol \cdot L^{-1}$ NaOH		
如何用 0.2 $mol \cdot L^{-1}$ HAc 和 0.2 $mol \cdot L^{-1}$ NaAc 配制 5 mL pH=4.1 的缓冲溶液？配好后用精密 pH 试纸测定是否符合要求		

5. 用精密 pH 试纸测定下列溶液(浓度均为 0.1 $mol \cdot L^{-1}$)的 pH

溶液	NaCl	NH_4Cl	Na_2S	$FeCl_3$	NH_4Ac
pH					

6. $PbCl_2$ 溶度积的测定

在 5 mL 的井穴板中加入 3 mL 0.1 $mol \cdot L^{-1}$ $Pb(NO_3)_2$，用精确标定过液滴体积的多用滴管逐滴滴加 1.0 $mol \cdot L^{-1}$ KCl 溶液，边滴加边轻轻摇动井穴板，静置 5 min 后，观察是否有沉淀产生，记下刚产生沉淀时所消耗的 KCl 溶液的滴数。计算 $PbCl_2$ 的溶度积。有关计算公式参见本实验的背景知识。

井穴号	0.1 $mol \cdot L^{-1}$ $Pb(NO_3)_2$	1.0 $mol \cdot L^{-1}$ KCl		$K_{sp}^{\ominus}(PbCl_2)$
		滴数	V_{Cl^-} /mL	
1	3 mL			
2	3 mL			
3	3 mL			
$\overline{K}_{sp}^{\ominus}(PbCl_2)$				

7.沉淀的生成和溶解(在0.7 mL井穴板中)

井穴号	试剂	现象	解释原因
1	5滴0.1 mol·L^{-1} $MgCl_2$ 5滴0.1 mol·L^{-1} NaOH		
2	5滴0.1 mol·L^{-1} $MgCl_2$ 5滴0.1 mol·L^{-1} NaOH		
3	5滴0.1 mol·L^{-1} $AgNO_3$ 5滴0.1 mol·L^{-1} KCl		
4	5滴0.1 mol·L^{-1} $AgNO_3$ 5滴0.1 mol·L^{-1} KCl		
	在1#穴中再加入6滴 饱和NH_4Cl溶液		
	在3#穴中再加入6滴 饱和NH_4Cl溶液		
	在2#穴中再加入6滴 6 mol·L^{-1} HCl溶液		
	在4#穴中再加入6滴 6 mol·L^{-1} HCl溶液		

8.分步沉淀(在离心试管中)

操作步骤	试剂	现象	解释原因
1	4滴0.1 mol·L^{-1} Na_2S,滴加5滴0.1 mol·L^{-1} K_2CrO_4,滴加1.5 mL蒸馏水		
2	将上述溶液摇匀后加4滴0.1 mol·L^{-1} $Pb(NO_3)_2$		
3	将上述沉淀离心沉降后,分出上层清液,向其中滴加0.1 mol·L^{-1} $Pb(NO_3)_2$		

9.沉淀的转化(在0.7 mL井穴板中)

操作步骤	试剂	现象	解释原因
1	3滴0.1 mol·L^{-1} $Pb(NO_3)_2$ 再加3滴0.1 mol·L^{-1} Na_2SO_4		
2	在上述溶液中加3滴 0.1 mol·L^{-1} K_2CrO_4 摇匀		

五、思考题

1. 缓冲溶液的缓冲作用由哪些因素决定？其中主要的决定因素是什么？

2. 将实验步骤 3 中配制的缓冲溶液等分为 3 份，分别加入 1 滴 2 mol·L^{-1}的 HCl 溶液、2 mol·L^{-1} 的 NaOH 溶液和蒸馏水后，溶液的 pH 变化明显，可能是什么原因造成的？

3. 如何配制 $FeCl_3$ 溶液？

4. 沉淀形成的条件是什么？将 0.1 mol·L^{-1}的 $Pb(NO_3)_2$ 溶液和 0.02 mol·L^{-1}的 KI 溶液等体积混合后有无沉淀生成？

日期：　　　　**学生姓名：**　　　　**指导教师：**　　　　**实验成绩：**

实验态度(10 分)			实验记录(30 分)			实验操作(30 分)			结论与思考题(30 分)		
差 0～3	良 4～7	优 8～10	差 0～15	良 16～25	优 26～30	差 0～15	良 16～25	优 26～30	差 0～15	良 16～25	优 26～30

【背景知识】

一、基本试纸简介

试纸(表 13-1)是浸过指示剂或试剂溶液的小纸片,用于检验溶液中某种化合物、元素或离子的存在。

表 13-1 常见试纸及其用途

试纸	用途
红色石蕊试纸	用纯水浸湿后遇 pH≥ 8.0 的溶液润湿时变蓝,遇碱性蒸气或溶于水后溶液 pH≥8.0 的气体变蓝。常用于检验碱性溶液或蒸气等
蓝色石蕊试纸	用纯水浸湿后遇 pH ≤5.0 的溶液浸湿时变红,遇酸性蒸气或溶于水后溶液 pH ≤5.0 的气体变红。常用于检验酸性溶液或蒸气等
酚酞试纸,白色	遇碱性溶液变红,用水润湿后遇碱性气体(如氨气)变红,常用于检验 pH>8.3 的稀碱溶液或氨气等
淀粉碘化钾试纸,白色	用于检测能氧化 I^- 的氧化剂,如 Cl_2、Br_2、NO_2、O_3、HClO 、H_2O_2 等,润湿的试纸遇上述氧化剂变蓝,也可以用来检测 I_2
淀粉试纸,白色	润湿时遇 I_2 变蓝,用于检测 I_2 及其溶液
乙酸铅试纸,白色	遇 H_2S 变黑色,用于检验痕量的 H_2S
铁氰化钾试纸,淡黄色	遇含 Fe^{2+} 的溶液变成蓝色,用于检验溶液中的 Fe^{2+}
亚铁氰化钾试纸,淡黄色	遇含 Fe^{3+} 的溶液呈蓝色,用于检验溶液中的 Fe^{3+}
pH 试纸	有广泛和精密 2 种,通过颜色变化来检验溶液的 pH

用试纸检验溶液的性质时,一般先把一小块试纸放在表面皿或玻璃片上,用沾有待测溶液的玻璃棒点试纸的中部,观察颜色的变化,判断溶液的性质。用试纸检验气体的性质时,一般先用蒸馏水把试纸润湿,粘在玻璃棒的一端,用玻璃棒把试纸放到盛有待测气体的试管口(注意不要接触),观察试纸的颜色变化情况来判断气体的性质。

注意:使用 pH 试纸不能用蒸馏水润湿。

二、常用酸碱溶液的密度、质量分数和物质的量浓度

具体见表 13-2。

表 13-2 常用酸碱溶液的密度、质量分数和物质的量浓度(298.15 K)

溶液名称	密度 /(g·mL^{-1})	质量分数 /%	浓度 /(mol·L^{-1})	溶液名称	密度 /(g·mL^{-1})	质量分数 /%	浓度 /(mol·L^{-1})
浓硫酸	1.84	95~96	18	浓氢氟酸	1.13	40	23
稀硫酸	1.18	25	3	氢溴酸	1.38	40	7
稀硫酸	1.06	9	1	氢碘酸	1.70	57	7.5
浓盐酸	1.19	38	12	冰醋酸	1.05	99~100	17.5
稀盐酸	1.03	6	1.8	稀醋酸	1.04	32	6
浓硝酸	1.40	65	14.9	稀醋酸	1.02	15.4	2
稀硝酸	1.20	32	6	浓氢氧化钠	1.36	33	11
稀硝酸	1.07	12.7	2	稀氢氧化钠	1.09	8	2
浓磷酸	1.70	86	15	浓氨水	0.91	25	13.5
稀磷酸	1.05	9	1	稀氨水		1.80	1.10

三、弱电解质的电离常数表

近似浓度 0.01～0.003 mol·L^{-1}，温度 298 K。具体见表 13-3。

表 13-3　弱电解质的电离常数表

名称	化学式	电离常数，K	pK
硼酸	H_3BO_3	5.8×10^{-10}	9.24
氢氟酸	HF	5.35×10^{-4}	3.45
过氧化氢	H_2O_2	2.4×10^{-12}	11.62
次氯酸	HClO	2.95×10^{-5}	4.53
次溴酸	HBrO	2.06×10^{-9}	8.69
次碘酸	HIO	2.3×10^{-11}	10.64
碘酸	HIO_3	1.69×10^{-1}	0.77
亚砷酸	$HAsO_2$	6×10^{-10}	9.22
铵离子	NH_4^+	5.56×10^{-10}	9.25
氨水	$NH_3\cdot H_2O$	1.79×10^{-5}	4.75
联胺	N_2H_4	8.91×10^{-7}	6.05
羟胺	NH_2OH	9.12×10^{-9}	8.04
氢氧化铅	$Pb(OH)_2$	9.6×10^{-4}	3.02
氢氧化锂	LiOH	6.31×10^{-1}	0.2
氢氧化镉	$Cd(OH)_2$	5.01×10^{-11}	10.3
氢氧化锌	$Zn(OH)_2$	7.94×10^{-7}	6.1
甲胺	CH_3NH_2	4.2×10^{-4}	3.38
乙胺	$C_2H_5NH_2$	5.6×10^{-4}	3.25
二甲胺	$(CH_3)_2NH$	1.2×10^{-4}	3.93
二乙胺	$(C_2H_5)_2NH$	1.3×10^{-3}	2.89
苯酚	C_6H_5OH	1.1×10^{-10}	9.95
邻硝基苯甲酸	$C_6H_4NO_2COOH$	6.71×10^{-3}	2.17
苦味酸	$HOC_6H_2(NO_2)_3$	4.2×10^{-1}	0.38
乙酰丙酮	$CH_3COCH_2COCH_3$	1×10^{-9}	9
邻二氮菲	$C_{12}H_3N_2$	1.1×10^{-5}	4.96
8-羟基喹啉	C_9H_6NOH	$K_1=9.6\times10^{-6}$	5.02
		$K_2=1.55\times10^{-10}$	9.81
磺基水杨酸	$C_6H_3SO_3HOHCOOH$	$K_1=4.7\times10^{-3}$	2.33
		$K_2=4.8\times10^{-12}$	11.32
硫代硫酸	$H_2S_2O_3$	$K_1=5\times10^{-1}$	0.3
		$K_2=1\times10^{-2}$	2
氢氧化铝	$Al(OH)_3$	5.01×10^{-9}	8.3
	$Al(OH)_2^+$	1.99×10^{-10}	9.7

续表 13-3

名称	化学式	电离常数，K	pK
砷酸	H_3AsO_3	$K_1=5.62\times10^{-3}$	2.25
		$K_2=1.70\times10^{-7}$	6.77
		$K_3=3.95\times10^{-12}$	11.4
铬酸	H_2CrO_4	$K_1=1.8\times10^{-1}$	0.74
		$K_2=3.20\times10^{-7}$	6.49
氢氧化铍	$Be(OH)_2$	1.78×10^{-6}	5.75
	$BeOH^+$	2.51×10^{-9}	8.6
乙二胺	$H_2NC_2H_4NH_2$	$K_1=8.5\times10^{-5}$	4.07
		$K_2=7.1\times10^{-8}$	7.15
水杨酸	$C_6H_4OHCOOH$	$K_1=1.0\times10^{-3}$	3
		$K_2=4.2\times10^{-13}$	12.38
柠檬酸	CH_2COOH	$K_1=7.4\times10^{-4}$	3.13
	$C(OH)COOH$	$K_2=1.7\times10^{-5}$	4.76
	CH_2COOH	$K_3=4.0\times10^{-7}$	6.4
乙二胺四乙酸	H_6Y^{2+}	$K_1=0.1$	0.9
(EDTA)	H_5Y^+	$K_2=3\times10^{-2}$	1.6
	H_4Y	$K_3=1\times10^{-2}$	2
	H_3Y^-	$K_4=2.1\times10^{-3}$	2.67
	H_2Y^{2-}	$K_5=6.9\times10^{-7}$	6.16
	HY^{3-}	$K_6=5.5\times10^{-11}$	10.26
醋酸	HAc	1.76×10^{-5}	4.75
碳酸	H_2CO_3	$K_1=4.30\times10^{-7}$	6.37
		$K_2=5.61\times10^{-11}$	10.25
草酸	$H_2C_2O_4$	$K_1=5.90\times10^{-2}$	1.23
		$K_2=6.40\times10^{-5}$	4.19
亚硝酸	HNO_2(285.5 K)	4.6×10^{-4}	3.37
磷酸	H_3PO_4(291 K)	$K_1=7.52\times10^{-3}$	2.12
		$K_2=6.23\times10^{-8}$	7.21
		$K_3=2.2\times10^{-13}$	12.67
亚硫酸	H_2SO_3(291 K)	$K_1=1.54\times10^{-2}$	1.81
		$K_2=1.20\times10^{-7}$	6.91
硫酸	H_2SO_4	$K_2=1.20\times10^{-2}$	1.92
硫化氢	H_2S	$K_1=9.1\times10^{-8}$	7.04
		$K_2=1.1\times10^{-12}$	11.96
氢氰酸	HCN	4.93×10^{-10}	9.31

续表 13-3

名称	化学式	电离常数,K	pK
乙醇胺	$HOCH_2CH_2NH_2$	3.2×10^{-5}	4.5
三乙醇胺	$(HOCH_2CH_2)_3N$	5.8×10^{-7}	6.24
吡啶	C_5H_5N	1.7×10^{-9}	8.77
喹啉	C_9H_7N	6.3×10^{-10}	9.2
六亚甲基四胺	$(CH_2)_6N_4$	1.35×10^{-9}	8.87
尿素	$CO(NH_2)_2$	1.3×10^{-14}	13.89
质子化六亚甲基四胺	$(CH_2)_6N_4H^+$	7.1×10^{-6}	5.15
甲酸	HCOOH(293 K)	1.77×10^{-4}	3.75
丙酸	CH_3CH_2COOH	1.34×10^{-5}	4.87
一氯乙酸	$ClCH_2COOH$	1.4×10^{-5}	3.86
二氯乙酸	$Cl_2CHCOOH$	5.0×10^{-2}	1.3
三氯乙酸	CCl_3COOH	0.23	0.64
氨基乙酸	NH_2CH_2COOH	1.67×10^{-10}	9.78
氨基乙酸盐	$^+NH_3CH_2COOH$	$K_1=4.5\times10^{-3}$	2.35
	$^+NH_3CH_2COO^-$	$K_2=2.5\times10^{-10}$	9.60
抗坏血酸	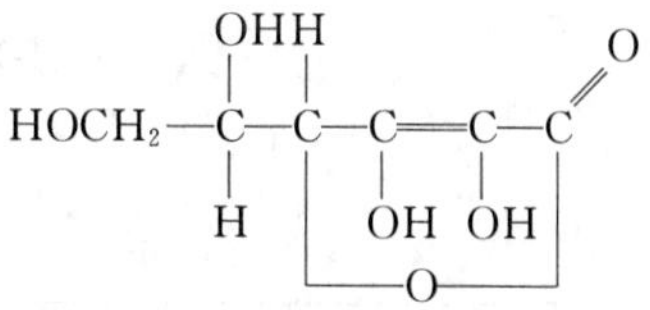	$K_1=5.0\times10^{-5}$ $K_2=1.5\times10^{-10}$	4.3 9.82
乳酸	$CH_3CHOHCOOH$	1.4×10^{-4}	3.86
苯甲酸	C_6H_5COOH	6.2×10^{-5}	4.21
d-酒石酸	CH(OH)COOH | CH(OH)COOH	$K_1=9.1\times10^{-4}$ $K_2=4.3\times10^{-5}$	3.04 4.37
酒石酸	$H_2C_4O_6$	$K_1=1.04\times10^{-3}$ $K_2=4.55\times10^{-5}$	2.98 4.34
邻苯二甲酸	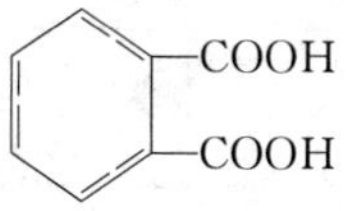	$K_1=1.1\times10^{-3}$ $K_2=2.39\times10^{-5}$	2.95 5.41

四、pH 标准缓冲溶液的配制方法

具体见表 13-4。

表 13-4 pH 标准缓冲溶液的配制方法

试剂		干燥条件 T/K	配制		pK 标准值 298 K
名称	化学式		浓度 /(mol·L^{-1})	方法	
草酸三氢钾	$KH_3(C_2O_4)_2 \cdot 2H_2O$	330±2 烘 4～5 h	0.05	12.61 g $KH_3(C_2O_4)_2 \cdot 2H_2O$ 溶于水后，转入 1 L 容量瓶中，稀释至刻度，摇匀	1.68±0.01
酒石酸氢钾	$KHC_4H_4O_6$		饱和溶液	过量的酒石酸氢钾（大于 6.4 g·L^{-1}）和水，控制温度在 296～300 K，激烈振摇 20～30 min	3.56±0.01
磷酸氢二钠-磷酸二氢钾	Na_2HPO_4 KH_2PO_4	383～393 烘 2～3 h	0.025 0.025	称取 3.533 g Na_2HPO_4，3.387 g KH_2PO_4，用水溶解后转 1 L 容量瓶中，稀释至刻度，摇匀	6.86±0.01
四硼酸钠	$Na_2B_4O_7 \cdot 10H_2O$	在氯化钠和蔗糖饱和溶液中干燥至恒重	0.01	3.8 g $Na_2B_4O_7 \cdot 10H_2O$ 溶于水后，转入 1 L 容量瓶中，稀释至刻度，摇匀	9.18±0.01
氢氧化钙	$Ca(OH)_2$		饱和溶液	过量 $Ca(OH)_2$（大于 2 g·L^{-1}）和水，控制温度在 296～300 K，剧烈振摇 20～30 min	12.46±0.01

注：①标准缓冲溶液的 pH 随温度而变化。

②配制标准缓冲溶液时，所用纯水的电导率应小于 1.5 μs·cm^{-1}。配制最后两份碱性溶液时，所用纯水要预先煮沸 15 min，以除去溶解的二氧化碳。

③缓冲溶液可保存 2～3 个月，若发现混浊、沉淀或发霉现象时，则不能再用。

五、常用缓冲溶液的配制

具体见表 13-5。

表 13-5 常用缓冲溶液的配制

缓冲溶液组成	pK_a	缓冲液 pH	缓冲溶液配制方法
氨基乙酸-HCl	2.35 (pK_{a1})	2.3	取 150 g 氨基乙酸溶于 500 mL 水中后，加 80 mL 浓 HCl，用水稀释至 1 L
H_3PO_4-柠檬酸盐		2.5	取 113 g $Na_2HPO_4 \cdot 10H_2O$ 溶于 200 mL 水后，加 387 g 柠檬酸，溶解，过滤，稀释至 1 L
邻苯二甲酸氢钾-HCl	2.95 (pK_{a1})	2.9	取 500 g 邻苯二甲酸氢钾溶于 500 mL 水中，加 80 mL 浓 HCl，稀释至 1 L
甲酸-NaOH	3.76	3.7	取 95 g 甲酸和 40 g NaOH 溶于 500 mL 水中，稀释至 1 L
NaAc-HAc	4.74	4.2	取 3.2 g 无水 NaAc 溶于水中，加 50 mL 冰 HAc，用水稀释至 1 L

续表 13-5

缓冲溶液组成	pK_a	缓冲液 pH	缓冲溶液配制方法
一氯乙酸-NaOH	2.86	2.8	取 200 g 一氯乙酸溶于 200 mL 水中，加 40 g NaOH 溶解后，稀至 1 L
NH_4Ac-HAc		4.5	取 77 g NH_4Ac 溶于 200 mL 水，加 59 mL 冰 HAc，稀至 1 L
NaAc-HAc	4.74	4.7	取 83 g NaAc 溶于水中，加 60 mL 冰 HAc，稀释至 1 L
NaAc-HAc	4.74	5.0	取 160 g 无水 NaAc 溶于水中，加 60 mL 冰 HAc，稀至 1 L
NH_4Ac-HAc		5.0	取 250 g NH_4Ac 溶于水中，加 25 mL 冰 HAc，稀释至 1 L
六亚甲基四胺-HCl	5.15	5.4	取 40 g 六亚甲基四胺溶于 200 mL 水中加 100 mL 浓 HCl，稀释至 1 L
NH_4Ac-HAc		6.0	取 600 g NH_4AC 溶于水中，加 20 mL 冰 HAc，稀释至 1 L
NaAc-H_3PO_4 盐		8.0	取 50 g 无水 NaAC 和 50 g $NaH_2PO_4 \cdot 12H_2O$ 溶于水中，稀释至 1 L
Tris-HCl（三羟甲基氨基甲烷）（$CNH_2(HOCH_2)_3$）	8.21	8.2	取 25 g Tris 试剂溶于水中，加 18 mL 浓 HCl，稀释至 1 L
NH_3-NH_4Cl	9.26	9.2	取 54 g NH_4Cl 溶于水，加 63 mL 浓氨水，稀释至 1 L
NH_3-NH_4Cl	9.26	9.5	取 54 g NH_4Cl 溶于水，加 126 mL 浓氨水，稀释至 1 L
NH_3-NH_4Cl	9.26	10.0	(1)取 54 g NH_4Cl 溶于水，加 350 mL 浓氨水，稀释至 1 L (2)取 67.5 g NH_4Cl，溶于 200 mL 水中，加 570 mL 浓氨水，用水稀释至 1 L

注：①缓冲深配制后可用 pH 试纸检查，如 pH 不对，可用共轭酸或碱调节，欲精确调 pH 时，可用 pH 计调节。
②若需增加或减少缓冲液的缓冲容量时，可相应增加或减少共轭酸碱对物质的量，再调节之。

六、难溶化合物溶度积(298 K)

具体见表 13-6。

表 13-6　难溶化合物溶度积(298 K)

化合物	溶度积	化合物	溶度积
醋酸盐		$PbBr_2$	6.60×10^{-6}
AgAc	1.94×10^{-3}	$PbCl_2$	1.6×10^{-5}
卤化物		PbF_2	3.3×10^{-8}
AgBr	5.1×10^{-13}	PbI_2	7.1×10^{-9}
AgCl	1.8×10^{-10}	SrF_2	4.33×10^{-9}
AgI	8.3×10^{-17}	铬酸盐	
BaF_2	1.84×10^{-7}	$Ag_2Cr_2O_4$	1.12×10^{-12}
CaF_2	5.3×10^{-9}	$Ag_2Cr_2O_7$	2.0×10^{-7}
CuBr	5.3×10^{-9}	$BaCrO_4$	1.2×10^{-10}
CuCl	1.2×10^{-6}	$CaCrO_4$	7.1×10^{-4}
CuI	1.1×10^{-12}	$CuCrO_4$	3.6×10^{-6}
Hg_2Cl_2	1.3×10^{-18}	Hg_2CrO_4	2.0×10^{-9}
Hg_2I_2	4.5×10^{-29}	$PbCrO_4$	2.8×10^{-13}
Hg_2I_2	2.9×10^{-29}	$SrCrO_4$	2.2×10^{-5}

续表 13-6

化合物	溶度积	化合物	溶度积
碳酸盐		$Hg_2C_2O_4$	1.75×10^{-13}
Ag_2CO_3	8.45×10^{-12}	$MgC_2O_4\cdot2H_2O$	4.83×10^{-6}
$BaCO_3$	5.1×10^{-9}	$MnC_2O_4\cdot2H_2O$	1.7×10^{-7}
$CaCO_3$	3.36×10^{-9}	PbC_2O_4	8.51×10^{-10}
$CdCO_3$	1.0×10^{-12}	$SrC_2O_4\cdot H_2O$	1.6×10^{-7}
$CuCO_3$	1.4×10^{-10}	$ZnC_2O_4\cdot H_2O$	1.38×10^{-9}
$FeCO_3$	3.13×10^{-11}	硫酸盐	
Hg_2CO_3	3.6×10^{-17}	Ag_2SO_4	1.40×10^{-5}
$MgCO_3$	6.82×10^{-6}	$BaSO_4$	1.1×10^{-10}
$MnCO_3$	2.24×10^{-11}	$CaSO_4$	9.1×10^{-6}
$NiCO_3$	1.42×10^{-7}	Hg_2SO_4	6.5×10^{-7}
$PbCO_3$	7.4×10^{-14}	$PbSO_4$	1.6×10^{-8}
$SrCO_3$	5.6×10^{-10}	$SrSO_4$	3.2×10^{-7}
$ZnCO_3$	1.46×10^{-10}	硫化物	
氢氧化物		Ag_2S	6.3×10^{-50}
$AgOH$	2.0×10^{-8}	CdS	8.0×10^{-27}
$Al(OH)_3$（无定形）	1.3×10^{-33}	CoS（α-型）	4.0×10^{-21}
$Be(OH)_2$	1.60×10^{-22}	CoS（β-型）	2.0×10^{-25}
$Ca(OH)_2$	5.5×10^{-6}	Cu_2S	2.5×10^{-48}
$Cd(OH)_2$	5.27×10^{-15}	CuS	6.3×10^{-36}
$Co(OH)_2$（粉红色）	1.09×10^{-15}	FeS	6.3×10^{-18}
$Co(OH)_2$（蓝色）	5.92×10^{-15}	HgS（黑色）	1.6×10^{-52}
$Co(OH)_3$	1.6×10^{-44}	HgS（红色）	4×10^{-53}
$Cr(OH)_2$	2×10^{-16}	MnS（晶形）	2.5×10^{-13}
$Cr(OH)_3$	6.3×10^{-31}	NiS	1.07×10^{-21}
$Cu(OH)_2$	2.2×10^{-20}	PbS	8.0×10^{-28}
$Fe(OH)_2$	8.0×10^{-16}	SnS	1×10^{-25}
$Fe(OH)_3$	4×10^{-38}	SnS_2	2×10^{-27}
$Mg(OH)_2$	1.8×10^{-11}	ZnS_2	2.93×10^{-25}
$Mn(OH)_2$	1.9×10^{-13}	磷酸盐	
$Ni(OH)_2$（新制备）	2.0×10^{-15}	Ag_3PO_4	1.4×10^{-16}
$Pb(OH)_2$	1.2×10^{-15}	$AlPO_4$	6.3×10^{-19}
$Sn(OH)_2$	1.4×10^{-28}	$CaHPO_4$	1×10^{-7}
$Sr(OH)_2$	9×10^{-4}	$Ca_3(PO_4)_2$	2.0×10^{-29}
$Zn(OH)_2$	1.2×10^{-17}	$Cd_3(PO_4)_2$	2.53×10^{-33}
草酸盐		$FePO_4\cdot2H_2O$	9.91×10^{-16}
$Ag_2C_2O_4$	5.4×10^{-12}	$MgNH_4PO_4$	2.5×10^{-13}
BaC_2O_4	1.6×10^{-7}	$Mg_3(PO_4)_2$	1.04×10^{-24}
$CaC_2O_4\cdot H_2O$	4.0×10^{-9}	$Pb_3(PO_4)_2$	8.0×10^{-43}
CuC_2O_4	4.43×10^{-10}	$Zn_3(PO_4)_2$	9.0×10^{-23}
$FeC_2O_4\cdot2H_2O$	3.2×10^{-7}		

续表 13-6

化合物	溶度积	化合物	溶度积
其他盐		$Cu(IO_3)_2 \cdot H_2O$	7.4×10^{-8}
$[Ag^+][Ag(CN)_2^-]$	7.2×10^{-11}	$K_2Na[CO(NO_2)_6] \cdot H_2O$	2.2×10^{-11}
$Ag_4[Fe(CN)_6]$	1.6×10^{-41}	$Na(NH_4)_2[Co(NO_2)_6] \cdot H_2O$	4×10^{-12}
$Cu_2[Fe(CN)_6]$	1.3×10^{-16}	Al(8-羟基喹啉)$_3$	5×10^{-33}
AgSCN	1.03×10^{-12}	Mg(8-羟基喹啉)$_2$	4×10^{-16}
CuSCN	4.8×10^{-15}	Zn(8-羟基喹啉)$_2$	5×10^{-25}
$AgBrO_3$	5.3×10^{-5}	$KHC_4H_4O_6$(酒石酸氢钾)	3×10^{-4}
$AgIO_3$	3.0×10^{-8}	Ni(丁二酮肟)$_2$	4×10^{-24}

注：摘自 David R. Lide. Handbook of Chemistry and Physic，78th. Edition，1997—1998。

七、其他相关注意事项

①有关 pH 的计算请参阅普通化学教材。

②$PbCl_2$ 溶度积的计算公式：$K_{sp}^{\ominus}=[c(Pb^{2+})/c^{\ominus}]\times[c(Cl^-)/c^{\ominus}]^2$，其中 $c(Pb^{2+})=\dfrac{0.1\times3}{3+V(Cl^-)}$，$c(Cl^-)=\dfrac{1.0\times V(Cl^-)}{3+V(Cl^-)}$

③离心机的使用：使用离心机时，放置试管的位置、试管内装溶液的重量要对称平衡；启动要慢，转速要适宜，停止时要任其自然，切勿用手或其他物品相阻使之骤停。

④用滴管吸取沉淀上清液时，要在试管外将胶头内空气排尽后再伸入清液中。

实验 14　氧化还原反应

一、实验目的

了解电极电势与氧化还原反应的关系；了解介质的酸度、反应物的浓度对氧化还原反应的影响；进一步巩固微型实验操作技术。

二、实验原理

氧化还原反应的实质是氧化剂和还原剂之间发生电子的转移，而物质得失电子的能力可用氧化还原电对的电极电势的相对高低来衡量。以还原电势为基准，一个电对的电极电势代数值越大，其对应电对氧化态物质的氧化能力越强，还原态物质的还原能力越弱；反之亦然。因此，根据电对电极电势的大小，可判断氧化还原反应的方向。一个电对电极电势的大小，与物质的本性、温度及浓度有关。

电极电势与浓度的关系可用能斯特方程表示：

$$aO_x + ne^- = b\mathrm{Red}$$

$$\varphi = \varphi^{\ominus} + \frac{0.059\ 2}{n}\lg\frac{[c(\mathrm{Ox})/c^{\ominus}]^a}{[c(\mathrm{Red})/c^{\ominus}]^b}$$

有 H^+ 参加的氧化还原反应，或物质的存在状态与介质的酸碱性有关的氧化还原反应中，介质的酸度对电极电势值的大小也产生影响。例如：

$$MnO_4^- + 8H^+ + 5e = Mn^{2+} + 4H_2O$$

$$\varphi = \varphi^{\ominus}(MnO_4^-/Mn^{2+}) + \frac{0.059\ 2}{5}\lg\frac{[c(MnO_4^-)/c^{\ominus}][c(H^+)/c^{\ominus}]}{[c(Mn^{2+})/c^{\ominus}]}$$

H^+ 浓度增大，可使 φ 值增大，MnO_4^- 氧化能力增强。

三、实验用品

1. 仪器

0.7 mL 井穴板、多用滴管。

2. 试剂

0.5 mol·L^{-1} $CuSO_4$、0.5 mol·L^{-1} $ZnSO_4$、0.5 mol·L^{-1} $Pb(NO_3)_2$、6 mol·L^{-1} HCl、碘水、0.1 mol·L^{-1} KBr、0.1 mol·L^{-1} $Na_2S_2O_3$、0.01 mol·L^{-1} $KMnO_4$、3% H_2O_2、Cu、6 mol·L^{-1} NaOH、2 mol·L^{-1} H_2SO_4、0.5 mol·L^{-1} KI、10% NH_4F、Zn、0.5 mol·L^{-1} $FeCl_3$、Na_2SO_3（固体）、6 mol·L^{-1} HAc、1% 淀粉、Pb。

四、实验内容与记录

1. 电极电势与氧化还原反应

(1)比较电对的电位顺序(在 0.7 mL 井穴板中依次加入 10 滴 0.5 mol·L^{-1}下列各溶液)。

井穴号	1	2	3	4	5	6
试剂	$CuSO_4+Zn$	$CuSO_4+Pb$	$Pb(NO_3)_2+Cu$	$Pb(NO_3)_2+Zn$	$ZnSO_4+Pb$	$ZnSO_4+Cu$
溶液现象						
金属现象						
反应式						
电子转移方向						
电对的电位顺序						

(2)比较氧化剂、还原剂的相对强弱。

井穴号	试剂	现象	解释原因(写出反应式)
1	5 滴碘水 1 滴 1%淀粉溶液 滴加 0.5 mol·L^{-1} Na_2SO_3		
2	5 滴 0.1 mol·L^{-1} KI 1 滴 1%淀粉溶液 滴加 0.1 mol·L^{-1} $FeCl_3$		
3	5 滴 0.5 mol·L^{-1} $FeSO_4$ 2 滴 2 mol·L^{-1} H_2SO_4 滴加 3% H_2O_2		
4	5 滴 0.01 mol·L^{-1} $KMnO_4$ 2 滴 2 mol·L^{-1} H_2SO_4 滴加 3%H_2O_2		
结论			

2. 介质酸度对氧化还原反应产物的影响

井穴号	试剂	现象	解释原因
1	少许固体 Na_2SO_3 5 滴 6 mol·L^{-1} H_2SO_4 10 滴 0.01 mol·L^{-1} $KMnO_4$		
2	少许固体 Na_2SO_3 5 滴 H_2O 10 滴 0.01 mol·$L^{-1}$$KMnO_4$		
3	少许固体 Na_2SO_3 5 滴 6 mol·L^{-1} NaOH 10 滴 0.01 mol·L^{-1} $KMnO_4$		
结论			

3. 酸度对氧化还原反应速率的影响

井穴号	试剂	现象	解释原因
1	3 滴 0.01 mol·L^{-1} $KMnO_4$ 2 滴 2 mol·L^{-1} H_2SO_4 5 滴 0.1 mol·L^{-1} KBr		
2	3 滴 0.01 mol·L^{-1} $KMnO_4$ 2 滴 0.1 mol·L H_2SO_4 5 滴 0.1 mol·L^{-1} KBr		
3	3 滴 0.01 mol·L^{-1} $KMnO_4$ 2 滴 6 mol·L HAc 5 滴 0.1 mol·L^{-1} KBr		
反应的快慢顺序			

4. 浓度和酸度对氧化还原反应方向的影响

井穴号	试剂	现象	解释原因(写出反应式)
1	4 滴 0.1 mol·L^{-1} KI 4 滴 0.1 mol·L^{-1} $FeCl_3$ 1 滴 1%淀粉		
2	4 滴 0.1 mol·L^{-1} KI 4 滴 0.1 mol·L^{-1} $FeCl_3$ 1 滴 1%淀粉 4～5 滴 10% NH_4F		
3	4 滴 0.1 mol·L^{-1}KI 4 滴 0.5 mol·L^{-1} $FeSO_4$ 4～5 滴 0.1 mol·L^{-1} $FeCl_3$ 1 滴 1%淀粉		
从氧化还原平衡角度解释以上 3 个反应的现象			

五、思考题

1. 如何判断氧化还原反应的方向？

2. 介质的酸碱性对氧化还原反应的方向有何影响？

3. 介质的酸碱度对 $KMnO_4$ 的氧化性有影响，那么对 H_2O_2、Br_2 和 Fe^{3+} 的氧化性有无影响？试从电极电势角度给予说明。

4. H_2O_2 为什么既可作氧化剂又可作还原剂？写出有关的电极反应，说明 H_2O_2 在什么情况下作氧化剂，在什么情况下作还原剂？

5. 通过本实验，归纳出哪些因素影响电极电势？如何影响？

日期：　　　　学生姓名：　　　　指导教师：　　　　实验成绩：

实验态度(10 分)			实验记录(30 分)			实验操作(30 分)			结论与思考题(30 分)		
差 0～3	良 4～7	优 8～10	差 0～15	良 16～25	优 26～30	差 0～15	良 16～25	优 26～30	差 0～15	良 16～25	优 26～30

【背景知识】

标准电极电势表

具体见表 14-1 和表 14-2。

表 14-1　在酸性溶液中(298 K)

电对	方程式	$\varphi^{\ominus}$/V
Li(Ⅰ)-(0)	$Li^{+}+e^{-}=Li$	−3.040 1
Cs(Ⅰ)-(0)	$Cs^{+}+e^{-}=Cs$	−3.026
Rb(Ⅰ)-(0)	$Rb^{+}+e^{-}=Rb$	−2.98
K(Ⅰ)-(0)	$K^{+}+e^{-}=K$	−2.931
Ba(Ⅱ)-(0)	$Ba^{2+}+2e^{-}=Ba$	−2.912
Sr(Ⅱ)-(0)	$Sr^{2+}+2e^{-}=Sr$	−2.89
Ca(Ⅱ)-(0)	$Ca^{2+}+2e^{-}=Ca$	−2.868
Na(Ⅰ)-(0)	$Na^{+}+e^{-}=Na$	−2.71
La(Ⅲ)-(0)	$La^{3+}+3e^{-}=La$	−2.379
Mg(Ⅱ)-(0)	$Mg^{2+}+2e^{-}=Mg$	−2.372
Ce(Ⅲ)-(0)	$Ce^{3+}+3e^{-}=Ce$	−2.336
H(0)-(-Ⅰ)	$H_2(g)+2e^{-}=2H^{-}$	−2.23
Al(Ⅲ)-(0)	$AlF_6^{3-}+3e^{-}=Al+6F^{-}$	−2.069
Th(Ⅳ)-(0)	$Th^{4+}+4e^{-}=Th$	−1.899
Be(Ⅱ)-(0)	$Be^{2+}+2e^{-}=Be$	−1.847
U(Ⅲ)-(0)	$U^{3+}+3e^{-}=U$	−1.798
Hf(Ⅳ)-(0)	$HfO^{2+}+2H^{+}+4e^{-}=Hf+H_2O$	−1.724
Al(Ⅲ)-(0)	$Al^{3+}+3e^{-}=Al$	−1.662
Ti(Ⅱ)-(0)	$Ti^{2+}+2e^{-}=Ti$	−1.630
Zr(Ⅳ)-(0)	$ZrO_2+4H^{+}+4e^{-}=Zr+2H_2O$	−1.553
Si(Ⅳ)-(0)	$[SiF_6]^{2-}+4e^{-}=Si+6F^{-}$	−1.24
Mn(Ⅱ)-(0)	$Mn^{2+}+2e^{-}=Mn$	−1.185
Cr(Ⅳ)-(0)	$Cr^{2+}+2e^{-}=Cr$	−0.913
Ti(Ⅲ)-(Ⅱ)	$Ti^{3+}+e^{-}=Ti^{2+}$	−0.9
B(Ⅲ)-(0)	$H_3BO_3+3H^{+}+3e^{-}=B+3H_2O$	−0.869 8
Ti(Ⅳ)-(0)	$TiO_2+4H^{+}+4e^{-}=Ti+2H_2O$	−0.86
Te(0)-(-Ⅱ)	$Te+2H^{+}+2e^{-}=H_2Te$	−0.793
Zn(Ⅱ)-(0)	$Zn^{2+}+2e^{-}=Zn$	−0.761 8
Ta(Ⅴ)-(0)	$Ta_2O_5+10H^{+}+10e^{-}=2Ta+5H_2O$	−0.750
Cr(Ⅲ)-(0)	$Cr^{3+}+3e^{-}=Cr$	−0.744
Nb(Ⅴ)-(0)	$Nb_2O_5+10H^{+}+10e^{-}=2Nb+5H_2O$	−0.644
As(0)-(-Ⅲ)	$As+3H^{+}+3e^{-}=AsH_3$	−0.608
U(Ⅳ)-(Ⅲ)	$U^{4+}+e^{-}=U^{3+}$	−0.607
Ga(Ⅲ)-(0)	$Ga^{3+}+3e^{-}=Ca$	−0.549
P(Ⅰ)-(0)	$H_3PO_2+H^{+}+e^{-}=P+2H_2O$	−0.508
P(Ⅲ)-(Ⅰ)	$H_3PO_3+2H^{+}+2e^{-}=H_3PO_2+2H_2O$	−0.499 0
C(Ⅳ)-(Ⅲ)	$2CO_2+2H^{+}+2e^{-}=H_2C_2O_4$	−0.49
Fe(Ⅱ)-(0)	$Fe^{2+}+2e^{-}=Fe$	−0.447
Cr(Ⅲ)-(Ⅱ)	$Cr^{3+}+e^{-}=Cr^{2+}$	−0.407
Cd(Ⅱ)-(0)	$Cd^{2+}+2e^{-}=H_2Se(aq)$	−0.403 0
Se(0)-(-Ⅱ)	$Se+2H^{+}+2e^{-}=H_2Se(aq)$	−0.399
Pb(Ⅱ)-(0)	$PbI_2+2e^{-}=Pb+2I^{-}$	−0.365
Eu(Ⅲ)-(Ⅱ)	$Eu^{3+}+e^{-}=Eu^{2+}$	−0.36
Pb(Ⅱ)-(0)	$PbSO_4+2e^{-}=Pb+SO_4^{2-}$	−0.358 8

续表 14-1

电对	方程式	$\varphi^{\ominus}$/V
In(Ⅲ)-(0)	$In^{3+}+3e^{-}=In$	−0.338 2
Tl(Ⅰ)-(0)	$Tl^{+}+e^{-}=In$	−0.336
Co(Ⅱ)-(0)	$Co+2e^{-}=Co$	−0.28
P(Ⅴ)-(Ⅲ)	$H_3PO_4+2H^{+}+2e^{-}=H_3PO_3+H_2O$	−0.276
Pb(Ⅱ)-(0)	$PbCl_2+2e^{-}=Pb+2Cl^{-}$	−0.267 5
Ni(Ⅱ)-(0)	$Ni^{2+}+2e^{-}=Ni$	−0.257
V(Ⅲ)-(Ⅱ)	$V^{3+}+e^{-}=V^{2+}$	−0.255
Ge(Ⅳ)-(0)	$H_2GeO_3+4H^{+}+4e^{-}=Ge+3H_2O$	−0.182
Ag(Ⅰ)-(0)	$AgI+e^{-}=Ag+I^{-}$	−0.152 24
Sn(Ⅱ)-(0)	$Sn^{2+}+2e^{-}=Sn$	−0.137 5
Pb(Ⅱ)-(0)	$Pb^{2+}+2e^{-}=Pb$	−0.126 2
C(Ⅳ)-(Ⅱ)	$CO_2(g)+2H^{+}+2e^{-}=CO+H_2O$	−0.12
P(0)-(-Ⅲ)	$P(white)+3H^{+}+3e^{-}=PH_3(g)$	−0.063
Hg(Ⅰ)-(0)	$Hg_2I_2+2e^{-}=2Hg+2I^{-}$	−0.040 5
Fe(Ⅲ)-(0)	$Fe^{3+}+3e^{-}=Fe$	−0.037
H(Ⅰ)-(0)	$2H^{+}+2e^{-}=H_2$	0.000 0
Ag(Ⅰ)-(0)	$AgBr+e^{-}=Ag+Br^{-}$	0.071 33
S(Ⅱ.Ⅴ)-(Ⅱ)	$S_4O_6^{2-}+2e^{-}=2S_2O_3^{2-}$	0.08
Ti(Ⅳ)-(Ⅲ)	$TiO^{2+}+2H^{+}+e^{-}=Ti^{3+}+H_2O$	0.1
S(0)-(-Ⅱ)	$S+2H^{+}+2e^{-}=H_2S(aq)$	0.142
Sn(Ⅳ)-(Ⅱ)	$Sn^{4+}+2e^{-}=Sn^{2+}$	0.151
Sb(Ⅲ)-(0)	$Sb_2O_3+6H^{+}+6e^{-}=2Sb+3H_2O$	0.152
Cu(Ⅱ)-(Ⅰ)	$Cu^{2+}+e^{-}=Cu^{+}$	0.153
Bi(Ⅲ)-(0)	$BiOCl+2H^{+}+3e^{-}=Bi+Cl^{-}+H_2O$	0.158 3
S(Ⅵ)-(Ⅳ)	$SO_4^{2-}+4H^{+}+2e^{-}=H_2SO_3+H_2O$	0.172
Sb(Ⅲ)-(0)	$SbO^{+}+2H^{+}+3e^{-}=Sb+H_2O$	0.212
Ag(Ⅰ)-(0)	$AgCl+e^{-}=Ag+Cl^{-}$	0.222 33
As(Ⅲ)-(0)	$HAsO_2+3H^{+}+3e^{-}=As+2H_2O$	0.248
Hg(Ⅰ)-(0)	$Hg_2Cl_2+2e^{-}=2Hg+2Cl^{-}$(饱和 KCl)	0.268 08
Bi(Ⅲ)-(0)	$BiO^{+}+2H^{+}+3e^{-}=Bi+H_2$	0.320
U(Ⅵ)-(Ⅳ)	$UO_2^{2+}+4H^{+}+2e^{-}=U^{4+}+2H_2O$	0.327
C(Ⅳ)-(Ⅲ)	$2HCNO+2H^{+}+2e^{-}=(CN)_2+2H_2O$	0.330
V(Ⅳ)-(Ⅲ)	$VO^{2+}+2H^{+}+e^{-}=V^{3+}+2H_2O$	0.337
Cu(Ⅱ)-(0)	$Cu^{2+}+2e^{-}=Cu$	0.341 9
Fe(Ⅲ)-(Ⅱ)	$[Fe(CN)_6]^{3-}+e^{-}=[Fe(CN)_6]^{4-}$	0.358
Re(Ⅶ)-(0)	$ReO_4^{-}+8H^{+}+7e^{-}=Re+4H_2O$	0.368
Ag(Ⅰ)-(0)	$Ag_2CrO_4+2e^{-}=2Ag+CrO_4^{2-}$	0.447 0
S(Ⅳ)-(0)	$H_2SO_3+4H^{+}+4e^{-}=S+3H_2O$	0.449
Cu(Ⅰ)-(0)	$Cu^{+}+e^{-}=Cu$	0.521
I(0)-(-Ⅰ)	$I_2+2e^{-}=2I^{-}$	0.535 5
I(0)-(-Ⅰ)	$I_3^{-}+2e^{-}=3I^{-}$	0.536
As(Ⅴ)-(Ⅲ)	$H_3AsO_4+2H^{+}+2e^{-}=HAsO_2+2H_2O$	0.560
Sb(Ⅴ)-(Ⅲ)	$Sb_2O_5+6H^{+}+4e^{-}=2SbO^{+}+3H_2O$	0.581
Te(Ⅳ)-(0)	$TeO_2+4H^{+}+4e^{-}=Te+2H_2O$	0.593
U(Ⅴ)-(Ⅳ)	$UO_2^{+}+4H^{+}+e^{-}=U^{4+}+2H_2O$	0.612
Hg(Ⅱ)-(Ⅰ)	$2HgCl_2+2e^{-}=Hg_2Cl_2+2Cl^{-}$	0.63
Pt(Ⅳ)-(Ⅱ)	$[PtCl_6]^{2-}+2e^{-}=[PtCl_4]^{2-}+2Cl^{-}$	0.68

续表 14-1

电对	方程式	$\varphi^{\ominus}$/V
O(0)-(-Ⅰ)	$O_2+2H^++2e^-=H_2O_2$	0.695
Pt(Ⅱ)-(0)	$[PtCl_4]^{2-}+2e^-=Pt+4Cl^-$	0.755
Se(Ⅳ)-(0)	$H_2SeO_3+4H^++4e^-=Se+3H_2O$	0.74
Fe(Ⅲ)-(Ⅱ)	$Fe^{3+}+e^-=Fe^{2+}$	0.771
Hg(Ⅰ)-(0)	$Hg_2^{2+}+2e^-=2Hg$	0.797 3
Ag(Ⅰ)-(0)	$Ag^++e^-=Ag$	0.799 6
N(Ⅴ)-(Ⅳ)	$2NO^{3-}+4H^++2e^-=N_2O_4+2H_2O$	0.803
Os(Ⅷ)-(0)	$OsO_4+8H^++8e^-=Os+4H_2O$	0.8
Hg(Ⅱ)-(0)	$Hg^{2+}+2e^-=Hg$	0.851
Si(Ⅳ)-(0)	(quartz)$SiO_2+4H^++4e^-=Si+2H_2O$	0.857
Cu(Ⅱ)-(Ⅰ)	$Cu^{2+}+I^-+e^-=CuI$	0.86
N(Ⅲ)-(Ⅰ)	$2HNO_2+4H^++4e^-=H_2N_2O_2+2H_2O$	0.86
Hg(Ⅱ)-(Ⅰ)	$2Hg^{2+}+2e^-=Hg_2^{2+}$	0.920
N(Ⅴ)-(Ⅲ)	$NO_3^-+4H^++3e^-=HNO_2+H_2O$	0.934
Pd(Ⅱ)-(0)	$Pd^{2+}+2e^-=Pd$	0.951
N(Ⅴ)-(Ⅱ)	$NO_3^-+4H^++3e^-=NO+2H_2O$	0.957
N(Ⅲ)-(Ⅱ)	$HNO_2+H^++e^-=NO+H_2O$	0.983
I(Ⅰ)-(-Ⅰ)	$HIO+H^++2e^-=I^-+H_2O$	0.987
V(Ⅴ)-(Ⅳ)	$VO_2^++2H^++e^-=VO^{2+}+H_2O$	0.991
Au(Ⅲ)-(0)	$[AuCl_4]^-+3e^-=Au+4Cl^-$	1.002
V(Ⅴ)-(Ⅳ)	$V(OH)_4^++2H^++e^-=VO^{2+}+3H_2O$	1.00
Te(Ⅵ-Ⅳ)	$H_6TeO_6+2H^++2e^-=TeO_2+4H_2O$	1.02
N(Ⅳ)-(Ⅱ)	$N_2O_4+4H^++4e^-=2NO_2+2H_2O$	1.035
N(Ⅳ)-(Ⅲ)	$N_2O_4+2H^++2e^-=2HNO_2$	1.065
I(Ⅴ)-(-Ⅰ)	$IO_3^-+6H^++6e^-=I^-+3H_2O$	1.085
Br(0)-(-Ⅰ)	$Br_2(aq)+2e^-=2Br^-$	1.087 3
Pt(Ⅱ)-(0)	$Pt^{2+}+2e^-=Pt$	1.18
Se(Ⅵ)-(Ⅳ)	$SeO_4^{2-}+4H^++2e^-=H_2SeO_3+H_2O$	1.151
Cl(Ⅴ)-(Ⅳ)	$ClO_3^-+2H^++e^-=ClO_2+H_2O$	1.152
Cl(Ⅶ)-(Ⅴ)	$ClO_4^-+2H^++2e^-=ClO_3^-+H_2O$	1.189
I(Ⅴ)-(0)	$2IO_3^-+12H^++10e^-=I_2+6H_2O$	1.195
Cl(Ⅴ)-(Ⅲ)	$ClO_3^-+3H^++2e^-=HClO_2+H_2O$	1.214
Mn(Ⅳ)-(Ⅱ)	$MnO_2+4H^++2e^-=Mn^{2+}+H_2O$	1.224
O(0)-(-Ⅱ)	$O_2+4H^++4e^-=2H_2O$	1.229
Tl(Ⅲ)-(Ⅰ)	$Tl^{3+}+2e^-=Tl^+$	1.252
Cl(Ⅳ)-(Ⅲ)	$ClO_2+H^++e^-=HClO_2$	1.277
N(Ⅲ)-(Ⅰ)	$2HNO_2+4H^++4e^-=N_2O+3H_2O$	1.297
Cr(Ⅵ)-(Ⅲ)	$Cr_2O_7^{2-}+14H^++6e^-=2Cr^{3+}+7H_2O$	1.33
Br(Ⅰ)-(-Ⅰ)	$HBrO+H^++2e^-=Br^-+H_2O$	1.331
Cr(Ⅵ)-(Ⅲ)	$HCrO_4^-+7H^++3e^-=Cr^{3+}+4H_2O$	1.350
Cl(0)-(-Ⅰ)	$Cl_2+2e^-=2Cl^-$	1.358 27
Cl(Ⅶ)-(-Ⅰ)	$ClO_4^-+8H^++8e^-=Cl^-+4H_2O$	1.389
Cl(Ⅶ)-(0)	$ClO_4^-+8H^++7e^-=1/2Cl_2+4H_2O$	1.39
Au(Ⅲ)-(Ⅰ)	$Au^{3+}+e^-=Au^+$	1.401
Br(Ⅴ)-(-Ⅰ)	$BrO_3^-+6H^++6e^-=Br^-+3H_2O$	1.423
I(Ⅰ)-(0)	$2HIO+2H^++2e^-=I_2+2H_2O$	1.439
Cl(Ⅴ)-(-Ⅰ)	$ClO_3^-+6H^++6e^-=Cl^-+3H_2O$	1.451

续表 14-1

电对	方程式	$\varphi^{\ominus}$/V
Pb(Ⅳ)-(Ⅱ)	$PbO_2+4H^++2e^-=Pb^{2+}+2H_2O$	1.455
Cl(Ⅴ)-(0)	$ClO_3^-+6H^++5e^-=1/2Cl_2+3H_2O$	1.47
Cl(Ⅰ)-(-Ⅰ)	$HClO+H^++2e^-=Cl^-+H_2O$	1.482
Br(Ⅴ)-(0)	$BrO_3^-+6H^++5e^-=1/2Br_2+3H_2O$	1.482
Au(Ⅲ)-(0)	$Au^{3+}+3e^-=Au$	1.498
Mn(Ⅶ)-(Ⅱ)	$MnO_4^-+8H^++5e^-=Mn^{2+}+4H_2O$	1.507
Mn(Ⅲ)-(Ⅱ)	$Mn^{3+}+e^-=Mn^{2+}$	1.541 5
Cl(Ⅲ)-(-Ⅰ)	$HClO_2+3H^++4e^-=Cl^-+2H_2O$	1.570
Br(Ⅰ)-(0)	$HBrO+H^++e^-=1/2Br_2(l)+H_2O$	1.574
N(Ⅱ)-(Ⅰ)	$2NO+2H^++2e^-=N_2O+H_2O$	1.591
I(Ⅶ)-(Ⅴ)	$H_5IO_6+H^++2e^-=IO_3^-+3H_2O$	1.601
Cl(Ⅰ)-(0)	$HClO+H^++e^-=\frac{1}{2}Cl_2+H_2O$	1.611
Cl(Ⅲ)-(Ⅰ)	$HClO_2+2H^++2e^-=HClO+H_2O$	1.645
Ni(Ⅳ)-(Ⅱ)	$NiO_2+4H^++2e^-=Ni^{2+}+2H_2O$	1.678
Mn(Ⅶ)-(Ⅳ)	$MnO_4^-+4H^++3e^-=MnO_2+2H_2O$	1.679
Pb(Ⅳ)-(Ⅱ)	$PbO_2+SO_4^{2-}+4H^++2e^-=PbSO_4+2H_2O$	1.691 3
Au(Ⅰ)-(0)	$Au^++e^-=Au$	1.92
Ce(Ⅳ)-(Ⅲ)	$Ce^{4+}+e^-=Ce^{3+}$	1.692
N(Ⅰ)-(0)	$N_2O+2H^++2e^-=N_2+H_2O$	1.72
O(-Ⅰ)-(-Ⅱ)	$H_2O_2+2H^++2e^-=2H_2O$	1.776
Co(Ⅲ)-(Ⅱ)	$Co^{3+}+e^-=Co^{2+}$ (2 mol·L^{-1} H_2SO_4)	1.83
Ag(Ⅱ)-(Ⅰ)	$Ag^{2+}+e^-=Ag^+$	1.980
O(0)-(-Ⅱ)	$O_3+2H^++2e^-=O_2+2H_2O$	2.076
S(Ⅶ)-(Ⅵ)	$S_2O_8^{2-}+2e^-=2SO_4^{2-}$	2.010
O(Ⅱ)-(-Ⅱ)	$F_2O+2H^++4e^-=2F^-+2H_2O$	2.153
Fe(Ⅵ)-(Ⅲ)	$FeO_4^{2-}+8H^++3e^-=Fe^{3+}+4H_2O$	2.20
O(0)-(-Ⅱ)	$O(g)+2H^++2e^-=H_2O$	2.421
F(0)-(-Ⅰ)	$F_2+2e^-=2F^-$	2.866
	$F_2+2H^++2e^-=2HF$	3.053

表 14-2　在碱性溶液中(298 K)

电对	方程式	$\varphi^{\ominus}$/V
Ca(Ⅱ)-(0)	$Ca(OH)_2+2e^-=Ca+2OH^-$	−0.32
Ba(Ⅱ)-(0)	$Ba(OH)_2+2e^-=Ca+2OH^-$	−2.99
La(Ⅲ)-(0)	$La(OH)_3+3e^-=La+3OH^-$	−2.90
Sr(Ⅱ)-(0)	$Sr(OH)_2\cdot 8H_2O+2e^-=Sr+2OH^-+8H_2O$	−2.88
Mg(Ⅱ)-(0)	$Mg(OH)_2+2e^-=Mg+2OH^-$	−2.690
Be(Ⅱ)-(0)	$Be_2O_3^{2-}+3H_2O+4e^-=2Be+6OH^-$	−2.63
Hf(Ⅳ)-(0)	$HfO(OH)_2+H_2O+4e^-=Hf+4OH^-$	−2.50
Zr(Ⅳ)-(0)	$H_2ZrO_3+H_2O+4e^-=Zr+4OH^-$	−2.36
Al(Ⅲ)-(0)	$H_2AlO_3^-+H_2O+3e^-=Al+4OH^-$	−2.33
P(Ⅰ)-(0)	$H_2PO_2^-+e^-=P+2OH^-$	−1.82

续表 14-2

电对	方程式	$\varphi^{\ominus}$/V
B(Ⅲ)-(0)	$H_2BO_3^- + H_2O + 3e^- = B + 4OH^-$	−1.79
P(Ⅲ)-(0)	$HPO_3^{2-} + 2H_2O + 3e^- = P + 5OH^-$	−1.71
Si(Ⅳ)-(0)	$SiO_3^{2-} + 3H_2O + 4e^- = Si + 6OH^-$	−1.697
P(Ⅲ)-(0)	$HPO_3^{2-} + 2H_2O + 2e^- = H_2PO_2^- + 3OH^-$	−1.65
Mn(Ⅱ)-(0)	$Mn(OH)_2 + 2e^- = Mn + 2OH^-$	−1.56
Cr(Ⅲ)-(0)	$Cr(OH)_3 + 3e^- = Cr + 3OH^-$	−1.48
Zn(Ⅱ)-(0)	$[Zn(CN)_4]^{2-} + 2e^- = Zn + 4CN^-$	−1.26
Zn(Ⅱ)-(0)	$Zn(OH)_2 + 2e^- = Zn + 2OH^-$	−1.249
Ca(Ⅲ)-(0)	$H_2CaO_3^- + H_2O + 3e^- = Ca + 4OH^-$	−1.219
Zn(Ⅱ)-(0)	$ZnO_2^{2-} + 2H_2O + 2e^- = Zn + 4OH^-$	−1.215
Cr(Ⅲ)-(0)	$CrO_2^- + 2H_2O + 3e^- = Cr + 4OH^-$	−1.2
Te(0)-(-Ⅱ)	$Te + 2e^- = Te^{2-}$	−1.143
P(Ⅴ)-(Ⅲ)	$PO_4^{3-} + 2H_2O + 2e^- = HPO_3^{2-} + 3OH^-$	−1.05
Zn(Ⅱ)-(0)	$[Zn(NH_3)_4]^{2+} + 2e^- = Zn + 4NH_3$	−1.04
W(Ⅵ)-(0)	$WO_4^{2-} + 4H_2O + 6e^- = W + 8OH^-$	−1.01
Ge(Ⅳ)-(0)	$HGeO_3^- + 2H_2O + 4e^- = Ge + 5OH^-$	−1.0
Sn(Ⅳ)-(Ⅱ)	$[Sn(OH)_6]^{2-} + 2e^- = HSnO_2^- + H_2O + 3OH^-$	−0.93
S(Ⅵ)-(Ⅳ)	$SO_4^{2-} + H_2O + 2e^- = SO_3^{2-} + 2OH^-$	−0.93
Se(0)-(-Ⅱ)	$Se + 2e^- = Se^{2-}$	−0.924
Sn(Ⅱ)-(0)	$HSnO_2^- + H_2O + 2e^- = Sn + 3OH^-$	−0.909
P(0)-(-Ⅲ)	$P + 3H_2O + 3e^- = PH_3(g) + 3OH^-$	−0.87
N(Ⅴ)-(Ⅳ)	$2NO_3^- + 2H_2O + 2e^- = N_2O_4 + 4OH^-$	−0.85
H(Ⅰ)-(0)	$2H_2O + 2e^- = H_2 + 2OH^-$	−0.827 7
Cd(Ⅱ)-(0)	$Cd(OH)_2 + 2e^- = Cd + 2OH^-$	−0.809
Co(Ⅱ)-(0)	$Co(OH)_2 + 2e^- = Co + 2OH^-$	−0.73
Ni(Ⅱ)-(0)	$Ni(OH)_2 + 2e^- = Ni + 2OH^-$	−0.72
As(Ⅴ)-(Ⅲ)	$AsO_4^{3-} + 2H_2O + 2e^- = AsO_2^- + 4OH^-$	−0.71
Ag(Ⅰ)-(0)	$Ag_2S + 2e^- = 2Ag + S^{2-}$	−0.691
As(Ⅲ)-(0)	$AsO_2^- + 2H_2O + 3e^- = As + 4OH^-$	−0.68
Sb(Ⅲ)-(0)	$SbO_2^- + 2H_2O + 3e^- = Sb + 4OH^-$	−0.66
Re(Ⅶ)-(Ⅳ)	$ReO_4^- + 2H_2O + 3e^- = ReO_2 + 4OH^-$	−0.59

续表 14-2

电对	方程式	$\varphi^{\ominus}$/V
Sb(Ⅴ)-(Ⅲ)	$SbO_3^- + H_2O + 2e^- = SbO_2^- + 2OH^-$	−0.59
Re(Ⅶ)-(0)	$ReO_4^- + 4H_2O + 7e^- = Re + 8OH^-$	−0.584
S(Ⅳ)-(Ⅱ)	$2SO_3^{2-} + 3H_2O + 4e^- = S_2O_3^{2-} + 6OH^-$	−0.58
Te(Ⅳ)-(0)	$TeO_3^{2-} + 3H_2O + 4e^- = Te + 6OH^-$	−0.57
Fe(Ⅲ)-(Ⅱ)	$Fe(OH)_3 + e^- = Fe(OH)_2 + OH^-$	−0.56
S(0)-(-Ⅱ)	$S + 2e^- = S^{2-}$	−0.476 27
Bi(Ⅲ)-(0)	$Bi_2O_3 + 3H_2O + 6e^- = 2Bi + 6OH^-$	−0.46
N(Ⅲ)-(Ⅱ)	$NO_2^- + H_2O + e^- = NO + 2OH^-$	−0.46
Co(Ⅱ)-(0)	$[Co(NH_3)_6]^{2+} + 2e^- = Co + 6NH_3$	−0.422
Se(Ⅳ)-(0)	$SeO_3^{2-} + 3H_2O + 4e^- = Se + 6OH^-$	−0.366
Cu(Ⅰ)-(0)	$Cu_2O + H_2O + 2e^- = 2\ Cu + 2OH^-$	−0.360
Tl(Ⅰ)-(0)	$TlOH + e^- = Tl + OH^-$	−0.34
Ag(Ⅰ)-(0)	$[Ag(CN)_2]^- + e^- = Ag + 2CN^-$	−0.31
Cu(Ⅱ)-(0)	$Cu(OH)_2 + 2e^- = Cu + 2OH^-$	−0.222
Cr(Ⅵ)-(Ⅲ)	$CrO_4^{2-} + 4H_2O + 3e^- = Cr(OH)_3 + 5OH^-$	−0.13
Cu(Ⅰ)-(0)	$[Cu(NH_3)_2]^+ + e^- = Cu + 2NH_3$	−0.12
O(0)-(-Ⅰ)	$O_2 + H_2O + 2e^- = HO_2^- + OH^-$	−0.076
Ag(Ⅰ)-(0)	$AgCN + e^- = Ag + CN^-$	−0.017
N(Ⅴ)-(Ⅲ)	$NO_3^- + H_2O + 2e^- = NO_2^- + 2OH^-$	0.01
Se(Ⅵ)-(Ⅳ)	$SeO_4^{2-} + H_2O + 2e^- = SeO_3^{2-} + 2OH^-$	0.05
Pd(Ⅱ)-(0)	$Pd(OH)_2 + 2e^- = Pd + 2OH^-$	0.07
S(Ⅱ,Ⅴ)-(Ⅱ)	$S_4O_6^{2-} + 2e^- = 2S_2O_3^{2-}$	0.08
Hg(Ⅱ)-(0)	$HgO + H_2O + 2e^- = Hg + 2OH^-$	0.097 7
Co(Ⅲ)-(Ⅱ)	$[Co(NH_3)_6]^{3+} + e^- = [Co(NH_3)_6]^{2+}$	0.108
Pt(Ⅱ)-(0)	$Pt(OH)_2 + 2e^- = Pt + 2OH^-$	0.14
Co(Ⅲ)-(Ⅱ)	$Co(OH)_3 + e^- = Co(OH)_2 + OH^-$	0.17
Pb(Ⅳ)-(Ⅱ)	$PbO_2 + H_2O + 2e^- = Pb + 2OH^-$	0.247
I(Ⅴ)-(-Ⅰ)	$IO_3^- + 3H_2O + 6e^- = I^- + 6OH^-$	0.26
Cl(Ⅴ)-(Ⅲ)	$ClO_3^- + H_2O + 2e^- = ClO_2^- + 2OH^-$	0.33
Ag(Ⅰ)-(0)	$Ag_2O + H_2O + 2e^- = 2Ag + 2OH^-$	0.342
Fe(Ⅲ)-(Ⅱ)	$[Fe(CN)_6]^{3-} + e^- = [Fe(CN)_6]^{4-}$	0.358

续表 14-2

电对	方程式	$\varphi^{\ominus}$/V
Cl(Ⅶ)-(Ⅴ)	$ClO_4^- + H_2O + 2e^- = ClO_3^- + 2OH^-$	0.36
Ag(Ⅰ)-(0)	$[Ag(NH_3)_2]^+ + e^- = Ag + 2NH_3$	0.373
O(0)-(-Ⅱ)	$O_2 + H_2O + 4e^- = 4OH^-$	0.401
I(Ⅰ)-(-Ⅰ)	$IO^- + H_2O + 2e^- = I^- + 2OH^-$	0.485
Ni(Ⅳ)-(Ⅱ)	$NiO_2 + 2H_2O + 2e^- = Ni(OH)_2 + 2OH^-$	0.490
Mn(Ⅶ)-(Ⅵ)	$MnO_4^- + e^- = MnO_4^{2-}$	0.558
Mn(Ⅶ)-(Ⅳ)	$MnO_4^- + 2H_2O + 3e^- = MnO_2 + 4OH^-$	0.595
Mn(Ⅵ)-(Ⅳ)	$MnO_4^{2-} + 2H_2O + 2e^- = MnO_2 + 4OH^-$	0.60
Ag(Ⅱ)-(Ⅰ)	$2AgO + 2H_2O + 2e^- = Ag_2O + 2OH^-$	0.607
Br(Ⅴ)-(-Ⅰ)	$BrO_3^- + 3H_2O + 6e^- = Br^- + 6OH^-$	0.61
Cl(Ⅴ)-(-Ⅰ)	$ClO_3^- + 3H_2O + 6e^- = Cl^- + 6OH^-$	0.62
Cl(Ⅲ)-(Ⅰ)	$ClO_2^- + H_2O + 2e^- = ClO^- + 2OH^-$	0.66
I(Ⅶ)-(Ⅴ)	$H_3IO_6^{2-} + 2e^- = IO_3^- + 3OH^-$	0.7
Cl(Ⅲ)-(-Ⅰ)	$ClO_2^- + 2H_2O + 4e^- = Cl^- + 4OH^-$	0.76
Br(Ⅰ)-(-Ⅰ)	$BrO^- + H_2O + 2e^- = Br^- + 2OH^-$	0.761
Cl(Ⅰ)-(-Ⅰ)	$ClO^- + H_2O + 2e^- = Cl^- + 2OH^-$	0.841
Cl(Ⅳ)-(Ⅲ)	$ClO_2(g) + e^- = ClO_2^-$	0.95
O(0)-(-Ⅱ)	$O_3 + 2H_2O + 2e^- = O_2 + 2OH^-$	1.24

注：摘自 David R. Lide. Handbook of Chemistry and Physics，8-25-8-30，78th edition，1997—1998。

实验15　胶　体

一、实验目的

掌握胶体的稳定性和聚沉等性质;熟悉胶体的制备方法。

二、实验原理

胶体是分散质颗粒直径为1～100 nm的分散体系,其制备方法有2种:凝聚法和分散法。凝聚法是将真溶液通过化学反应或改变介质等方法来制备;分散法是在一定条件下将大颗粒分散为胶粒而制备。

由于胶体的颗粒带有相同电荷、相互排斥的,同时胶粒表面的溶剂化效应,防止了胶粒之间的直接接触碰撞,从而保持了溶胶的稳定性,溶胶粒子所带电荷越多,溶剂化膜越厚,溶胶就越稳定。若在溶胶中加入强电解质、加入带相反电荷的溶胶或加热,都能破坏溶胶的溶剂化膜并中和其所带电荷,使胶粒相互接触,凝聚而聚沉。电解质使溶胶沉淀时,电解质带相反电荷数越大,聚沉能力越强,胶体越容易沉淀。

三、实验用品

1. 仪器

烧杯(250 mL、100 mL)、试管、多用滴管、铁架台、酒精灯。

2. 试剂

0.1 mol·L^{-1} $AgNO_3$、0.1 mol·L^{-1} KNO_3、0.01 mol·L^{-1} $K_3[Fe(CN)_6]$、饱和$FeCl_3$溶液、2 mol·L^{-1} NaCl、0.1 mol·L^{-1} KI、0.01 mol·L^{-1} K_2SO_4、碘水、淀粉。

四、实验内容与记录

1. 胶体的制备

试　剂	现象
在250 mL烧杯中加入50 mL蒸馏水,加热至沸腾时,逐滴滴加饱和$FeCl_3$溶液至深红色(备用)	
在试管中将0.1 mol·L^{-1} $AgNO_3$溶液逐滴滴加至5 mL 0.1 mol·L^{-1} KI溶液中,边振荡边滴加,直至刚出现混浊现象为止,得到黄色胶体溶液(备用)	

2. 胶体的聚沉

	编号	试剂	现象	解释原因
(1)电解质溶液使胶体的聚沉	1	在 3 mL $Fe(OH)_3$ 中逐滴滴加 0.01 mol·L^{-1} $K_3[Fe(CN)_6]$		
	2	在 3 mL $Fe(OH)_3$ 中逐滴滴加 0.01 mol·L^{-1} K_2SO_4		
	3	在 3 mL $Fe(OH)_3$ 中逐滴滴加 2 mol·L^{-1} NaCl		
结论		沉淀的先后顺序： 电解质用量：		
(2)两种带相反电荷胶体的相互聚沉		将 $Fe(OH)_3$ 溶胶和 AgI 溶胶等体积(3 mL)混合，观察现象		
(3)加热使胶体聚沉		将 $Fe(OH)_3$ 溶胶长时间加热，观察现象		

五、思考题

1. 胶体稳定存在的原因是什么？

2. 使胶体溶液聚沉的方法有哪些？

3. 由 $FeCl_3$ 溶液制备 $Fe(OH)_3$ 溶胶时，能否长时间加热？为什么？

日期：　　　　学生姓名：　　　　指导教师：　　　　实验成绩：

实验态度(10 分)			实验记录(30 分)			实验操作(30 分)			结论与思考题(30 分)		
差 0～3	良 4～7	优 8～10	差 0～15	良 16～25	优 26～30	差 0～15	良 16～25	优 26～30	差 0～15	良 16～25	优 26～30

实验 16　配合物的制备与性质

一、实验目的

了解配合物的制备及性质，比较配离子与简单离子的区别以及配离子的稳定性；了解配位平衡与酸碱平衡、沉淀溶解平衡、氧化还原平衡的关系以及介质的酸碱性、浓度对配位平衡的影响；了解螯合物的特性以及在金属离子鉴定方面的应用。

二、实验原理

配合物一般由作为内界的配离子和作为外界的其他离子组成。配合物溶于水时，配离子与外界离子发生完全电离。在水溶液中配离子一般比较稳定，只有一部分电离成为简单离子，因此配离子在溶液中存在着配位平衡。例如：

$$Cu^{2+}+4NH_3 \rightleftharpoons [Cu(NH_3)_4]^{2+}$$

$$K_f^{\ominus}=\frac{\{c[Cu(NH_3)_4]^{2+}/c^{\ominus}\}}{[c(Cu^{2+})/c^{\ominus}][c(NH_3)/c^{\ominus}]^4}$$

式中：$K_f^{\ominus}$ 为稳定常数。不同的配离子具有不同的稳定常数。对于不同类型的配离子，$K_f^{\ominus}$ 值越大说明生成配离子的倾向越大，配离子越稳定，而离解的倾向就越小。

一种金属离子形成配合物后，一系列性质都会发生改变，如氧化性、还原性、溶解度、颜色等，往往与原物质有很大的差别。例如 Hg^{2+} 能氧化 Sn^{2+}，当生成无色的 $[HgI_4]^{2-}$ 配离子后，Hg(Ⅱ)的氧化性明显减弱，以致不能氧化 Sn^{2+}；又如 AgCl 难溶于水，但 $Ag[(NH_3)_2]Cl$ 易溶于水。

根据平衡移动的原理，改变中心离子或配位体的浓度会使配位平衡发生移动。如加入沉淀剂、改变溶液中配体的浓度或加入另一种配体以生成更稳定的配离子，以及改变溶液的酸碱性等，在这些情况下，配位平衡都将发生移动。

在螯合物中，由于配体中 2 个或 2 个以上配位原子与中心离子形成多元环状结构，使其稳定性增大。

三、实验用品

1. 仪器

井穴板(5 mL、0.7 mL)、离心试管、离心机、多用滴管 4 支、微型试管、洗瓶。

2. 试剂

1∶1 H_2SO_4、2 mol·L^{-1} $NH_3·H_2O$、6 mol·L^{-1} $NH_3·H_2O$、浓 $NH_3·H_2O$、0.1 mol·L^{-1} NaOH、6 mol·L^{-1} NaOH、0.1 mol·L^{-1} Na_2CO_3、0.1 mol·L^{-1} Na_2S、0.5 mol·L^{-1} Na_2S、1.0 mol·L^{-1} $Na_2S_2O_3$、饱和 $Na_2S_2O_3$、0.1 mol·L^{-1} NaCl、0.1 mol·L^{-1} EDTA、

0.1 mol·L^{-1} KBr、0.1 mol·L^{-1} KI、0.1 mol·L^{-1} KSCN、0.1 mol·L^{-1} $K_3[Fe(CN)_6]$、0.1 mol·L^{-1} $BaCl_2$、0.1 mol·L^{-1} $CuSO_4$、1.0 mol·L^{-1} $CuSO_4$、0.1 mol·L^{-1} $AgNO_3$、0.1 mol·L^{-1} $HgCl_2$、0.1 mol·L^{-1} $FeCl_3$、0.5 mol·L^{-1} $FeCl_3$、0.2 mol·L^{-1} $NiSO_4$、4 mol·L^{-1} NH_4F、1% 淀粉溶液、1% 二乙酰二肟、无水乙醇。

四、实验内容与记录

1. 配合物的生成与组成(在 0.7 mL 井穴板中)

步　　骤	现象	反应方程式
在 A_1 穴中加入 1 滴 0.1 mol·L^{-1}的 $HgCl_2$ 溶液(极毒)和 1 滴 0.1 mol·L^{-1}的 KI 溶液,观察现象		
在上述井穴中继续加滴 0.1 mol·L^{-1}的 KI 溶液,观察现象,保留此溶液备用		
在 A_2 穴中加入 2 滴 0.1 mol·L^{-1}的 $CuSO_4$ 溶液和 3 滴 0.1 mol·L^{-1}的 $BaCl_2$ 溶液,观察现象		
在 A_3 穴中加入 2 滴 0.1 mol·L^{-1}的 $CuSO_4$ 溶液和 3 滴 0.1 mol·L^{-1}的 NaOH 溶液,观察现象		
在一支离心试管中加入 20 滴 1.0 mol·L^{-1}的 $CuSO_4$ 溶液,然后边振荡边逐滴加入 6 mol·L^{-1} 氨水直至生成深蓝色溶液		
用多用滴管吸取上述深蓝色溶液 2 滴滴于 A_4 穴中,然后滴加 2 滴 0.1 mol·L^{-1}的 $BaCl_2$ 溶液,振荡,观察现象		
用多用滴管吸取上述深蓝色溶液 2 滴滴于 A_5 穴中,然后滴加 2 滴 0.1 mol·L^{-1}的 NaOH 溶液,振荡,观察现象		
在上述离心试管的深蓝色溶液中加入 1 mL 无水乙醇,混合均匀,观察现象。然后将此离心试管放入离心机进行离心分离后,弃去上清液,保留下层晶体备用		

2. 配离子与简单离子区别(在 0.7 mL 井穴板中)

步　　骤	现象	反应方程式
在一个井穴中加入数滴 0.1 mol·L^{-1} $FeCl_3$ 溶液和 2 滴 KSCN,振荡,观察现象		
在另一井穴中加入数滴 $K_3[Fe(CN)_6]$溶液和 2 滴 0.1 mol·L^{-1} KSCN,振荡,观察现象		

3.配位平衡的移动(在 0.7 mL 井穴板中)

(1)配位平衡与沉淀溶解平衡。

将实验 1 保留的溶液分成两份,分别加入 B_1、B_2 两个井穴中;将实验 1 得到的蓝色晶体用少量 2 mol·L^{-1}氨水溶解后分成 2 份,分别加入 B_3、B_4 2 个井穴中。

步　　骤	现象	反应方程式
在 B_1 穴中加入 1～2 滴 0.1 mol·L^{-1} Na_2S 溶液,振荡,观察现象		
在 B_2 穴中加入 1～2 滴 0.1 mol·L^{-1} NaOH 溶液,振荡,观察现象		
在 B_3 穴中加入 1～2 滴 0.1 mol·L^{-1} Na_2S 溶液,振荡,观察现象		
在 B_4 穴中加入 1～2 滴 0.1 mol·L^{-1} NaOH 溶液,振荡,观察现象		
在 B_5 穴中加入 2 滴 0.1 mol·L^{-1} $AgNO_3$ 溶液和 2～3 滴 0.1 mol·L^{-1} NaCl 溶液,振荡,观察现象;然后再滴加 2 mol·L^{-1}氨水观察沉淀是否溶解,如不溶解,加浓氨水观察沉淀是否溶解		
在 B_6 穴中加入 2 滴 $AgNO_3$ 溶液和 2～3 滴 0.1 mol·L^{-1} KBr 溶液,振荡,观察现象;然后再滴加 2 mol·L^{-1}氨水观察沉淀是否溶解,如不溶解,加浓氨水观察沉淀是否溶解		
在 B_7 穴中加入 2 滴 $AgNO_3$ 溶液和 2～3 滴 0.1 mol·L^{-1} KI 溶液,振荡,观察现象;然后再滴加 2 mol·L^{-1}氨水,观察沉淀是否溶解,如不溶解,加浓氨水观察沉淀是否溶解		
在一支离心试管中加入 5 滴 0.1 mol·L^{-1} $AgNO_3$ 溶液,滴加 0.1 mol·L^{-1} Na_2CO_3 溶液,振荡,观察现象		
在上述离心试管中继续滴加 2 mol·L^{-1}氨水,振荡至沉淀刚好溶解		
在上述离心试管中继续滴加 0.1 mol·L^{-1} NaCl 溶液至沉淀生成		
在上述离心试管中继续滴加 6 mol·L^{-1}氨水,振荡至沉淀刚好溶解		
在上述离心试管中继续滴加 0.1 mol·L^{-1} KBr 溶液至沉淀生成		
在上述离心试管中继续滴加 1 mol·L^{-1} $Na_2S_2O_3$ 溶液,振荡至沉淀刚好溶解		

续表

步　　骤	现象	反应方程式
在上述离心试管中继续滴加 0.1 mol·L^{-1} KI 溶液至沉淀生成		
在上述离心试管中继续滴加饱和 $Na_2S_2O_3$ 溶液，振荡至沉淀刚好溶解		
在上述离心试管中继续滴加 0.5 mol·L^{-1} Na_2S 溶液，振荡，观察现象		
根据以上实验，排出难溶物的 $K_{sp}^{\ominus}$ 大小顺序及配离子的 $K_f^{\ominus}$ 大小顺序		

(2)配位平衡与氧化还原平衡(在 0.7 mL 井穴板中)。

步　　骤	现象	反应方程式
在一个井穴中加入 3 滴 0.1 mol·L^{-1} $FeCl_3$ 溶液，1 滴淀粉溶液，滴加 0.1 mol·L^{-1} KI 溶液，振荡，观察现象		
在另一井穴中加入 3 滴 0.1 mol·L^{-1} $FeCl_3$ 溶液，1 滴淀粉溶液，3 滴 4 mol·L^{-1} NH_4F 溶液，滴加 0.1 mol·L^{-1} KI 溶液，振荡，观察现象		
根据以上实验，解释出现两种现象的原因		

(3)配位平衡与介质的酸碱性(在 0.7 mL 井穴板中)。

步　　骤	现象	反应方程式
在一个井穴中加入 2 滴 0.5 mol·L^{-1} $FeCl_3$ 溶液，滴加 4 mol·L^{-1} NH_4F 溶液至刚变为无色，然后加入 6 mol·L^{-1} NaOH 溶液，振荡，观察现象		
在另一个井穴中加入 2 滴 0.5 mol·L^{-1} $FeCl_3$ 溶液，滴加 4 mol·L^{-1} NH_4F 溶液至刚变为无色，然后加入 1∶1 H_2SO_4 溶液，振荡，观察现象		
应用平衡移动原理解释以上实验现象		

4. 螯合物的性质

(1)螯合物的稳定性(在0.7 mL井穴板中)。

步　　骤	现象	反应方程式
在一个井穴中滴加1滴0.1 mol·L^{-1} $FeCl_3$溶液和1滴0.1 mol·L^{-1} KSCN溶液,然后滴加EDTA溶液,振荡,观察现象		
在另一个井穴中滴加2滴$[Cu(NH_3)_4]^{2+}$,然后滴加EDTA溶液,振荡,观察现象		

(2)Ni^{2+}的鉴定(在0.7 mL井穴板中)。

步　　骤	现象	反应方程式
1滴0.2 mol·L^{-1} $NiSO_4$溶液,1滴6 mol·L^{-1}氨水和2滴1%二乙酰二肟溶液,振荡,观察现象		

五、思考题

1. 配离子与简单离子有何区别?如何证明?

2. 配位剂与螯合剂有何区别与联系?在Fe^{3+}溶液中加入KSCN溶液和EDTA溶液,分别发生什么现象?哪个配位剂对Fe^{3+}的配位能力强?为什么?

3. 根据实验结果,归纳说明影响配位平衡的主要因素有哪些?

日期:　　　　**学生姓名:**　　　　**指导教师:**　　　　**实验成绩:**

实验态度(10分)			实验记录(30分)			实验操作(30分)			结论与思考题(30分)		
差 0～3	良 4～7	优 8～10	差 0～15	良 16～25	优 26～30	差 0～15	良 16～25	优 26～30	差 0～15	良 16～25	优 26～30

【背景知识】

一、配合物的稳定常数

具体见表 16-1。

表 16-1 配合物的稳定常数(温度 293～298 K,离子强度 $I\approx0$)

配离子	稳定常数,K_f	lg K_f	配离子	稳定常数,K_f	lg K_f
$[Ag(NH_3)_2]^+$	1.11×10^{7}	7.05	$[Fe(CN)_6]^{4-}$	1.00×10^{35}	35
$[Cd(NH_3)_4]^{2+}$	1.32×10^{7}	7.12	$[Fe(CN)_6]^{3-}$	1.00×10^{42}	42
$[Co(NH_3)_6]^{2+}$	1.29×10^{5}	5.11	$[Hg(CN)_4]^{2-}$	2.51×10^{41}	41.4
$[Co(NH_3)_6]^{3+}$	1.59×10^{35}	35.2	$[Ni(CN)_4]^{2-}$	2.00×10^{31}	31.3
$[Cu(NH_3)_4]^{2+}$	2.09×10^{13}	13.32	$[Zn(CN)_4]^{2-}$	5.01×10^{16}	16.7
$[Ni(NH_3)_6]^{2+}$	5.50×10^{8}	8.74	$[Ag(SCN)_2]^-$	3.72×10^{7}	7.57
$[Zn(NH_3)_4]^{2+}$	2.88×10^{9}	9.46	$[Co(SCN)_4]^{2-}$	1.00×10^{3}	3.00
$[AlF_6]^{3-}$	6.92×10^{19}	19.84	$[Fe(SCN)_2]^+$	$K_{f1}=8.91\times10^{2}$	2.95
$[FeF_5]^{2-}$		15.77		$K_{f2}=2.29\times10^{3}$	3.36
$[SnF_6]^{2-}$		25	$[Hg(SCN)_2]^{2-}$	1.70×10^{21}	21.23
$[AgCl_2]^-$	1.10×10^{5}	5.04	$[Zn(SCN)_4]^{2-}$	41.7	1.62
$[CdCl_4]^{2-}$	6.31×10^{2}	2.80	$[FeHPO_4]^+$		9.35
$[HgCl_4]^{2-}$	1.17×10^{15}	15.07	$[Zn(OH)_4]^{2-}$	4.57×10^{17}	17.66
$[PbCl_3]^-$	1.70×10^{3}	3.23	$[Ag(S_2O_3)_2]^{3-}$	$K_{f1}=6.61\times10^{8}$	8.82
$[AgBr_2]^-$	2.14×10^{7}	7.33		$K_{f2}=3.16\times10^{13}$	13.5
$[CdI_4]^{2-}$	2.57×10^{5}	5.41	$[Ag(Ac)_2]^-$	4.37	0.64
$[HgI_4]^{2-}$	6.76×10^{29}	29.83	$[Cu(Ac)_4]^{2-}$	1.54×10^{3}	3.20
$[Ag(CN)_2]^-$	1.26×10^{21}	21.10	$[Pb(Ac)_4]^{2-}$	3.16×10^{8}	8.50
$[Au(CN)_2]^-$	2.00×10^{38}	38.30	$[Al(C_2O_4)_3]^{3-}$	2.00×10^{16}	16.30
$[Cd(CN)_4]^{2-}$	6.03×10^{18}	18.78	$[Cu(C_2O_4)_2]^{2-}$	7.9×10^{8}	8.9
$[Cu(CN)_4]^{2-}$	2.00×10^{30}	30.30	$[Fe(C_2O_4)_3]^{4-}$	1.66×10^{5}	5.22
$[Fe(C_2O_4)_3]^{3-}$	1.58×10^{20}	20.20	$[FeEDTA]^-$	1.70×10^{24}	24.23
$[Zn(C_2O_4)_3]^{4-}$	1.41×10^{8}	8.15	$[HgEDTA]^{2-}$	6.31×10^{21}	21.80
$[Cd(en)_3]^{2+}$	1.23×10^{12}	12.09	$[MgEDTA]^{2-}$	4.37×10^{8}	8.64
$[Co(en)_3]^{2+}$	8.71×10^{13}	13.94	$[MnEDTA]^{2-}$	6.31×10^{13}	13.80
$[Co(en)_3]^{3+}$	4.90×10^{48}	48.69	$[NiEDTA]^{2-}$	3.63×10^{18}	18.56
$[Fe(en)_3]^{2+}$	5.01×10^{9}	9.70	$[PbEDTA]^{2-}$	2.00×10^{18}	18.30
$[Ni(en)_3]^{2+}$	2.14×10^{18}	18.33	$[ZnEDTA]^{2-}$	2.51×10^{16}	16.40
$[Zn(en)_3]^{2+}$	1.29×10^{14}	14.11	$[SnEDTA]^{2-}$	1.26×10^{22}	22.1

续表 16-1

配离子	稳定常数，K_f	lg K_f	配离子	稳定常数，K_f	lg K_f
$[AlEDTA]^-$	1.29×10^{16}	16.11	$[FeR_3]^{6-}$	$K_{f1}=4.37\times10^{14}$	14.64
$[BaEDTA]^{2-}$	6.03×10^{7}	7.78		$K_{f2}=1.51\times10^{25}$	25.18
$[CaEDTA]^{2-}$	1.00×10^{11}	11.00		$K_{f3}=1.32\times10^{32}$	32.12
$[CdEDTA]^{2-}$	2.51×10^{16}	16.40	$[Fe(TART)_3]^{3-}$	3.09×10^{7}	7.49
$[CoEDTA]^-$	1.00×10^{36}	36	$[Cu(THIO)_3]^+$	1.00×10^{13}	13
$[CuEDTA]^{2-}$	5.01×10^{18}	18.70	$[Cu(THIO)_4]^+$	2.51×10^{15}	15.4
$[FeEDTA]^{2-}$	2.14×10^{14}	14.3			

注：Ac 为醋酸根，en 为乙二胺，EDTA 为乙二胺四乙酸根；R 为磺基水杨酸根，TART 为酒石酸根，THIO 为硫脲；摘自 J. A. Dean Ed. Lange's Handbook of Chemistry，13th Edition，1984。

二、其他注意事项

①微型实验仪器使用见实验 3。

②实验用的井穴板和多用滴管必须洗净，否则影响实验结果。

③$HgCl_2$ 有毒，使用时应谨慎。

实验 17　酸碱标准溶液的配制与标定

一、实验目的

掌握酸碱标准溶液的配制和标定原理;熟悉滴定分析常用的仪器和正确的操作方法。

二、实验原理

酸碱滴定中,通常将 HCl 和 NaOH 标准溶液作为滴定剂。由于 HCl 易挥发,NaOH 易吸收空气中的水和二氧化碳,因此不宜用直接法配制,而采用先配制成近似浓度的溶液,然后用基准物质标定其准确浓度的方法。也可用另一已知准确浓度的标准溶液滴定该溶液,然后计算出该溶液的浓度。

标定 HCl 标准溶液用的基准物,常用的有无水 Na_2CO_3 和硼砂($Na_2B_4O_7 \cdot 10H_2O$)。无水 Na_2CO_3 的优点是容易获得纯品,但由于 Na_2CO_3 易吸收空气中的水分,因此用前应在270℃左右干燥,然后密封于瓶内,保存于干燥器中备用。称量时动作要快,以免吸收空气中水分而引入误差。用 Na_2CO_3 标定 HCl 溶液,常用甲基橙指示终点,但是终点时变色不够敏锐。

硼砂的优点是容易制得纯品、不易吸水、称量误差小。但当空气中相对湿度小于 39% 时容易失去结晶水,因此应把它保存在相对湿度为 60%的恒湿器中。硼砂基准物的标定反应为:

$$Na_2B_4O_7 + 2HCl + 5H_2O = 4H_3BO_3 + 2NaCl$$

以甲基红(变色范围 pH 4.4～6.2)指示终点,终点变色明显。

用邻苯二甲酸氢钾作基准物质标定 NaOH 溶液浓度的反应式为:

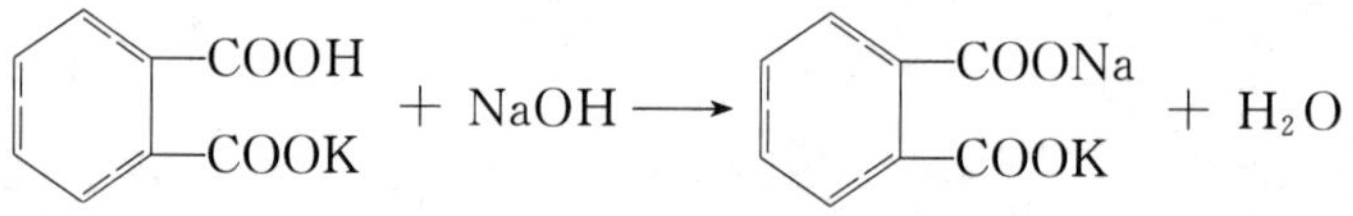

由于生成的邻苯二甲酸钾钠盐溶液呈弱碱性,溶液 pH≈9,故可选用酚酞作指示剂。

三、实验用品

1. 仪器

锥形瓶、量筒、烧杯、分析天平、试剂瓶、称量瓶、酸式滴定管、碱式滴定管。

2. 试剂

浓 HCl(密度 1.19 $g \cdot cm^{-3}$)、NaOH 溶液(约 6.0 $mol \cdot L^{-1}$)、硼砂、0.2%甲基红乙醇溶液、邻苯二甲酸氢钾、0.2% 酚酞乙醇溶液。

四、实验内容

(1)配制浓度约为 0.1 $mol \cdot L^{-1}$的 HCl 溶液;(2)用基准物硼砂标定所配制的 HCl 溶液

的准确浓度，以甲基红作指示剂；(3)配制浓度约为 0.1 mol·L^{-1}的 NaOH 溶液；(4)用基准物邻苯二甲酸氢钾标定所配制的 NaOH 溶液的准确浓度，以酚酞作指示剂；(5)认真记录实验数据并计算所配制溶液的准确浓度以及实验偏差。

五、实验步骤与记录

<table>
<tr><th>实 验 步 骤</th><th>实 验 记 录</th></tr>
<tr><td>1. 配制 HCl 溶液
计算配制 500 mL 0.1 mol·L^{-1}的 HCl 溶液需多少毫升浓 HCl。计算出体积并记录下来，然后用 10 mL 量筒量取，倒入 500 mL 试剂瓶(或烧杯)中，用蒸馏水稀释至 500 mL，盖上塞子摇匀，贴上标签。</td><td>1. 计算配制 500 mL 0.1 mol·L^{-1} HCl 溶液需要浓 HCl 的体积：
______</td></tr>
<tr><td>2. 标定 HCl 溶液
采用差减法准确称取硼砂的质量(0.4～0.6 g)，将称取的质量记录在右边表内。(注意称量数据的有效数字)
将硼砂放入锥形瓶中，加入蒸馏水溶解(这个体积是否要准确量取?)，再加入甲基红指示剂 2 滴，用上述 HCl 溶液滴定至终点(终点颜色如何变化?)。将 HCl 溶液的体积记录在右表中。(注意：接近滴定终点时必须半滴半滴加入，沾在瓶内壁上的 HCl 需要用洗瓶将其冲洗下去；指示剂变色后在 30 s 内颜色不退即为终点；滴定管读数必须遵守有效数字取舍原则进行估读。)
按照此步骤重复 2 次，将相关数据都填入右边表格内。(标定一般要求至少进行 3～4 次平行测定，相对偏差在 0.1%～0.2%)</td><td>2. 标定 HCl 溶液<table><tr><th>实验次数</th><th>硼砂和瓶的质量/g</th><th>倾出部分硼砂后的质量/g</th></tr><tr><td>1</td><td>______</td><td>______</td></tr><tr><td>2</td><td>______</td><td>______</td></tr><tr><td>3</td><td>______</td><td>______</td></tr></table><table><tr><th>实验次数</th><th>$V(HCl)_{初读数}$ /mL</th><th>$V(HCl)_{终读数}$ /mL</th></tr><tr><td>1</td><td>______</td><td>______</td></tr><tr><td>2</td><td>______</td><td>______</td></tr><tr><td>3</td><td>______</td><td>______</td></tr></table></td></tr>
<tr><td>3. 配制和标定 NaOH 溶液
用量筒量取 8.5 mL 6.0 mol·L^{-1}的 NaOH 溶液，倒入 500 mL 试剂瓶(或烧杯)中，用蒸馏水稀释至 500 mL，盖上塞子摇匀(试剂瓶能否用玻璃塞?)，贴上标签。
采用差减法准确称取邻苯二甲酸氢钾的质量(0.5～0.7 g)，把称取的质量记录在右边表内。
将邻苯二甲酸氢钾放入锥形瓶中，加入 30 mL 蒸馏水溶解，再加入酚酞指示剂 2 滴，用上述 NaOH 溶液滴定至终点(终点颜色如何变化?)。将所消耗的 NaOH 溶液的体积记录在右边表格中。
按照此步骤重复 2 次，将相关数据都记录在右表内。</td><td>3. 标定 NaOH 溶液<table><tr><th>实验次数</th><th>邻苯二甲酸氢钾和瓶的质量/g</th><th>倾出部分邻苯二甲酸氢钾后的质量/g</th></tr><tr><td>1</td><td>______</td><td>______</td></tr><tr><td>2</td><td>______</td><td>______</td></tr><tr><td>3</td><td>______</td><td>______</td></tr></table><table><tr><th>实验次数</th><th>$V(NaOH)_{初读数}$ /mL</th><th>$V(NaOH)_{终读数}$ /mL</th></tr><tr><td>1</td><td>______</td><td>______</td></tr><tr><td>2</td><td>______</td><td>______</td></tr><tr><td>3</td><td>______</td><td>______</td></tr></table></td></tr>
</table>

六、结果与讨论

对实验记录的数据进行处理，计算出所配制 HCl 溶液和 NaOH 溶液的准确浓度，计算相对平均偏差，将计算数据填入表 17-1 和表 17-2 中。

表 17-1 标定 HCl 溶液的数据处理表

<table>
<tr><td colspan="2" rowspan="2">项目</td><td colspan="3">实验次数</td></tr>
<tr><td>1</td><td>2</td><td>3</td></tr>
<tr><td colspan="2">硼砂质量/g</td><td></td><td></td><td></td></tr>
<tr><td colspan="2">$V(HCl)_{净耗量}$/mL</td><td></td><td></td><td></td></tr>
<tr><td rowspan="2">$c(HCl)$/
($mol \cdot L^{-1}$)</td><td>计算值</td><td></td><td></td><td></td></tr>
<tr><td>平均值</td><td colspan="3"></td></tr>
<tr><td colspan="2">平均偏差</td><td colspan="3"></td></tr>
<tr><td colspan="2">相对平均偏差</td><td colspan="3"></td></tr>
</table>

表 17-2 标定 NaOH 溶液的数据处理表

<table>
<tr><td colspan="2" rowspan="2">项目</td><td colspan="3">实验次数</td></tr>
<tr><td>1</td><td>2</td><td>3</td></tr>
<tr><td colspan="2">邻苯二甲酸氢钾质量/g</td><td></td><td></td><td></td></tr>
<tr><td colspan="2">$V(NaOH)_{净耗量}$/mL</td><td></td><td></td><td></td></tr>
<tr><td rowspan="2">$c(NaOH)$/
($mol \cdot L^{-1}$)</td><td>计算值</td><td></td><td></td><td></td></tr>
<tr><td>平均值</td><td colspan="3"></td></tr>
<tr><td colspan="2">平均偏差</td><td colspan="3"></td></tr>
<tr><td colspan="2">相对平均偏差</td><td colspan="3"></td></tr>
</table>

按照下式计算 HCl 溶液的浓度：

$$c(HCl)=\frac{2\,m(Na_2B_4O_7 \cdot 10H_2O)}{V(HCl) \cdot M(Na_2B_4O_7 \cdot 10H_2O)}$$

按照下式计算 NaOH 溶液的浓度：

$$c(NaOH)=\frac{m(KHC_8H_4O_4)}{V(NaOH) \cdot M(KHC_8H_4O_4)}$$

七、思考题

1. 用滴定管装标准溶液之前，为什么要用标准溶液润洗 2～3 次，所用的锥形瓶是否也需用标准溶液润洗？为什么？

2. 用 50 mL 的滴定管进行滴定，若滴定第一份试液用去 20 mL(管内还剩 30 mL)，滴定第二份试液(也约需 20 mL)时，是继续用剩的溶液滴定，还是将溶液添加至“0”刻度再滴定？为什么？

3. 本实验中，溶解硼砂或者邻苯二甲酸氢钾时用了 25 或 50 mL 蒸馏水，所用蒸馏水体积是否需要准确量取？为什么？如果想准确量取这 25 或 50 mL 蒸馏水，需要选用什么玻璃仪器？

4. 在标定 HCl 时，如果基准物碳酸钠中的结晶水没有完全除去，实验结果会怎样？

5. 分析引起误差的主要因素有哪些，整个实验中哪些操作还不熟练？

日期：　　　　学生姓名：　　　　指导教师：　　　　实验成绩：

实验态度(10 分)			实验记录(30 分)			实验操作(30 分)			结论与思考题(30 分)		
差 0～3	良 4～7	优 8～10	差 0～15	良 16～25	优 26～30	差 0～15	良 16～25	优 26～30	差 0～15	良 16～25	优 26～30

【背景知识】

一、滴定分析常用玻璃仪器的使用

滴定管、容量瓶、移液管是滴定分析中准确测量溶液体积的三种基本仪器。掌握这三种基本仪器的操作是做好滴定分析的关键。下面介绍它们的使用方法。

1. 滴定管

滴定管一般分为 2 种：一种是酸式滴定管，另一种是碱式滴定管，如图 17-1 所示。酸式滴定管下端带有玻璃旋塞，用来装酸性溶液或氧化性溶液，不宜盛放碱性溶液，因为碱性溶液能腐蚀玻璃，使旋塞难以转动。碱式滴定管用来装碱性溶液，它的下端连接一橡皮管，管内有一玻璃珠以控制溶液的流速，橡皮管下端再连接一个尖嘴玻璃管。凡是能与橡皮管起反应的氧化性溶液，如 $KMnO_4$、I_2 等及酸性溶液均不能装在碱式滴定管中。一般在滴定分析中，除强碱溶液外，都可采用酸式滴定管进行滴定。

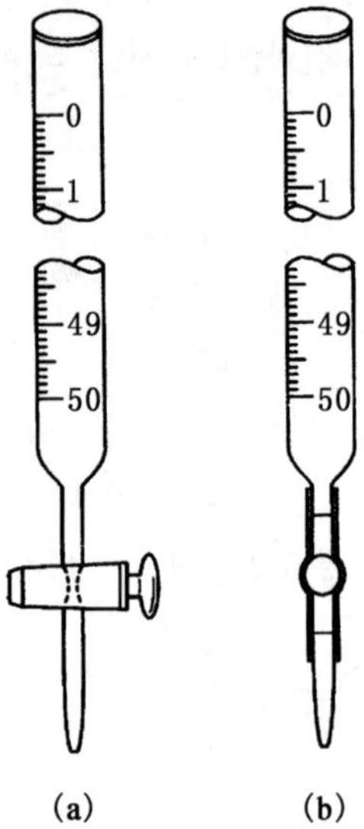

图 17-1 常用滴定管
(a)酸式滴定管
(b)碱式滴定管

使用滴定管时，首先要检查滴定管是否破损，是否漏液，是否洁净；然后加入操作溶液，排除气泡，调节好液面位置；接下来按照正确操作方法完成滴定实验；滴定实验结束后，弃去滴定管内剩余溶液，洗净滴定管，用蒸馏水充满全管，以备下次使用。

(1)外观检查

观察滴定管刻度是否清晰，粗细是否均匀，出口尖嘴有无缺损现象。

(2)检查是否漏水

酸式和碱式滴定管的检查方法不同。

酸式滴定管在活塞上涂油后，再检查是否漏水。涂油即涂抹凡士林，为了便于酸式滴定管的活塞在塞槽之间能灵活地转动，必须在活塞及塞槽内壁涂上一层极薄的凡士林。涂油前应把滴定管平放在实验台上，拔下活塞，用滤纸将活塞与塞槽擦干净，若活塞孔或塞座内有油垢，则需用细铜丝剔除油垢。

涂油的方法有 2 种：一种是将凡士林涂在活塞两头(涂抹层要薄而均匀，中间有孔的一圈不涂)，见图 17-2；另一种是将凡士林涂在活塞的大头上和塞槽尾部的内壁上。然后将活塞插入塞槽内，朝同一方向旋转活塞数次，直到整个活塞透明为止。若活塞不呈透明状，说明水分未擦干或涂的凡士林较少，需要重新处理。若涂凡士林过多而使活塞孔被凡士林堵塞，则需予以清除。

检查酸式滴定管是否漏水时，先关闭活塞，将滴定管内装满水，夹在滴定管架上静置 2 min，观察管口及活塞两端是否有水渗出；然后将活塞旋转 180°，再静置 2 min，观察是否有水渗出。若前后两次均无水渗出，活塞转动也灵活，即可洗净使用，否则应将活塞取出，重新涂抹凡士林。若涂凡士林后仍渗水严重，说明此滴定管的活塞磨口本来就不密合，必须更换滴定管。

涂好凡士林经过检查质量合格的酸式滴定管，可用橡皮圈将活塞固定好，以免活塞脱落打碎。

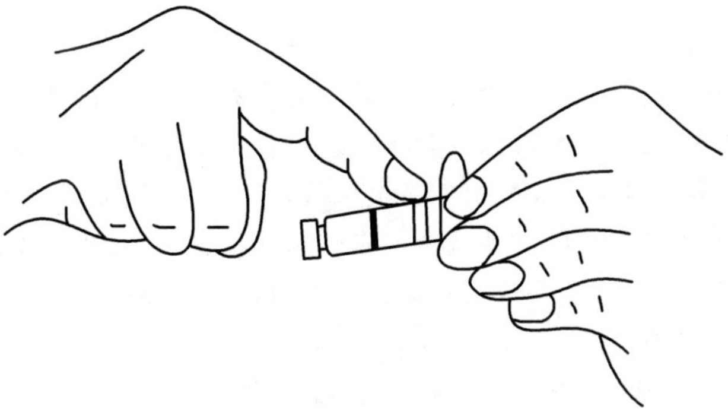

图 17-2　活塞涂油方式

碱式滴定管是否漏水的检查：先向里面装满水，夹在滴定管架上静置 2 min，检查出口处是否有水渗出。若漏水则更换较大的玻璃球即可，但更换的玻璃球也不宜过大，否则会给操作带来不便。

(3)洗涤滴定管

滴定管洗净的标准是：洗净后的滴定管其内壁应能被均匀润湿而不挂水珠。洗涤的方法一般是先用自来水冲洗，再用蒸馏水润洗 2～3 次，每次 10～15 mL。若洗不干净，则可用铬酸洗液洗涤。洗涤的方法是：将 10 mL 铬酸洗液倒入滴定管中(碱式滴定管应取下管下端的橡皮管，套上旧的橡皮管，再倒入洗液)，将滴定管逐渐向管口倾斜，转动滴定管，使洗液布满全管，然后打开活塞，将洗液放回原瓶中。如果内壁沾污严重，则需用洗液充满滴定管浸泡 10 min 至数小时，然后用自来水冲洗干净，再用蒸馏水润洗 2～3 次。

(4)装入操作溶液

装入操作溶液需要经过润洗、排气和装入 3 个步骤。

①在正式装入溶液前，应先用溶液润洗滴定管内壁 3 次。第一次用 10 mL 左右润洗，润洗时，两手平持滴定管，边转动边倾斜管身，使溶液遍全部内壁，然后，打开出口活塞，冲洗出口，尽量放出残留液。随后用 5～10 mL 溶液重复润洗 2 次(对于碱式滴定管，应特别注意玻璃珠下方的洗涤)。最后关好活塞，将溶液倒入，直到充满至 0 刻度以上为止。

②装满溶液后，应检查滴定管的出口下部尖嘴部分是否充满溶液，是否留有气泡。酸式滴定管的气泡，一般容易看出，当有气泡时，用左手迅速打开活塞，使溶液冲出管口，反复数次，这样一般可以排除酸式滴定管出口处的气泡。碱式滴定管的气泡往往在橡皮管内和出口玻璃管内存留，对光检查容易看出橡皮管内的气泡。为了排除碱式滴定管中的气泡，可左手斜持碱式滴定管，右手拇指和食指捏住玻璃珠部位，使橡皮管向上弯曲翘起，并捏挤橡皮管中玻璃珠旁侧处，使溶液和气泡从管口向上喷出，即可排除气泡。

③将溶液装入酸式或碱式滴定管之前，应将试剂瓶中的溶液摇匀。混匀后的溶液应直接倒入滴定管中，不得用其他容器(如烧杯、漏斗、滴管等)来转移。倒入溶液时，用左手持滴定管上部无刻度处，并使滴定管稍微倾斜，右手拿住试剂瓶，向滴定管中倒入溶液。若为大试剂瓶，可将瓶放在桌边上，手拿瓶颈，使瓶倾斜，让溶液慢慢倾入滴定管中。

(5)滴定管的操作方法

使用滴定管时,应将滴定管竖直地夹在滴定管架上。

在滴定开始前,先将悬挂在滴定管尖嘴处的液滴除去,读出初读数。将滴定管活塞以下部分伸入锥形瓶或烧杯内,左手操作活塞,拇指在前,食指及中指在后,一起控制活塞。旋转活塞时,手指微微弯曲,轻轻向里扣住,手心不要顶住活塞小头一端,以免顶出活塞,使溶液漏出。使用碱式滴定管时,用手指轻轻挤捏玻璃珠所在部位的橡皮管,使玻璃珠与橡皮管内壁间形成一缝隙。溶液即流出。但注意不要使玻璃珠上下移动,不要捏玻璃珠下方的橡皮管,以免空气进入而形成气泡,影响读数。

滴定时,如图 17-3 所示,左手控制溶液流量,右手拿住瓶颈或玻璃棒,摇动时,应向同一方向作圆周运动,这样滴下的溶液能较快地分散进行化学反应。注意不要使瓶内溶液溅出。在接近终点时,滴定速度应放慢,以防滴定过量,每次加入 1 滴或半滴溶液,并不断摇动,直至到达终点。

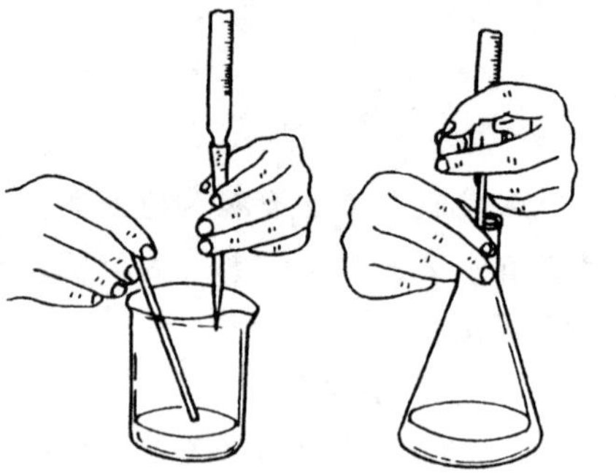

图 17-3 滴定操作

无论使用酸式滴定管还是碱法滴定管,都必须掌握 3 种滴液的方法:第一,连续滴加的方法,即一般的速度"见滴成线"的方法;第二,控制一滴一滴加入的方法,做到需一滴就能只加一滴的熟练操作;第三,学会使液滴悬而不落,只加半滴或不到半滴的方法。滴加半滴的方法是:使溶液悬挂于管口悬而不落,用锥形瓶内壁将其碰落于锥形瓶中,并用洗瓶冲下。

开始滴定时,速度可稍快呈"见滴成线",3～4 滴/s,但不能使溶液呈流水状放出。临近终点时,速度要减慢,应 1 滴或半滴地加入,滴 1 滴,摇几下,再加,再摇,并以洗瓶加少量蒸馏水吹洗锥形瓶内壁,使附着溶液全部流下;然后,再半滴、半滴地加入,直至准确到达终点为止。

(6)滴定操作时应注意

①每次滴定都要从"0"刻度或接近"0"刻度的任一刻度开始,这样可以固定在某一体积范围内滴定,从而减少体积误差。

②摇动锥形瓶时,应微动腕关节,使溶液向同一方向旋转,不能前后振动,以免溶液溅出。

③滴定时,要观察液滴落点周围溶液颜色变化,不要观察滴定管上部的体积。

④滴定时,要根据反应情况控制滴定速度,特别是接近终点时速度要慢,应半滴、半滴地加入。

⑤在滴加半滴溶液时,使溶液悬挂在出口管嘴上形成半滴,用锥形瓶内壁将它沾落后,必须用蒸馏水洗瓶吹洗锥形瓶内壁,使那半滴落入锥形瓶内的溶液中。

(7)滴定管的读数

滴定管读数的准确与否,直接影响测定结果的准确性。为了正确读数,一般应遵守下列原则:

①读数时应将滴定管取下,用右手大拇指和食指捏住滴定管上部无刻度处,使滴定管保持竖直,然后再读数。

②由于表面张力的作用,滴定管内的液面呈弯月形。无色和浅色的溶液的弯曲面比较清

晰，读数时，视线应与弯月面下缘实线的最低点相切，读取与弯月面下缘实线的最低点相切的刻度，如图 17-4 所示。对于有色溶液，如 $KMnO_4$、I_2 等，其弯月面不够清晰，读数时视线与液面两侧的最高处相切，较易读准。

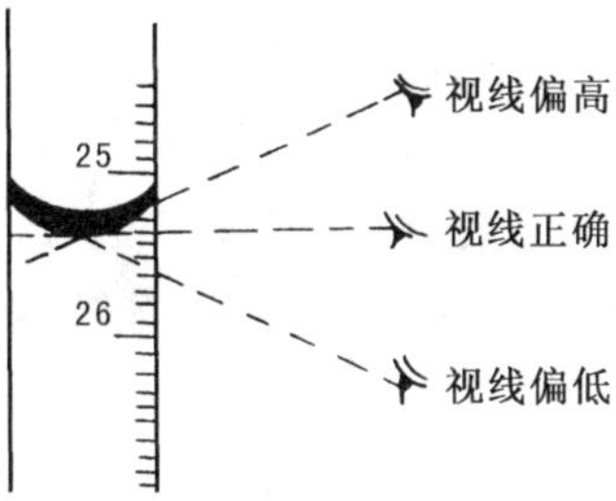

图 17-4　读数视线的位置

③使用"蓝带"滴定管时，读数方法与上述不同。在这种滴定管中，液面呈现三角交叉点，读取交叉点与刻度相交点的读数，如图 17-5 所示。

④为了读数准确，注入溶液或放出溶液后，需等 1～2 min，使附着在壁上的溶液流下来后，再读数。每次读数前，应注意管出口的尖嘴上有无挂液滴，管嘴有无气泡。

⑤读数必须读到小数点后第二位，即要求准确到±0.01 mL，为了读取准确，可采用读数卡，它有利于初学者读数。读数卡由黑纸或涂有黑色长方形的白纸板制成。读数时，将读数卡放在滴定管背后，使黑色部分在弯月面下约 1 cm 处，此时，可看到弯月面的反射层全部成为黑色，如图 17-6 所示。然后，读此黑色弯月面下缘的最低点。然而，对有色溶液须读其两侧最高点时，应用白色卡片作背景。

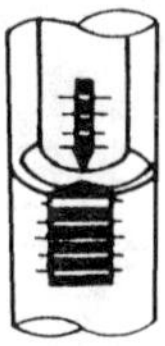

图 17-5　带"蓝带"滴定管读数

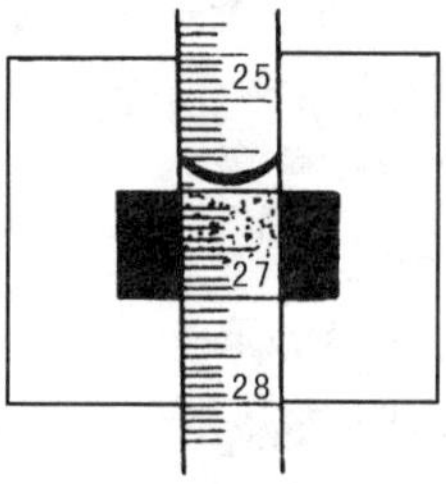

图 17-6　读数卡

2. 容量瓶

容量瓶是一种细颈梨形的平底玻璃瓶，带有玻璃磨口塞，颈上有一标线。一般表示在 20℃，当液体充满到标线时，液体体积恰好与瓶上标明的体积相等。容量瓶主要用来配制标准溶液或样品溶液。通常有 25 mL、50 mL、100 mL、250 mL、500 mL、1 000 mL 等规格。使用前也要检查是否破损、是否漏水和是否洁净；然后按照正确操作方法配制溶液；最后将配好的溶液转移至磨口试剂瓶中保存，容量瓶用水冲洗干净备用。

(1)容量瓶的检查

检查容量瓶是否漏水的方法是：在瓶中放水至标线附近，盖好瓶塞，将瓶外水珠擦拭干净，用左手按住瓶塞，右手手指顶住瓶底边缘，把瓶倒立 2 min，观察容量瓶口是否有水渗出。如果不漏水，将瓶直立，把瓶塞转动 180°，再倒过来试一试。检查两次很有必要，因为有时瓶口与瓶塞不是任何位置都密合。经检查合格的容量瓶，应用橡皮筋将瓶塞系在瓶颈上，防止塞子跌落摔碎。

(2)容量瓶的洗涤

容量瓶不允许用热水、刷子、去污粉等洗涤，小容量瓶可装满铬酸洗液浸泡一段时间，容积大的容量瓶则可加 10 mL 铬酸洗液，塞紧瓶塞摇动片刻，停一会儿再摇动片刻，如此反复数次，然后再用自来水冲洗，倒出水后内壁应能被水润湿而不挂水珠。最后用蒸馏水润洗 2～3 次，每次用水 15～20 mL。

(3)溶液的配制

用固体物质配制溶液时，应先将准确称量的固体物质置于小烧杯中，加入少量溶剂搅拌使其溶解。若溶解较慢，可盖上表面皿加热使其溶解完全，冷却至室温后，再将溶液定量转移至容量瓶中。转移溶液的操作，如图 17-7 所示。然后再用蒸馏水洗涤烧杯 3 次以上，洗液一并转移至容量瓶中。当加水稀释至容量瓶容积的 3/4 时，应将容量瓶摇动片刻使溶液大体混匀，然后继续加水至标线下约 1 cm 处，等 1～2 min 让沾附在瓶颈内壁上的溶液流下去，再用滴管伸入瓶颈接近液面处加水。加水时眼睛要平视标线，弯月面下部与标线相切为止。盖好瓶塞。将容量瓶倒立，使瓶内气泡上升，并将溶液振荡数次，再倒立过来，使气泡上升到顶，如此反复数次，直到溶液混匀为止。

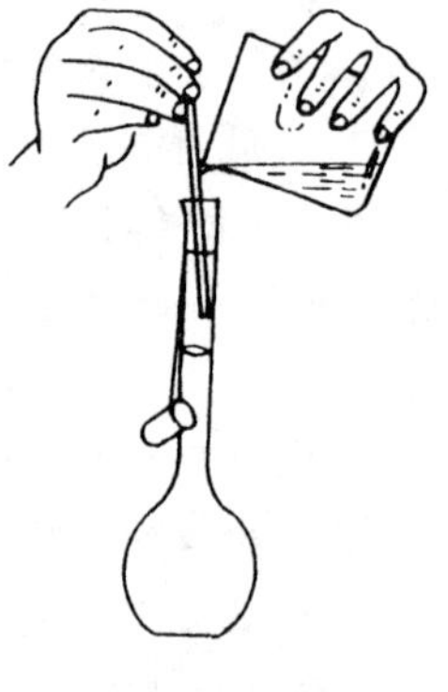

图 17-7 溶液转入容量瓶的操作

用浓溶液定量稀释时，直接用移液管移取一定体积的溶液于容量瓶中，按上述方法稀释至标线，摇匀即可。容量瓶不宜长期保存试剂溶液，配好的溶液应及时转移至磨口试剂瓶中保存。若长期不用容量瓶，应将磨口处洗净擦干，用纸片将磨口隔开。容量瓶禁止烘烤和加热。

3. 移液管和吸量管

(1)移液管

移液管是准确移取一定体积溶液的量器，是由管身中间有膨大部分的玻璃管制成。在管口上端刻有标线，膨大部分写有溶液到标线处的体积和标定该体积的温度。常用的移液管有 5 mL、10 mL、20 mL、25 mL、50 mL 等规格。

①移液管的检查。合格的移液管除了放出的体积准确外，对孔径的大小也有一定的要求。所有规格的移液管中的溶液全部自由流完的最长时间不能超过 1 min，最短时间见表 17-3。若自由流出时间超过规定范围，表示出口孔径太大(太快)或过小(太慢)，都会使管壁滞留的溶液超过允许量的范围，而导致流出溶液的体积不准确，是不宜使用的。

表 17-3 移液管溶液全部自由流完的最短时间表

移液管容积/mL	自由流完时间/s	移液管容积/mL	自由流完时间/s
5	10	50	30
10	20	100	40
25	25		

②移液管的洗涤。移液管的洗涤方法与滴定管相似，除了用自来水冲洗，蒸馏水润洗外，还必须用所要移取的液体润洗 2～3 次，以保证被吸溶液的浓度保持不变。润洗的具体方法是：吸取少许待移取液于移液管中，两手平托移液管，用两手的大拇指和食指转动移液管，使待移取液浸润整个管壁后，从管嘴放出。

应注意，在用待移取的溶液润洗移液管之前，要把管外壁特别是玻璃泡以下的水擦干净，再将移液管插入容量瓶(或贮液瓶)吸取待移取液。另外，不能让溶液流回原瓶，以免将容量瓶(或贮液瓶)中的溶液稀释。为了避免流回原瓶，也可采用下面方法洗涤：将一小烧杯洗净，再用待移取液将烧杯洗涤 3 次,每次用溶液 2～3 mL,倒入待移取的溶液约 15 mL 于烧杯中,然后将移液管玻璃泡以下的外壁用滤纸擦干,插入烧杯中按前述洗涤方法,将移液管洗涤 3 次。

③移取溶液的操作。用移液管移取溶液时,用右手大拇指和中指拿住移液管颈标线以上的地方,将移液管插入待移取溶液液面以下 1～2 cm 处。左手拿吸耳球,先把吸耳球内空气挤出,然后将球的尖嘴紧接移液管的上口,慢慢放松吸耳球,使溶液徐徐吸入移液管中,随着移液管内液面的上升,应下移移液管,以免产生空吸。当液面升至标线以上时,移去洗耳球,立即用右手食指按住管口,竖直将移液管提高至液面以上,略微放松食指并用拇指和中指轻轻转动移液管,让溶液慢慢流出,使液面平稳下降,直到溶液的弯月面与标线相切时,立即用食指压紧管口,取出移液管。把准备承接溶液的容器稍微倾斜,将移液管移入容器中,使移液管竖直,管尖靠着容器内壁,然后松开食指让管内溶液沿器壁流下,如图 17-8 所示。等 10～30 s 后,取出移液管(切勿把残留在管尖的溶液吹下,因为校正移液管时并没有把这部分体积计算在内)。

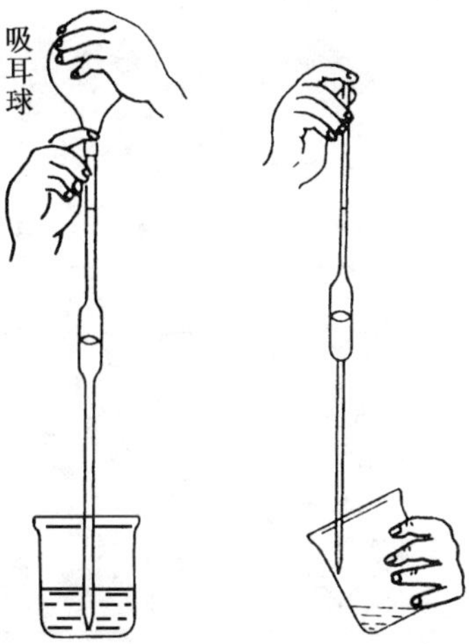

图 17-8　移液管的使用

(2)吸量管

吸量管是具有分刻度的玻璃管,用来准确移取不同体积的溶液。常用的吸量管有 1 mL、2 mL、5 mL、10 mL 等规格,其准备、洗涤及使用方法与移液管相同,但使用时要注意无论是移液管还是吸量管,若管口上刻有"吹"字的,使用时须将管内溶液全部流出,末端的溶液也应吹出,不允许保留。

吸量管是用来移取小体积溶液用的,如果量取 5 mL、10 mL、25 mL 等整数较大的体积时,应采用相对应的移液管。如 5 mL 吸量管是吸量 5 mL 以内的小体积溶液用的,若吸取 5 mL 溶液,应用 5 mL 移液管。所以用吸量管时,总是将液面由某一分度(最高标线),降到另一分度(低标线),两分度之间的体积即为所需的体积,一般不将溶液直接放到吸量管底部。

移液管及吸量管使用后,应洗净放在管架上。

4. 实验仪器的选用原则

在定量分析实验中,合理选用各种量器和容器是提高分析结果准确度、提高工作质量和效率的重要一环。例如:配制大约浓度为 0.1 mol·L^{-1}的 Na_2CO_3 溶液 1 L 和配制准确浓度为 0.100 0 mol·L^{-1}的 Na_2CO_3 标准溶液 1 L,两者对有效数字的要求不同,前者要求准确 1～2 位有效数字,后者要求准确 4 位有效数字。所以前者在称量药品质量时不必要在分析天平上进行,使用灵敏度较低的架盘天平或普通的台秤称取即可;量取溶液时可用量筒;不需要使用精确规定容积的容量瓶来配制。而后者所使用的仪器必须是能够准确测量 4 位有效数字的精密仪器。所以称量质量必须使用分析天平,配制溶液也应使用精密的 1 L 容量瓶,量取溶液时用移液管,否则所配制溶液的实际浓度将远远超出规定的准确度。因此,做定量分析实验,应根据实验的要求,合理地选择仪器,该准确的地方一定要很准确,不必要精确的地方,或允许误差大些的地方,就没必要那么严格。这些"量"的概念应当十分明确,否则,就会导致错误。这就是定量分析实验中应有的"粗、细要分清,严、松要有界限"的实事求是的科学态度。

另外，由于温度等原因，容量器皿的实际容积常常与它所表示的体积（容器上刻度所表示的容积数）不相符，因此在准确度要求较高的分析中，必须对容量器皿进行校准，校准的方法请参考相关书籍。

二、滴定分析中常见标准溶液的配制

表 17-4 给出了滴定分析中常用标准溶液的配制方法，以方便使用者查阅。

表 17-4 滴定分析中常见标准溶液的配制

类别	溶液/($mol \cdot L^{-1}$)	配制
酸碱滴定	盐酸 0.1	量取 9 mL 浓 HCl 注入 1 000 mL 水中，摇匀
	硫酸 0.05	量取 3 mL 浓 H_2SO_4，缓缓注入 1 000 mL 水中，冷却，摇匀
	氢氧化钠 0.1	量取 5 mL NaOH 饱和溶液，注入 1 000 mL 不含 CO_2 的水中摇匀
	高锰酸钾 0.02	称取 3.3 g $KMnO_4$ 溶于 1 000 mL 水中，静置 1 周，或近沸 1 h 用 4 号砂芯漏斗过滤，保存于棕色瓶内。加热时需及时补充水，冷却后过滤
氧化还原滴定	重铬酸钾 1/60	称取 5 g $K_2Cr_2O_7$ 溶于水中，在容量瓶中稀释至 1 000 mL
	硫酸铈（或硫酸铈铵）0.1	称取 35～36 g $Ce(SO_4)_2$[或 64～66 g $(NH_4)_4Ce(SO_4)_4$]·$2H_2O$，加 1∶1 H_2SO_4 56 mL，加水并缓缓加热溶解，稀释至 1 000 mL
	碘 0.05	称取 13 g I_2，加 35 g KI 和 100 mL 水，溶解后，稀释至 1 000 mL，保存于棕色瓶中
	溴酸钾-溴化钾 1/60	称取 2.8 g $KBrO_3$ 和 10 g KBr，以少量水溶解后，稀释至 1 000 mL
	碘酸钾 1/60	称取 3.6 g KIO_3 溶于 1 000 mL 水中
	硫代硫酸钠 0.1	称取 $Na_2S_2O_3 \cdot 5H_2O$ 25 g 和 Na_2CO_3 0.1 g 溶于 1 000 mL 煮沸过的冷水中，静置 1 周后，过滤备用
	硫酸亚铁（或硫酸亚铁铵）0.1	称取 28 g $FeSO_4 \cdot 7H_2O$[或 40 g $(NH_4)_2Fe(SO_4)_2$]加水和 1∶1 H_2SO_4 各 100 mL，溶解后，稀释至 1 000 mL，如混浊用脱脂棉过滤
沉淀滴定	氯化钠 0.1	称取 5.8 g NaCl，溶于 1 000 mL 水中
	硝酸银 0.1	称取 17.5 g $AgNO_3$ 溶于 1 000 mL 水中，保存于棕色瓶内
	硫氰酸钾（或硫氰酸钠）0.1	称取 9.7 g KSCN（或 8.2 g NaSCN）溶于 1 000 mL 水中，摇匀
	硝酸汞 0.01	称取 3.4 g $Hg(NO_3)_2 \cdot H_2O$，溶于 800 mL（含 20 mL 1 $mol \cdot L^{-1}$ HNO_3）水中，稀释至 1 000 mL
配位滴定	氯化锌 0.01	称取 0.65 g 金属锌，加少量稀盐酸溶解，在 1 000 mL 容量瓶中稀释至标线
	碳酸钙 0.01	称取 1 g $CaCO_3$，缓缓滴加稀 HCl，在 1 000 mL 容量瓶中稀释至刻度
	EDTA 0.01	称取 3.8 g $Na_2H_2Y \cdot 2H_2O$ 溶于 1 000 mL 水中

三、常用酸碱溶液的密度、质量分数和物质的量浓度

常用酸碱溶液的密度、质量分数和物质的量浓度列于表 13-2 中，配制标准溶液时可供参考。

四、常见酸碱指示剂及配制方法

酸碱指示剂都有一定的变色范围，通常根据突跃范围来选用指示剂。表 17-5 列出了常见酸碱指示剂的变色范围等数据。

表 17-5　常见酸碱指示剂的变色范围、颜色及配制方法(291～298 K)

指示剂名称	变色 pH 范围	颜色变化	溶液配制方法
甲基紫(第一变色范围)	0.13～0.5	黄—绿	0.1%或 0.05%水溶液
甲基绿	0.1～2.0	黄—绿—浅蓝	0.05%水溶液
孔雀绿(第一变色范围)	0.13～2.0	黄—浅蓝—绿	0.1%水溶液
甲酸红(第一变色范围)	0.2～1.8	红—黄	0.04 g 指示剂溶于 100 mL 50%乙醇中
甲基紫(第二变色范围)	1.0～1.5	绿—蓝	0.1%水溶液
百里酚蓝(麝香草酚蓝)(第一变色范围)	1.2～2.8	红—黄	0.1 g 指示剂溶于 100 mL 20%乙醇中
甲基紫(第三变色范围)	2.0～3.0	蓝—紫	0.1%水溶液
茜素黄 R(第一变色范围)	1.9～3.3	红—黄	0.1%水溶液
二甲基黄	2.9～4.0	红—黄	0.1 g 或 0.01 g 指示剂溶于 100 mL 90%乙醇中
甲基橙	3.1～4.5	红—橙黄	0.1%水溶液
溴酚蓝	3.0～4.6	黄—蓝	0.1 g 指示剂溶于 100 mL 20%乙醇中
刚果红	3.0～5.2	蓝紫—红	0.1%水溶液
茜素红 S(第一变色范围)	3.7～5.2	黄—紫	0.1%水溶液
溴甲酚绿	3.8～5.4	黄—蓝	0.1 g 指示剂溶于 100 mL 20%乙醇中
甲基红	4.4～6.2	红—黄	0.1 g 或 0.2 g 指示剂溶于 100 mL 60%乙醇中
溴酚红	5.0～6.8	黄—红	0.1 g 或 0.04 g 指示剂溶于 100 mL 20%乙醇中
溴甲酚紫	5.2～6.8	黄—紫红	0.1 g 指示剂溶于 100 mL 20%乙醇中
溴百里酚蓝	6.0～7.6	黄—蓝	0.05 g 指示剂溶于 100 mL 20%乙醇中
中性红	6.8～8.0	红—亮黄	0.1 g 指示剂溶于 100 mL 60%乙醇中
酚红	6.8～8.0	黄—红	0.1 g 指示剂溶于 100 mL 20%乙醇中
甲酚红	7.2～8.8	亮黄—紫红	0.1 g 指示剂溶于 100 mL 20%乙醇中
百里酚蓝(麝香草酚蓝)(第二变色范围)	8.0～9.0	黄—蓝	参看第一变色范围
酚酞	8.2～10.0	无色—紫红	(1)0.1 g 指示剂溶于 100 mL 60%乙醇中 (2)1 g 酚酞溶液 100 mL 90%乙醇中
百里酚酞	9.4～10.6	无色—蓝	0.1 g 指示剂溶于 100 mL 90%乙醇中
茜素红 S(第二变色范围)	10.0～12.0	紫—淡黄	参看第一变色范围
茜素红 R(第二变色范围)	10.1～12.1	黄—淡紫	0.1%水溶液
孔雀绿(第二变色范围)	11.5～13.2	蓝绿—无色	参看第一变色范围

五、化学实验中的数据处理

1.有效数字

一个测量值总包括有若干个准确数字和最后面一个估计数字，包括准确数字和一位估计数字在内的数值称为这个量的有效数字。如从仪器上读出数字，通常都要尽可能估计到仪器最小刻度的下一位。这一位是有疑问的，故称为存疑数字，而前面各位都是准确数字，再估计存疑数字以后的各位既没有必要也没有可能。通常有效数字就包括从仪器上直接读出的确切数字和最后一位存疑数字。在书写有效数字时必须注意“0”的位置，在一个测量中，数字前面的“0”不是有效数字，数字中间和后面的“0”则是有效数字。例如，0.000 25 g 中小数点后3个。都不是有效数字，而 0 .250 g 中的小数点后的 0 是有效数字。至于 180 mm 中的 0 就很难说是不是有效数字，但写成 1.8×10^2 mm 则表示有效数字为 2 位；写成 1.80×10^2 mm，则表示有效数字为 3 位；依此类推。

在实验数据记录和处理时，必须十分注意有效数字及其运算规则。有效数字少，反映不出测量精度；有效数字过多，则歪曲测定结果的真实性。严格说来，这些都是不允许的。

2.有效数字运算规则

大多数实验中，待测量值是从几个直接测量中经过运算得到的。因此，必须注意运算的规则，确定有效数字的依据是：估计数字与估计数字（或估计数字与准确数字）之和、差、积、商仍为估计数字。运算结果只保留 1 位估计数字，其他四舍五入。总结有效数字运算规则如下：

①2 个或 2 个以上的数相加、减时，以小数点后数字位数最少的为基准，先修改，后计算。其他各数中，在基准以后的数字可在运算前“四舍六入五留双”，运算结果的有效数字的末位是各数中估计数字位数最少的一位。

②2 个或 2 个以上的数相乘、除时，各数所保留的数字，只需和各数中有效数字最少的相等。

③在记录一些数值过大或过小的量时，为了保持适当的有效数字的位数，通常用 10 的方幂写出，数字部分取一位整数。

④参与运算的常数的有效数字位数的选取，应与运算的各量相适应。

3.提高测量结果准确度的要点

①仪器的选择。按实验要求，确定所用仪器的规格，仪器的精度不能低于实验结果要求的精度，也不必过分优于实验结果要求的精度。

②校正实验者、仪器和药品可能引起的系统误差，即校正仪器，纯化药品，应先用标准样品测量。

③要在相同的实验条件下连续重复测量多次，直至发现这些测量值围绕某一数值上下不规则变动时，取这种情况下的这些数值的平均值以消除偶然误差。

④在数据处理时，严格遵守有效数字的运算规则。

4.误差

根据误差的性质，可把测量误差分为系统误差、偶然误差和过失误差 3 类。系统误差决定着测量结果的准确度。通常是用几种不同的实验技术或实验方法，调换仪器等以确定有无系统误差存在，设法消除或使之减少，以提高准确度。偶然误差决定测量结果的精密度。偶然误差不能完全消除，但采用多次测量，取平均值的办法可以获得被测定量的最佳代表值。过失误差是由于实验过程中犯了某种不应有的错误而引起的，如标度看错、记录写错、计算弄错等。此类误差无规律可循，只要多方警惕，细心操作是可以避免的。综上所述，一个好的实验结果，应该只包含偶然误差。

准确度表示观测值与真实值接近的程度；精密度表示各观测值相互接近的程度。准确度高又称准确性好；精密度高又称再现性好。二者的关系是：准确度好，则精密度一定高；精密度高，但准确度不一定高；精密度差，则准确度也低。只有准确度和精密度都高的测量才是我们所要求的。

为了表达测量的精度，又有绝对误差、相对误差 2 种表达方法。绝对误差是观测值与真值之差。相对误差是指误差在真值中所占的百分数。具体理论请参考相关书籍。

实验 18　双指示剂法测定混合碱的含量

一、实验目的

掌握双指示剂法测定混合碱的原理、方法和计算；掌握多元弱碱滴定过程中 pH 的变化及指示剂的选择；熟悉容量瓶、移液管和酸式滴定管的使用方法。

二、实验原理

混合碱是 Na_2CO_3 与 $NaHCO_3$ 或 Na_2CO_3 与 NaOH 的混合物，欲测定同一份混合碱试样中各成分的含量，可采用 HCl 标准溶液滴定的方法。根据滴定过程中 pH 变化的情况，选用两种不同的指示剂分别指示第一、第二化学计量点的到达，称为“双指示剂法”。此方法简便、快速，在生产实际中应用广泛。

在混合碱的溶液中加入酚酞指示剂（变色范围 pH 8～10），用 HCl 标准溶液滴定至溶液呈无色（或微红色），滴定到第一个化学计量点。此时溶液中所含 NaOH 完全被中和，Na_2CO_3 也被滴定成 $NaHCO_3$，反应如下：

$$NaOH + HCl = NaCl + H_2O$$

$$Na_2CO_3 + HCl = NaCl + NaHCO_3$$

此时，溶液的 pH 为 8.31，设消耗的 HCl 体积为 V_1 mL。

再加入甲基橙指示剂（变色范围 pH 3.1～4.4），继续用 HCl 标准溶液滴定至溶液由黄色变为橙色，滴定到第二个化学计量点。此时 $NaHCO_3$ 被中和成 H_2CO_3，反应为：

$$NaHCO_3 + HCl = NaCl + H_2O + CO_2 \uparrow$$

此时，溶液的 pH 为 3.9，设消耗 HCl 体积为 V_2 mL。

根据 V_1 和 V_2 可以判断出混合碱的组成。当 $V_1 > V_2$ 时，试样为 NaOH 和 Na_2CO_3 的混合物；当 $V_1 < V_2$ 时，试样为 Na_2CO_3 和 $NaHCO_3$ 的混合物。

三、实验用品

1. 仪器

酸式滴定管、容量瓶、移液管、锥形瓶、分析天平。

2. 试剂

HCl 标准溶液、酚酞、甲基橙指示剂、混合碱样品。

四、实验内容

（1）称量一定质量的待测混合碱试样，溶解，定容于 250 mL 容量瓶内；（2）以酚酞作指示剂，准确移取 25 mL 混合碱溶液于 250 mL 锥形瓶中，用 HCl 标准溶液滴定至第一化学计量点，记录消耗的 HCl 的体积 V_1；(3)再加入甲基橙指示剂，继续滴定至第二化学计量点，记录消耗的 HCl 的体积 V_2；(4)认真记录实验数据，计算混合碱各成分的含量和总碱含量。

五、实验步骤与记录

实验步骤	实验记录
1. 在称量瓶内装入待测混合碱试样，采用差减法准确称取 1.5～2.0 g，将称量数据记录在右侧表内。将试样放入烧杯中，加少量蒸馏水溶解，然后定容于 250 mL 容量瓶内。	1. 混合碱的质量 $m_{初}$ ________ $m_{终}$ ________ $m=m_{终}-m_{初}$ ________
2. 用移液管移取 25 mL 混合碱溶液于 250 mL 锥形瓶中，加 2～3 滴酚酞指示剂，溶液呈红色。 酸式滴定管内装入已知浓度的 HCl 溶液，记录初始体积，滴定锥形瓶内的溶液至无色(或微红色)，此为第一化学计量点。记录消耗的 HCl 的体积 V_1，将数据记录右边表格内。(注意：HCl 要一滴一滴地加入且不断摇动锥形瓶，否则局部 HCl 过浓会使碳酸氢钠转变为碳酸分解而损失；接近滴定终点时，应剧烈振荡，或加热冷却除去二氧化碳后再滴定至终点。)	2. HCl 浓度：________ 第一化学计量点的滴定： 实验次数　$V_{1初读数}$/mL　$V_{1终读数}$/mL 1　________　________ 2　________　________ 3　________　________
3. 再向锥形瓶内滴加 2～3 滴甲基橙指示剂，继续用 HCl 标准溶液滴定至溶液由黄色恰好变为橙色，此为第二化学计量点，记录消耗的 HCl 的体积 V_2，将数据记录在右边表格内。 4. 按照 2～3 步骤再重复滴定 2 次，记录 HCl 体积。 5. 将原始数据代入下面表 18-1 内，计算混合碱各成分的含量和总碱含量。	3. 第二化学计量点的滴定 实验次数　$V_{2初读数}$/mL　$V_{2终读数}$/mL 1　________　________ 2　________　________ 3　________　________

六、结果与讨论

对实验记录的数据进行处理，计算出混合碱各成分的含量和总碱含量，将相关数据填入表中。

计算公式：

$$w(Na_2CO_3)=\frac{c(HCl)V_1M(Na_2CO_3)}{100\cdot m}\times 100\%$$

$$w(NaHCO_3)=\frac{c(HCl)(V_2-V_1)M(NaHCO_3)}{100\cdot m}\times 100\%$$

$$w(Na_2O)=\frac{c(HCl)(V_1+V_2)M(Na_2O)}{200\cdot m}\times 100\%$$

滴定次数		1	2	3
HCl 浓度/(mol·L^{-1})				
混合碱样品质量 m/g				
V_1/mL				
V_2/mL				
$w(Na_2CO_3)$ /%	测定值			
	平均值			
$w(NaHCO_3)$ /%	测定值			
	平均值			
总碱量 $w(Na_2O)$ /%	测定值			
	平均值			
	相对偏差			
	相对平均偏差			

七、思考题

1. 能否按照公式 $w(NaHCO_3)=1-w(Na_2CO_3)$ 计算碳酸氢钠的含量，为什么？测定混合碱，接近第一化学计量点时，若滴速快，摇动锥形瓶又慢，会对测定结果有何影响？为什么？

2. 测定混合碱样品时，若得到下表中5种结果，请分别判断各样品的组成(用对号表示)。

组成	结果				
	$V_1<V_2$ $V_1\neq0$	$V_1=V_2\neq0$	$V_1>V_2$ $V_2\neq0$	$V_1\neq V_2$ $V_1=0$	$V_1\neq V_2$ $V_2=0$
NaOH					
Na_2CO_3					
$NaHCO_3$					

日期：　　　　学生姓名：　　　　指导教师：　　　　实验成绩：

实验态度(10分)			实验记录(30分)			实验操作(30分)			结论与思考题(30分)		
差 0～3	良 4～7	优 8～10	差 0～15	良 16～25	优 26～30	差 0～15	良 16～25	优 26～30	差 0～15	良 16～25	优 26～30

【背景知识】

一、盐酸滴定碳酸钠的滴定曲线

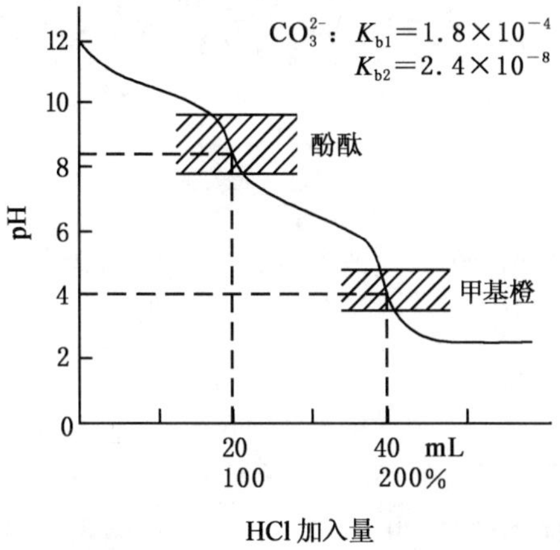

二、常用滴定分析仪器的使用

(参考实验 17 中的内容)

三、差减法称量药品操作

(参考实验 2 中的内容)

实验 19　EDTA 标准溶液的配制与标定

一、实验目的

掌握 EDTA 标准溶液的配制和标定的原理及常用的标定方法；熟悉金属离子指示剂铬黑 T 和二甲酚橙的使用及变色原理。

二、实验原理

乙二胺四乙酸简称 EDTA，是四元酸，简写为 H_4Y，是配位滴定分析中常用的氨羧配合剂，与金属离子形成螯合物时，配位比为 1∶1。在水中的溶解度很小（室温下每 100 g 水中只能溶解约 0.02 g 的 EDTA），因此实际工作中一般采用 EDTA 的二钠盐（$Na_2H_2Y \cdot 2H_2O$）配制标准溶液。

常用 EDTA 标准溶液的浓度一般是 0.01～0.05 $mol \cdot L^{-1}$。分析纯的 EDTA 可直接配制成标准溶液，但 EDTA 常吸附 0.3%的水分，且水与其他试剂中常含有少量金属离子杂质而不能直接配制标准溶液，所以 EDTA 标准溶液常采用间接法配制，即先配制成近似浓度的溶液，然后再进行标定。

标定 EDTA 标准溶液的基准物质很多，有纯的金属如 Cu、Zn、Bi、Ni、Pb 等，金属氧化物如 ZnO、BiO 等，以及某些盐类如 $CaCO_3$、$ZnSO_4 \cdot 7H_2O$、$MgSO_4 \cdot 7H_2O$ 等。

本实验采用金属锌为基准物质，采用两种不同的方法对 EDTA 标准溶液进行标定。

在碱性条件下，在 pH＝10 的 NH_3-NH_4Cl 缓冲溶液中以铬黑 T 作指示剂，指示剂与 Zn^{2+} 生成紫红色配合物，用 EDTA 滴定到终点，EDTA 夺取与指示剂配位的 Zn^{2+}，游离出指示剂而使溶液呈现纯蓝色，反应式如下：

滴定前：$Zn^{2+} + HIn^{2-} \rightleftharpoons ZnIn^-$（紫红）$+ H^+$

滴定中：$Zn^{2+} + H_2Y^{2-} \rightleftharpoons ZnY^{2-}$（无色）$+ 2H^+$

终点时：$ZnIn^- + H_2Y^{2-} \rightleftharpoons ZnY^{2-} + HIn^{2-}$（纯蓝色）$+ H^+$

酸性条件下，以二甲酚橙为指示剂，在 pH＝5.5 的缓冲溶液中，指示剂与 Zn^{2+} 生成紫红色配合物，用 EDTA 滴定到终点时，EDTA 夺取与指示剂配位的 Zn^{2+}，游离出指示剂而使溶液呈现亮黄色。

为使测定的准确度高，所选用的标定条件应尽可能与测定条件相一致，以减少误差。在可能的情况下，最好选用被测元素的纯金属或化合物为基准物质。

三、仪器与试剂

1. 仪器

滴定管、烧杯、容量瓶、移液管、量筒、锥形瓶、分析天平、称量瓶、表面皿。

2. 试剂

EDTA 二钠盐（AR）、基准锌、NH_3-NH_4Cl 缓冲溶液（pH＝10）、6 mol·L^{-1} $NH_3 \cdot H_2O$、6 mol·L^{-1} HCl、铬黑 T、二甲酚橙、六次甲基四胺（20%）、20% NaOH、甲基红、广泛 pH 试纸。

四、实验内容

（1）粗略配制 0.01 mol·L^{-1} EDTA 标准溶液；（2）0.01 mol·L^{-1} Zn^{2+} 标准溶液的配制；（3）酸性条件下 EDTA 标准溶液的标定；（4）碱性条件下 EDTA 标准溶液的标定。

五、实验步骤与记录

实验步骤	实验记录
1. 0.01 mol·L^{-1} EDTA 标准溶液的粗略配制 在台秤上称取 2.0 g 的 EDTA 二钠盐于烧杯中，加水约 200 mL→温热溶解→冷却后，用 pH 试纸检验溶液的 pH，若 pH<5，则用 20%NaOH 调整溶液的 pH 至 5.0～5.5，再用蒸馏水稀释至 500 mL，混合均匀后保存在试剂瓶中备用。	1. EDTA 质量：____ 加水量：____ 溶液 pH：____ 溶液量：____ EDTA 溶解情况：____
2. 0.01 mol·L^{-1} Zn^{2+} 标准溶液的配制 在分析天平上用差减法准确称取 0.15～0.20 g 的纯锌于小烧杯中，加 6 mol·L^{-1} HCl 10 mL，盖上表面皿，使锌粉完全溶解。以少量蒸馏水冲洗表面皿和烧杯内壁，将溶液定量转入 250 mL 容量瓶中，加水稀释至刻度，摇匀备用。	2. 锌粉＋称量瓶的质量 m_1：____ 倾倒出部分锌粉后的质量 m_2：____ 锌粉质量数：____ 盐酸浓度：____ 盐酸体积：____ Zn^{2+} 溶液浓度：____
3. 酸性条件下 EDTA 标准溶液的标定 准确移取 25.00 mL Zn^{2+} 标准溶液于锥形瓶中，加入 25 mL 蒸馏水，1～2 滴二甲酚橙指示剂，然后滴加 20% 六次甲基四胺至溶液呈现稳定的紫红色后，再加入过量 5 mL 20%六次甲基四胺，并摇动混合均匀。用 EDTA 标准溶液滴定至溶液由紫红色变为亮黄色即为终点，在右边的表格中记录所用 EDTA 标准溶液的体积。平行测定 3 次，将相关数据都填入右边的表格内。	3. 酸性条件下 EDTA 标准溶液的标定 实验次数 | $V(\text{EDTA})_{初读数}$/mL | $V(\text{EDTA})_{终读数}$/mL 1 ____ ____ 2 ____ ____ 3 ____ ____
4. 碱性条件下 EDTA 标准溶液的标定 准确移取 25.00 mL Zn^{2+} 标准溶液于锥形瓶中，加 1 滴甲基红指示剂，然后逐滴加入 6 mol·L^{-1} $NH_3 \cdot H_2O$ 至溶液呈现微黄色（pH 约为 7），再加入 25 mL 蒸馏水，10 mL NH_3-NH_4Cl 缓冲溶液，再加入约绿豆粒大小铬黑 T 指示剂，摇匀，用 EDTA 标准溶液滴定至溶液由紫红色变为纯蓝色即为终点，在右边的表格中记录所用 EDTA 标准溶液的体积。平行测定 3 次，将相关数据都填入右边的表格内。	4. 碱性条件下 EDTA 标准溶液的标定 实验次数 | $V(\text{EDTA})_{初读数}$/mL | $V(\text{EDTA})_{终读数}$/mL 1 ____ ____ 2 ____ ____ 3 ____ ____

EDTA 标准溶液浓度计算公式：

$$c(\text{EDTA})=\frac{m(\text{Zn})\times\frac{25.00}{250.00}}{M(\text{Zn})\times V(\text{EDTA})}$$

六、结果与讨论

实验编号	1	2	3
锌粉质量数			
$V(\text{EDTA})/\text{mL}$			
$c(\text{EDTA})/(\text{mol}\cdot\text{L}^{-1})$			
$\bar{c}(\text{EDTA})/(\text{mol}\cdot\text{L}^{-1})$			
平均偏差			
相对平均偏差			

本实验成败的关键因素分析：

七、思考题

1. 在配位滴定中，为什么不直接用 EDTA 酸配制标准溶液？

2. 以纯锌为基准物质，以铬黑 T 或二甲酚橙为指示剂标定 EDTA 标准溶液的浓度时，应如何调节溶液的 pH？为什么？

3. 如何检查实验所用的蒸馏水的质量是否合格？若使用不合格的蒸馏水将对实验结果产生什么影响？

4. 标定好的 EDTA 溶液应如何保存？

5. 配位滴定为什么要在缓冲溶液中进行？如果没有缓冲溶液存在，将会有何现象发生？

日期： **学生姓名：** **指导教师：** **实验成绩：**

实验态度(10 分)			实验记录(30 分)			实验操作(30 分)			结论与思考题(30 分)		
差 0～3	良 4～7	优 8～10	差 0～15	良 16～25	优 26～30	差 0～15	良 16～25	优 26～30	差 0～15	良 16～25	优 26～30

【背景知识】

一、金属离子指示剂

金属指示剂的作用原理：在配位滴定分析中，通常利用一种能与金属离子生成配合物的显色剂来指示滴定过程中金属离子浓度的变化，这种显色剂称为金属离子指示剂，简称金属指示剂。

金属离子指示剂是一种配位剂，一般为有机弱酸，能与被测金属离子形成与其本身颜色显著不同的配合物而指示终点。在一定 pH 条件下，在滴定前加入少量金属指示剂，金属指示剂与金属离子生成有色配合物，滴入 EDTA 后，游离的金属离子逐步被 EDTA 配位。由于金属离子与指示剂形成的配离子没有金属离子与 EDTA 形成的配离子稳定，所以当达到反应化学计量点时，已与指示剂络合的金属离子被 EDTA 夺出，释放出指示剂的颜色，从而指示反应的终点。若以 M 表示金属离子，In 表示指示剂的阴离子(略去电荷)，以 Y 表示 EDTA ，其反应过程为：

$$M + In \rightleftharpoons MIn$$

$$MIn + Y \rightleftharpoons MY + In$$

二、金属指示剂的使用条件

①在滴定的 pH 范围内，指示剂游离态的颜色与结合态的颜色显著不同。

②指示剂与金属离子形成的配离子有一定的稳定性。若稳定性太弱，反应终点就会提前，且颜色变化不敏锐；若稳定性太强，接近终点时 EDTA 不能夺取与指示剂结合的金属离子，终点就会拖后，反应达到计量点时无颜色变化。

③指示剂与金属离子的显色反应必须灵敏、迅速，且有良好的变色可逆性。

④指示剂应具有一定的选择性，即在一定条件下只对某一种或某几种离子发生显色反应。

⑤指示剂应比较稳定，便于贮存和使用。

⑥指示剂的变色点 pM 应尽量与化学反应计量点的 pM 一致，以减小误差。

三、常用金属离子指示剂

1. 铬黑 T

简称 EBT，可用 NaH_2In 表示。铬黑 T 与许多金属离子能形成稳定的酒红色配合物。pH<6.3 或 pH>11.5 时铬黑 T 与其配合物 MIn 颜色无显著差别，只有 pH＝8～11 时指示剂才有明显的颜色变化。实验表明，使用铬黑 T 的最适宜酸度为：pH＝9～10.5。用于 Mg^{2+}、Zn^{2+}、Cd^{2+}、Pb^{2+}、Hg^{2+}、Al^{3+} 的测定。铬黑 T 对 Ca^{2+} 显色不够灵敏，加入少量 Mg^{2+} 或 Zn^{2+} 可改善滴定终点，提高准确度。

2. 二甲酚橙

简称 XO，一般用的是其四钠盐，为紫色结晶，易溶于水，pH<6.3 时呈黄色，pH> 6.3 时呈红色，与金属离子形成的配合物显紫红色，因此二甲酚橙只适用于 pH<6.35 的溶液，终点颜色由紫红色变为黄色。颜色变化很敏锐。

3. 钙指示剂

简称钙红或 NN，钙指示剂与许多金属离子形成红色配合物，pH<8.0 或 pH> 13.5 时钙指示剂与其配合物 MIn 颜色无显著差别，只有 pH=8～13.5 时指示剂才有明显的颜色变化。实验表明，使用钙指示剂的最适宜酸度为：pH=12～13。常用于 Ca^{2+} 和 Mg^{2+} 混合溶液中 Ca^{2+} 的直接测定。

四、其他相关注意事项

①配制好的 EDTA 标准溶液如在短时间内使用，可保存在一般的试剂瓶中，若需长期保存，则必须贮存在聚乙烯或其他塑料瓶中，否则玻璃瓶中金属离子与 EDTA 发生配位反应，会使 EDTA 标准溶液的浓度降低。实验证明，EDTA 标准溶液在普通玻璃瓶中保存 1 个月，其浓度约降低 1%。

②配制 EDTA 标准溶液的纯水必须保证质量，应不含 Ca^{2+}、Mg^{2+}、Cu^{2+}、Fe^{3+}、Al^{3+} 等杂质离子，以免与金属离子产生封闭现象，实验前应对蒸馏水质量进行检查：取 50 mL 蒸馏水于小烧杯中，加入 1 mL NH_3-NH_4Cl 缓冲溶液，10 mg 铬黑 T 指示剂，若蒸馏水呈蓝色则表明水质合格，否则应换用新鲜蒸馏水另作检查。

③使用的金属锌应先用 1∶1 盐酸处理数分钟以除去其表面的氧化物，再用蒸馏水冲洗数次除去盐酸，最后用丙酮或无水乙醇冲洗，沥干水后于 110℃ 下烘干数分钟备用。

④在配位滴定中酸度的控制至关重要，在使用二甲酚橙指示剂时，准确调节 Zn^{2+} 标准溶液的 pH=5～6 是关键，因此在滴加 20% 六次甲基四胺时，要注意摇匀，在溶液呈现稳定的紫红色后，要多加 5 mL 20% 六次甲基四胺缓冲溶液以控制溶液的 pH；在使用铬黑 T 指示剂时，盐酸酸化后的 Zn^{2+} 标准溶液应先用 6 mol·L^{-1} $NH_3 \cdot H_2O$ 中和至恰好使甲基红指示剂变微黄色，此时溶液的 pH 值约为 7，再加入 NH_3-NH_4Cl 缓冲溶液，否则滴加的 $NH_3 \cdot H_2O$ 过量时，NH_3 与 Zn^{2+} 能形成稳定的 $Zn(NH_3)_4^{2+}$ 配离子，从而影响 Zn^{2+} 与 EDTA 的配位反应，产生滴定误差。

⑤配位反应的速度较慢，故滴定时滴加 EDTA 的速度不能太快，特别是临近终点时，应紧摇慢滴，以免滴过终点。

实验20　水中钙、镁含量的测定

一、实验目的

掌握配位滴定法测定 Ca^{2+}、Mg^{2+} 含量的原理和方法；掌握铬黑 T 和钙指示剂的使用条件和终点变化；了解水质硬度的表示方法及水质的分类标准。

二、实验原理

水的硬度的测定一般采用配位滴定法，就是用 EDTA 标准溶液直接滴定水中 Ca^{2+}、Mg^{2+} 的总量，然后换算为相应的硬度单位。水中钙、镁含量的测定一般是先在 pH=10 的缓冲溶液中测定钙、镁总量，然后在 pH=12 的条件下测定钙的含量，由两次滴定的体积之差可计算出镁的含量。

用 EDTA 测定钙镁总量时，以铬黑 T 为指示剂，在 pH=10 的 NH_3-NH_4Cl 缓冲溶液中进行，理论终点时 Ca^{2+}、Mg^{2+} 与铬黑 T 形成酒红色配合物，因配合物的稳定性顺序为：

$$CaY^{2-} > MgY^{2-} > MgIn^{-} > CaIn^{-}$$

所以用 EDTA 滴定到终点时，EDTA 将铬黑 T 置换出来而使溶液呈现出指示剂本身的颜色（纯蓝色）。记录消耗的 EDTA 的体积 V_1。有关反应方程式为：

$$\begin{matrix} Ca^{2+} \\ Mg^{2+} \end{matrix} + In^{3-} \rightleftharpoons \begin{matrix} CaIn^{-} \\ MgIn^{-} \end{matrix} \text{（酒红色）}$$

$$\begin{matrix} CaIn^{-} \\ MgIn^{-} \end{matrix} \text{（酒红色）} + H_2Y^{2-} \rightleftharpoons \begin{matrix} CaY^{2-} \\ MgY^{2-} \end{matrix} + HIn^{2-} + \text{（纯蓝色）} + H^{+}$$

用 EDTA 测定钙时，先用 NaOH 调节溶液的 pH=12，使 Mg^{2+} 生成 $Mg(OH)_2$ 沉淀，此时加入钙指示剂与钙配位，形成红色配合物，当滴入 EDTA 标准溶液时，EDTA 先与游离的 Ca^{2+} 配位，反应完全时夺取与钙指示剂结合的 Ca^{2+} 而使指示剂游离出来，于是溶液由红色变为纯蓝色，表示反应达到终点，记录消耗的 EDTA 的体积 V_2。

三、实验用品

1. 仪器

酸式滴定管（50 mL）、移液管（100 mL）、量筒（10 mL）、锥形瓶。

2. 试剂

EDTA 二钠盐（AR）、NH_3-NH_4Cl 缓冲溶液（pH=10）、铬黑 T 指示剂、NaOH（6 $mol \cdot L^{-1}$）、钙指示剂。

四、实验内容

(1)钙、镁总量的测定;(2)钙含量的测定。

五、实验步骤与记录

实验步骤	实验记录
1. 钙、镁总量的测定 用移液管准确移取 100.00 mL 自来水于锥形瓶中,加入 10 mL NH_3-NH_4Cl 缓冲溶液,约 30 mg(约绿豆粒大小)铬黑 T 指示剂,溶液应呈酒红色,用 EDTA 标准溶液滴定至溶液由酒红色变为纯蓝色即为终点。记录消耗 EDTA 标准溶液的体积,平行滴定 2～3 次。	1. 钙、镁总量的测定 实验次数　$V(EDTA)_{初读数}$/mL　$V(EDTA)_{终读数}$/mL 1　______　______ 2　______　______ 3　______　______
2. 钙含量的测定 用移液管准确移取 100.00 mL 自来水于锥形瓶中,加入 3 mL 6 mol·L^{-1}的 NaOH,约绿豆粒大小钙指示剂,溶液应呈紫红色,用 EDTA 标准溶液滴定至溶液由紫红色变为纯蓝色即为终点。记录消耗 EDTA 标准溶液的体积平行滴定 2～3 次。	2. 钙含量的测定 实验次数　$V(EDTA)_{初读数}$/mL　$V(EDTA)_{终读数}$/mL 1　______　______ 2　______　______ 3　______　______

六、结果与讨论

分别按下式计算水的总硬度及钙镁的含量。

$$水的总硬度(°)=\frac{c(EDTA)\times V_1\times M(CaO)}{100.0\times 10}\times 1\,000$$

$$Ca^{2+}(mg\cdot L^{-1})=\frac{c(EDTA)\times V_2\times M(Ca)}{100.0}\times 1\,000$$

$$Mg^{2+}(mg\cdot L^{-1})=\frac{c(EDTA)\times (V_1-V_2)\times M(Mg)}{100.0}\times 1\,000$$

式中:V_1 和 V_2 分别表示测定钙、镁总量和钙含量所消耗的 EDTA 标准溶液的体积。

实验次数	1	2	3
$V_{水样}$/mL			
$c(EDTA)/(mol\cdot L^{-1})$			
测钙、镁总量消耗 EDTA 体积 V_1/mL			
测钙离子消耗 EDTA 体积 V_2/mL			

续表

实验次数	1	2	3
测镁离子消耗 EDTA 体积 V_2-V_1/mL			
水的总硬度(°)			
水的平均总硬度(°)			
Ca^{2+} 浓度/(mg · L^{-1})			
Ca^{2+} 平均浓度/(mg · L^{-1})			
Mg^{2+} 浓度/(mg · L^{-1})			
Mg^{2+} 平均浓度/(mg · L^{-1})			
平均偏差			
相对平均偏差			

七、思考题

1. 简述金属离子指示剂的作用原理。

2. 测定水的总硬度及测定 Ca^{2+} 时的条件(指 pH)是什么？为什么？

3. 用 EDTA 标准溶液测定水中 Ca^{2+}、Mg^{2+} 时，若水中含有 Al^{3+}、Fe^{3+}，应如何排除干扰？

4. 什么是水的硬度？其他国家采用何种硬度表示方法，并提出自己对硬度表示方法的看法？

日期：　　　　学生姓名：　　　　指导教师：　　　　实验成绩：

实验态度(10 分)			实验记录(30 分)			实验操作(30 分)			结论与思考题(30 分)		
差 0～3	良 4～7	优 8～10	差 0～15	良 16～25	优 26～30	差 0～15	良 16～25	优 26～30	差 0～15	良 16～25	优 26～30

【背景知识】

一、水的硬度及其表示方法

天然水中含有 Ca^{2+}、Mg^{2+}、Fe^{3+}、Zn^{2+}、Cu^{2+}、Al^{3+}、Mn^{2+} 等金属离子，除了 Ca^{2+}、Mg^{2+} 外，其他金属离子的含量甚微，可忽略不计。水中钙、镁离子含量的多少称为水的硬度。水的硬度有暂时硬度和永久硬度之分。暂时硬度是指水中钙和镁的酸式碳酸盐的多少，当加热时，酸式碳酸盐分解为碳酸盐，水即失去暂时硬度；永久硬度表示水中所含的钙和镁的硫酸盐、氯化物、硝酸盐等的多少，加热时这类盐不能沉淀析出。暂时硬度和永久硬度的总和称为水的总硬度。

各国对水的硬度的表示方法不同，我国沿用的硬度有 2 种表示方法，一种以度(°)计，1°表示 10 万份水中含有 1 份 CaO，即 1 L 水中含有 10 mg CaO 时为 1°(1°=10 mg·L^{-1})；另一种以含 CaO mmol·L^{-1} 表示。经计算每升水中含 1 mmol·L^{-1}CaO 时，其硬度为 5.6°。

二、水质的分类

小于 4°的水称为很软的水，4°～8°的水称为软水，8°～16°的水称为中等硬水，16°～32°的水称为硬水，大于 32°的水称为很硬的水。生活用水的总硬度一般不超过 25°。各种工业用水对硬度有不同的要求。水的硬度是水质的一项重要指标，测定水的硬度有很重要的意义。

三、其他相关注意事项

①铬黑 T 与 Mg^{2+} 显色的灵敏度高，与 Ca^{2+} 显色的灵敏度低，当水样中钙含量很高而镁含量很低时，往往得不到敏锐的终点，可在标定 EDTA 前加入适量的 Mg^{2+}，或者在缓冲溶液中加入一定量的 Mg-EDTA 盐，利用置换滴定的原理来提高终点变色的敏锐性。

②对于硬度较大的水样，在加入 NH_3-NH_4Cl 缓冲溶液后，常析出 $CaCO_3$、$Mg_2(OH)_2CO_3$ 沉淀，使终点拖长，变色不敏锐。所以滴定前最好将溶液酸化，并加热煮沸以除去 CO_2。

③Fe^{3+}、Al^{3+} 等对测定有干扰，可加入三乙醇胺或 NaF 掩蔽；Cu^{2+}、Pb^{2+}、Zn^{2+} 等金属离子也可干扰测定，可用 KCN、Na_2S 等掩蔽。

实验21　亚铁盐中铁含量的测定

一、实验目的

掌握 $K_2Cr_2O_7$ 标准溶液的配制方法；掌握 $K_2Cr_2O_7$ 法测定亚铁盐中铁含量的原理及步骤；熟悉氧化还原滴定分析方法和操作。

二、实验原理

在酸性溶液中，Fe^{2+} 可以定量地被 $K_2Cr_2O_7$ 氧化成 Fe^{3+}，反应式为：

$$6Fe^{2+} + Cr_2O_7^{2-} + 14H^+ = 6Fe^{3+} + 2Cr^{3+} + 7H_2O$$

可以选择二苯胺磺酸钠指示剂，其还原态为无色，氧化态为紫红色，到达滴定终点时微过量的 $K_2Cr_2O_7$ 能把指示剂氧化而变色。因为在滴定过程中有 Cr^{3+} 生成，所以溶液颜色为绿色，到达滴定终点时溶液由绿色变为紫色（或紫蓝色）。

滴定前必须向亚铁盐溶液中加入磷酸或氟化钠，目的有两个：一是与滴定过程中生成的 Fe^{3+} 形成配离子 $[Fe(HPO_4)]^+$，降低 Fe^{3+}/Fe^{2+} 电对的电极电势，扩大滴定突跃范围，使指示剂的变色范围在滴定的突跃范围之内；二是生成的配离子为无色，消除了溶液中 Fe^{3+} 黄色干扰，利于终点观察。加入硫酸是为了调节溶液处于酸性环境，增强的 $K_2Cr_2O_7$ 氧化能力，防止铁离子的水解。

三、实验用品

1. 仪器

酸式滴定管、容量瓶、锥形瓶、移液管、分析天平、量筒、洗瓶、玻棒。

2. 试剂

$FeSO_4 \cdot 7H_2O$、$K_2Cr_2O_7$、硫-磷混酸、二苯胺磺酸钠指示剂。

四、实验内容

(1)用直接法准确配制浓度为 0.100 0 $mol \cdot L^{-1}$ 的 $K_2Cr_2O_7$ 标准溶液。

(2)将一定质量的亚铁盐溶解于少量水中，然后再加入硫-磷混酸溶液和二苯胺磺酸钠指示剂，用 $K_2Cr_2O_7$ 标准溶液滴定至终点，记录所消耗的 $K_2Cr_2O_7$ 溶液的体积。

(3)认真记录实验数据，计算亚铁盐中铁的含量。

五、实验步骤与记录

实验步骤	实验记录
1. 配制 $K_2Cr_2O_7$ 标准溶液 用差减法准确称取 $K_2Cr_2O_7$ 固体 1.2～1.3 g 置于小烧杯中，加适量水溶解，然后定容于 250 mL 容量瓶中，摇匀备用。（可以两组配一份共同使用）	1. 称量 $K_2Cr_2O_7$ 的质量 $m_{初}$ ________ $m_{终}$ ________ Δm ________
2. 亚铁盐中铁含量的测定 (1)用差减法准确称取 0.6～0.9 g 亚铁盐试样于锥形瓶中，称量的质量填入右表（亚铁离子容易被空气氧化，为了减少误差，要提高称量速度，尽量减少倾出样品的次数）。用量筒量取 15 mL 硫-磷混酸溶液与 50 mL 蒸馏水混合稀释后，加入锥形瓶内溶解试样［由于 $Fe(HPO_4)$ 的生成，亚铁离子易被氧化，所以加入硫-磷混酸溶液后应立即滴定］。最后加入 5～6 滴二苯胺磺酸钠指示剂。（注意：二苯胺磺酸钠指示剂若配制过久呈深绿色时不能继续使用；另外指示剂本身会消耗一定的 $K_2Cr_2O_7$ 标准溶液，所以不能多加。） (2)用 $K_2Cr_2O_7$ 标准溶液滴定至溶液由绿色突变为紫色（或紫蓝色）为终点，记录所消耗的 $K_2Cr_2O_7$ 溶液的体积，填入右表。 (3)重复以上两个步骤，平行滴定 3 次。 (4)将记录的实验数据代入下页的计算公式，计算亚铁盐中铁的含量。	2. (1)称量亚铁盐的质量 实验 ｜ 亚铁盐和瓶的质量/g ｜ 倾出部分亚铁盐后的质量/g 1 ________ ________ 2 ________ ________ 3 ________ ________ (2)滴定所消耗的 $K_2Cr_2O_7$ 的体积 实验 ｜ $V_{初}$/mL ｜ $V_{终}$/mL 1 ________ ________ 2 ________ ________ 3 ________ ________

六、结果与讨论

亚铁盐中铁含量测定的数据处理表

实验次数		1	2	3
$K_2Cr_2O_7$ 浓度/($mol \cdot L^{-1}$)				
亚铁盐质量 m/g				
$K_2Cr_2O_7$ 的体积 V/mL				
$w(Fe)/\%$	测定值			
	平均值			
	理论值			
平均偏差				
相对平均偏差				

计算公式：

$$c(K_2Cr_2O_7)=\frac{m(K_2Cr_2O_7)}{250\cdot M(K_2Cr_2O_7)}\times 1\,000$$

$$w(Fe)=\frac{6c(K_2Cr_2O_7)V(K_2Cr_2O_7)M(Fe)}{m}\times 100\%$$

七、思考题

1.铁样为什么要先溶于酸中，而不直接溶于蒸馏水中？

2.加入的磷酸起什么作用？

3.为什么可用直接法配制 $K_2Cr_2O_7$ 标准溶液？

日期：　　　　学生姓名：　　　　指导教师：　　　　实验成绩：

实验态度(10 分)			实验记录(30 分)			实验操作(30 分)			结论与思考题(30 分)		
差 0～3	良 4～7	优 8～10	差 0～15	良 16～25	优 26～30	差 0～15	良 16～25	优 26～30	差 0～15	良 16～25	优 26～30

【背景知识】

一、常用滴定分析仪器的使用和 $K_2Cr_2O_7$ 标准溶液的配制方法

(参考实验 17 中的内容)

二、试剂配制

①$K_2Cr_2O_7$：在 140～150℃下烘干 2 h，置于干燥器备用。

②硫-磷混酸溶液：将 150 mL 浓硫酸缓慢加入 700 mL 蒸馏水中，冷却后再加入 150 mL 浓磷酸，摇匀。

三、差减法称量药品操作

(参考实验 2 中的内容)

实验 22　硫代硫酸钠标准溶液配制和标定

一、实验目的

了解 $Na_2S_2O_3$ 标准溶液配制方法、原理和保存条件；熟悉 $Na_2S_2O_3$ 浓度标定的原理和方法；掌握直接碘量法和间接碘量法进行的操作和条件。

二、实验原理

结晶硫代硫酸钠($Na_2S_2O_3 \cdot 5H_2O$)一般都含有少量杂质，且在空气中不稳定，容易风化和潮解，故不能用直接法配制标准溶液，需要用间接法配制。标定 $Na_2S_2O_3$ 时用 $K_2Cr_2O_7$ 作为基准试剂来标定。

标定时，先用 $K_2Cr_2O_7$ 溶液在酸性条件下与过量的 KI 作用，析出与 $K_2Cr_2O_7$ 等物质量的 I_2，通过 $Na_2S_2O_3$ 溶液滴定生成的 I_2，其反应如下：

$$Cr_2O_7^{2-}+6I^-+14H^+=2Cr^{3+}+3I_2+7H_2O$$

析出的 I_2 再用标准 $Na_2S_2O_3$ 溶液滴定

$$I_2+2S_2O_3^{2-}= S_4O_6^{2-}+2I^-$$

最后根据 $K_2Cr_2O_7$ 溶液的用量和滴定时用去的 $Na_2S_2O_3$ 的体积，即可算出 $Na_2S_2O_3$ 溶液的准确浓度。

三、实验用品

1. 仪器

烧杯、容量瓶、分析天平、移液管、量筒、酸式滴定管、锥形瓶、碘量瓶。

2. 试剂

$Na_2S_2O_3 \cdot 5H_2O$、$K_2Cr_2O_7$、10％ KI 溶液、Na_2CO_3、1％淀粉溶液、3 $mol \cdot L^{-1}$ H_2SO_4 溶液。

四、实验内容

(1)0.1 $mol \cdot L^{-1}$ $Na_2S_2O_3$ 溶液的配制；(2)0.05 $mol \cdot L^{-1}$ $Na_2S_2O_3$ 溶液的标定。

五、实验步骤与记录

实验步骤	实验记录
1. 0.1 mol·L^{-1} $Na_2S_2O_3$ 溶液的配制 称取 25 g $Na_2S_2O_3\cdot 5H_2O$(s)于 500 mL 烧杯中，加入 300 mL 新煮沸并冷却的蒸馏水，待完全溶解后，再加入 0.2 g Na_2CO_3，然后用新煮沸并冷却的蒸馏水稀释至 1 L，贮存在棕色具塞的试剂瓶中，放在暗处置于 7～14 d 后标定。	1. $Na_2S_2O_3$ 近似浓度：________ $Na_2S_2O_3$ 需要提前 1～2 周配制的原因是：________
2. 0.1 mol·L^{-1} $Na_2S_2O_3$ 标准溶液的标定 准确称取已烘干的 $K_2Cr_2O_7$ 固体 1.25 g，置于 250 mL 的烧杯中，加入 100 mL 蒸馏水溶解，定量转移至 250 mL 容量瓶中，定容摇匀后备用。 准确移取 25.00 mL 上述溶液于 250 mL 碘量瓶中，加入 15 mL 10% KI 溶液和 3 mol·L^{-1} H_2SO_4 溶液 5 mL(此时溶液显深红色)，盖好塞子，在暗处停放 5 min，以防止 I_2 的挥发和 I^- 的氧化。然后用少量蒸馏水冲洗瓶塞，以减少 I_2 的损失，并将溶液稍加稀释，再用 0.1 mol·L^{-1} $Na_2S_2O_3$ 标准溶液滴定至溶液由红色变为浅黄色(应慢摇快滴)，加入 1%淀粉溶液 1 mL，此时溶液显深蓝色，继续用 $Na_2S_2O_3$ 标准溶液滴定至溶液的深蓝色退去，此时溶液转化为亮绿色，即为终点。平行滴定 3 次。	2. $Na_2S_2O_3$ 溶液标定 $K_2Cr_2O_7$ 固体质量：________ $K_2Cr_2O_7$ 溶液浓度：________ $Na_2S_2O_3$ 用量：________ 实验次数 / $Na_2S_2O_3$ 初始体积(mL) / $Na_2S_2O_3$ 终止体积(mL) 1　______　______ 2　______　______ 3　______　______ 为何要慢摇快滴？ ________ ________

六、结果与讨论

根据原始记录进行数据整理，计算 $Na_2S_2O_3$ 溶液的准确浓度及相对平均偏差，并对结果进行分析。见表 22-1。

表 22-1　标定 $Na_2S_2O_3$ 数据

		1	2	3
$K_2Cr_2O_7$ 用量/mL				
$K_2Cr_2O_7$ 浓度/(mol·L^{-1})				
$V(Na_2S_2O_3)$消耗量/mL				
$c(Na_2S_2O_3)$/(mol·L^{-1})	计算值			
	平均值			
平均偏差				
相对平均偏差				

$Na_2S_2O_3$ 和 $K_2Cr_2O_7$ 滴定结果可以根据下式计算：

$$c\left(\frac{1}{6}K_2Cr_2O_7\right)=\frac{m(K_2Cr_2O_7)}{M(K_2Cr_2O_7)\times V(K_2Cr_2O_7)}$$

$$c(Na_2S_2O_3)=\frac{c\left(\frac{1}{6}K_2Cr_2O_7\right)\times V(K_2Cr_2O_7)}{V(Na_2S_2O_3)}$$

七、思考题

1. 如何配制和保存浓度比较稳定的 $Na_2S_2O_3$ 标准溶液？

2. 用作基准物质标定 $Na_2S_2O_3$ 标准溶液，为什么还要加入过量的 KI 和 H_2SO_4 溶液？KI 的量是否要求很准确？为什么要放置一段时间后才加水稀释？如果：①加入 KI 而不加入 H_2SO_4 溶液；②加酸后不放置在暗处；③不放置或少放置一段时间即加水稀释，分别对分析结果产生什么样的影响？

3. 为什么用 I_2 滴定 $Na_2S_2O_3$ 应预先加入淀粉指示剂？而用 $Na_2S_2O_3$ 溶液滴定 I_2 溶液时必须在接近终点之前再加入？

日期：　　　　学生姓名：　　　　指导教师：　　　　实验成绩：

实验态度(10 分)			实验记录(30 分)			实验操作(30 分)			结论与思考题(30 分)		
差 0～3	良 4～7	优 8～10	差 0～15	良 16～25	优 26～30	差 0～15	良 16～25	优 26～30	差 0～15	良 16～25	优 26～30

【背景知识】

一、硫代硫酸钠的特性

碘法用的标准溶液主要有硫代硫酸钠和碘标准溶液两种。用升华法可制得纯粹的 I_2，纯 I_2 可用作基准物，用纯 I_2 可按直接法配制标准溶液。如用普通的 I_2 配标准溶液，则应先配成近似浓度，然后再标定。

I_2 微溶于水而易溶于 KI 溶液，但在稀的 KI 溶液中溶解得很慢，所以配制 I_2 溶液时不能过早加水稀释，应先将 I_2 与 KI 混合，用少量水充分研磨，溶解完全后再稀释。I_2 与 KI 间存在如下平衡：

$$I_2 + I^- = I_3^-$$

游离 I_2 容易挥发损失，这是影响碘溶液稳定性的原因之一。因此溶液中应维持适当过量的 I^-，以减少 I_2 的挥发。

空气能氧化 I^-，引起 I_2 浓度增加：

$$4I^- + O_2 + 4H^+ = 2I_2 + 2H_2O$$

此氧化作用缓慢，但能为光、热及酸的作用而加速，因此 I_2 溶液应贮于棕色瓶中置冷暗处保存。I_2 能缓慢腐蚀橡胶和其他有机物，所以 I_2 溶液应避免与这类物质接触。

标定 I_2 溶液浓度的最好方法是用三氧化二砷 As_2O_3（俗名砒霜，剧毒！）作基准物。As_2O_3 难溶于水，易溶于碱性溶液中生成亚砷酸盐：

$$As_2O_3 + 2OH^- = 2AsO_2^- + H_2O$$

亚砷酸盐与 I_2 的反应是可逆的：

$$AsO_2^- + I_2 + 2H_2O = AsO_4^{3-} + 2I^- + 4H^+$$

随着滴定反应的进行，溶液酸度增加，反应将反方向进行，即 AsO_4^{3-} 将氧化 I^-，使滴定反应不能完全。但是又不能在强碱溶液中进行滴定，因此一般在酸性溶液中加入过量 $NaHCO_3$，使溶液的 pH 保持在 8 左右，所以实际上滴定反应是：

$$I_2 + AsO_3^{3-} + 2HCO_3^- = 2I^- + AsO_4^{3-} + 2CO_2 + H_2O$$

I_2 溶液的浓度，也可用 $Na_2S_2O_3$ 标准溶液来标定。

硫代硫酸钠（$Na_2S_2O_3 \cdot 5H_2O$）一般都含有少量杂质，如 S、Na_2SO_3、Na_2SO_4、Na_2CO_3 及 NaCl 等，同时还容易风化和潮解，因此不能直接配制准确浓度的溶液。

$Na_2S_2O_3$ 溶液易受空气和微生物等的作用而分解：

（1）溶解的 CO_2 的作用

$Na_2S_2O_3$ 在中性或碱性溶液中较稳定，当 pH<4.6 时即不稳定。溶液中含有 CO_2 时，它会促进 $Na_2S_2O_3$ 分解：

$$Na_2S_2O_3 + H_2CO_3 = NaHSO_3 + NaHCO_3 + S\downarrow$$

此分解作用一般发生在溶液配成后的最初 10 d 内。分解后一分子 $Na_2S_2O_3$ 变成了一分

子 $NaHSO_3$，一分子 $Na_2S_2O_3$ 只能和一个碘原子作用，而一分子 $NaHSO_3$ 却能和两个碘原子作用，因此从反应能力看溶液的浓度增加了。以后由于空气的氧化作用，浓度又慢慢减小。

在 pH＝9～10 时，硫代硫酸盐溶液最为稳定，所以要在 $Na_2S_2O_3$ 溶液中加入少量 $NaHCO_3$。

(2)空气的氧化作用

$$2Na_2S_2O_3+O_2=2Na_2SO_4+2S\downarrow$$

(3)微生物的作用

这是使 $Na_2S_2O_3$ 分解的主要原因；为了避免微生物的分解作用，可加入少量 HgI_2 (10 mg・dm^{-3})。

为了减少溶解在水中的 CO_2 和杀死水中微生物，应用新煮沸后冷却的蒸馏水配制溶液并加入少量 Na_2CO_3(浓度约为 0.02%)，以防止 $Na_2S_2O_3$ 分解。

日光能促进 $Na_2S_2O_3$ 溶液分解，所以 $Na_2S_2O_3$ 溶液应贮于棕色瓶中，放置暗处，经 8～14 d 再标定。长期使用的溶液应定期标定。若保存得好，可每 2 个月标定 1 次。

通常用 $K_2Cr_2O_7$ 作基准物标定 $Na_2S_2O_3$ 溶液的浓度。$K_2Cr_2O_7$ 先与 KI 反应析出 I_2：

$$Cr_2O_7^{2-}+6I^-+14H^+=2Cr^{3+}+3I_2\downarrow+7H_2O$$

析出的 I_2 再用标准 $Na_2S_2O_3$ 溶液滴定：

$$I_2+2S_2O_3^{2-}=S_4O_6^{2-}+2I^-$$

该标定方法是间接碘法的应用。

I_2 和 $Na_2S_2O_3$ 溶液的标定都用淀粉作为指示剂。

二、注意事项

①加入 $NaHCO_3$ 溶液时，应用小表面皿盖住瓶口，缓慢加入，以免产生大量气泡而引起液体飞溅，反应完毕，洗去表面皿上的附着物。

②I_2 能够与橡胶发生反应，因此，I_2 不能装在碱式滴定管中。

③淀粉指示剂如果加入过早，大量的 I_2 与淀粉形成蓝色的包合物，这部分 I_2 不与 $Na_2S_2O_3$ 溶液发生反应，致使误差增加。

④滴定时不可超过终点，因为过量的 $Na_2S_2O_3$ 在酸性溶液中会分解，无法进行返滴定。也可用 I_2 标准溶液滴定预先加有淀粉指示剂的一定量的 $Na_2S_2O_3$ 溶液。

⑤$K_2Cr_2O_7$ 与 KI 的反应较慢，在稀溶液中反应更慢，因此应等到反应完全后再加水稀释，一般 5 min 即可。

⑥生成的 Cr^{3+} 显蓝绿色，妨碍终点的观察，滴定前预先稀释，可使该离子的浓度降低，蓝绿色变浅，终点时溶液由蓝色变为绿色，易于观察。同时稀释也使得溶液的酸度降低，适于用 $Na_2S_2O_3$ 溶液标定 I_2，冲洗和稀释共用蒸馏水 30 mL 左右。

⑦滴定至终点的溶液放置后会变为蓝色，如果不是很快变蓝(经过 5～10 min)，主要是由于空气氧化所致，如果很快而且不断变蓝，说明反应进行得不完全，溶液稀释太早，应当重新做实验。

实验 23　胆矾中铜含量测定

一、实验目的

熟悉间接碘量法测定胆矾中铜含量的原理和方法;熟悉滴定分析操作中的掩蔽技术。

二、实验原理

胆矾($CuSO_4 \cdot 5H_2O$)中的铜含量常用间接碘量法测定,Cu^{2+} 与过量 I^- 发生如下反应:

$$2Cu^{2+} + 4I^- = 2CuI\downarrow + I_2$$

$$I_2 + I = I_3^-$$

生成的 I_2 用 $Na_2S_2O_3$ 标准溶液滴定,以淀粉为指示剂,滴定至溶液的蓝色刚好消失即为终点,由此计算出样品中铜的含量。

$$I_2 + 2S_2O_3^{2-} = 2I^- + S_4O_6^{2-}$$

由于 CuI 沉淀强烈吸附 I_3^-,致使分析结果偏低,为了减少 CuI 沉淀对 I_3^- 的吸附,可在大部分 I_2 被 $Na_2S_2O_3$ 溶液滴定后,再加入 KSCN,使 CuI ($K_{sp} = 5.06 \times 10^{-12}$)转化为溶解度更小的 CuSCN($K_{sp} = 4.8 \times 10^{-15}$):

$$CuI + SCN^- = CuSCN\downarrow + I^-$$

CuSCN 对 I_3^- 的吸附较小,因而可提高测定结果的准确度。KSCN 只能在接近终点时加入,否则 SCN^- 可能直接还原 Cu^{2+} 而使结果偏低:

$$6Cu^{2+} + 7SCN^- + 4H_2O = 6CuSCN\downarrow + SO_4^{2-} + HCN + 7H^+$$

为了防止 Cu^{2+} 的水解及满足碘量法的要求,反应必须在微酸性介质中进行(pH＝3～4)。酸度过低,Cu^{2+} 氧化 I^- 不完全,测定结果偏低,而且反应速度慢,终点拖长;酸度过高,则 I^- 被空气中的 O_2 氧化为 I_2 的反应为 Cu^{2+} 所催化,使结果偏高,因此溶液的酸度最好控制在 pH 为 3～4 之间。控制溶液的酸度常用 H_2SO_4 或 HAc,而不用 HCl(少量的盐酸不干扰),因 Cu^{2+} 易与 Cl^- 生成 $CuCl_4^{2-}$ 配离子不利于测定。

合金中或矿石中的 Cu^{2+} 也可以用间接碘量法测定。但必须设法防止其他物质如 Fe^{3+}、NO_3^- 等的干扰。防止的方法一般是向溶液中加掩蔽剂。

若试样中含有 Fe^{3+},对测定有干扰,因发生反应:

$$2Fe^{3+} + 2I^- = 2Fe^{2+} + I_2$$

使结果偏高,可加入 NaF 或 NH_4F,将 Fe^{3+} 掩蔽为 FeF_6^{3-}。

若试样中含有 As(V)、Sb(V)等,应将 pH 调节到 4.0,以防止它们将 I^- 氧化。

三、实验用品

1. 仪器

碱式滴定管、锥形瓶、量筒(10 mL,50 mL)。

2. 试剂

0.100 0 mol·L^{-1} $Na_2S_2O_3$、10% KI、1% 淀粉溶液、3 mol·L^{-1} H_2SO_4、NaF 饱和溶液、10% KSCN、胆矾。

四、实验内容

(1)$Na_2S_2O_3$ 标准溶液的标定;(2)胆矾中铜含量测定。

五、实验步骤与记录

<table>
<tr><th>实验步骤</th><th>实验记录</th></tr>
<tr><td>1. $Na_2S_2O_3$ 标准溶液的标定
用实验 22 配制和标定的 $Na_2S_2O_3$ 溶液进行胆矾中铜含量的测定。</td><td>1. $Na_2S_2O_3$ 标准溶液标定
$Na_2S_2O_3$ 标准溶液浓度:______</td></tr>
<tr><td>2. 胆矾中铜含量测定
准确称取胆矾试样 0.5～0.6 g 于 250 mL 的锥形瓶中,加入 3 mol·L^{-1} H_2SO_4 溶液 3 mL、蒸馏水 50 mL;样品溶解后,加入 NaF 饱和溶液 10 mL 和 10% KI 溶液 10 mL,摇匀后,立即用 $Na_2S_2O_3$ 标准溶液滴定到溶液呈浅黄色;然后加入 1% 淀粉溶液 1 mL(此时溶液呈现深蓝色),继续滴定到溶液显浅蓝色;再加入 10% KSCN 5 mL(可否用 NH_4SCN 代替?)溶液,摇匀后溶液的蓝色加深;再继续滴定到蓝色刚好消失,此时溶液为米色 CuSCN 悬浮液。记录滴定时用去的 $Na_2S_2O_3$ 溶液的体积,计算胆矾中铜的含量。平行滴定 3 次。</td><td>2. 胆矾的称量实验
实验次数 | 胆矾和瓶的质量/g | 倾出部分胆矾后的质量/g
1 ______ ______
2 ______ ______
3 ______ ______
实验次数 | $Na_2S_2O_3$ 初始读数/mL | $Na_2S_2O_3$ 末读数/mL
1 ______ ______
2 ______ ______
3 ______ ______</td></tr>
</table>

六、结果与讨论

根据原始记录进行数据处理,计算胆矾中铜的含量和相对平均偏差。

<table>
<tr><td colspan="2">胆矾中铜含量测定数据</td><td>1</td><td>2</td><td>3</td></tr>
<tr><td colspan="2">$c(Na_2S_2O_3)/(mol·L^{-1})$</td><td colspan="3"></td></tr>
<tr><td colspan="2">$V(Na_2S_2O_3)$净耗量/mL</td><td></td><td></td><td></td></tr>
<tr><td colspan="2">胆矾质量/g</td><td></td><td></td><td></td></tr>
<tr><td rowspan="2">Cu 含量</td><td>计算值</td><td></td><td></td><td></td></tr>
<tr><td>平均值</td><td colspan="3"></td></tr>
<tr><td colspan="2">平均偏差</td><td colspan="3"></td></tr>
<tr><td colspan="2">相对平均偏差</td><td colspan="3"></td></tr>
</table>

Cu 含量可以按照下式计算：$w(Cu)=\frac{c(Na_2S_2O_3)\times V(Na_2S_2O_3)\times M(Cu)}{m}$

七、思考题

1. 用碘量法测定铜含量时，为什么要加入 KSCN 溶液？如果在酸化后立即加入该溶液，会产生什么影响？

2. 已知 $\varphi(Cu^{2+}/Cu^{+})=0.158$ V，$\varphi(I_2/I^-)=0.54$ V，为什么本实验中 Cu^{2+} 能够将 I^- 氧化为 I_2？

3. 用碘量法进行滴定时，酸度和温度对反应有什么影响？

4. 如果分析矿石或合金中的铜，应当如何消除 Fe^{3+} 和 NO_3^- 的干扰？

5. 有哪些因素会影响碘量法滴定的准确度，应当如何避免？

日期：　　　　学生姓名：　　　　指导教师：　　　　实验成绩：

实验态度(10 分)			实验记录(30 分)			实验操作(30 分)			结论与思考题(30 分)		
差 0～3	良 4～7	优 8～10	差 0～15	良 16～25	优 26～30	差 0～15	良 16～25	优 26～30	差 0～15	良 16～25	优 26～30

实验24　乙酸乙酯的合成

一、实验目的

掌握酯化反应的基本原理；掌握制备乙酸乙酯、分液以及液体干燥的基本操作。

二、实验原理

酯化反应是羧酸和醇在酸催化下生成羧酸酯的反应。

$$CH_3COOH + CH_3CH_2OH \xrightleftharpoons[110\sim125℃]{H_2SO_4} CH_3COOCH_2CH_3 + H_2O$$

副反应：

$$2CH_3CH_2OH \xrightleftharpoons[140\sim150℃]{H_2SO_4} CH_3CH_2OCH_2CH_3 + H_2O$$

酯化反应是可逆反应，为使反应正向进行，通常增加酸或醇的比例，并使产物从反应体系中分出。至于采用哪种原料过量，则取决于某原料是否易得和操作是否方便等因素。本实验采用乙醇过量的办法，并利用产物中酯和水形成较低沸点（70.4℃）的恒沸物（组成为91.9%酯、8.1%水），在产物生成后立即蒸出使反应得以完成。

三、实验用品

1. 仪器

电热套、三口烧瓶、蒸馏头、温度计、滴液漏斗、直形冷凝管、接液管、锥形瓶、分液漏斗、量筒。

2. 试剂

95% 乙醇、饱和食盐水、无水硫酸钠、乙酸、饱和碳酸钠、饱和氯化钙、浓硫酸。

四、实验内容

（1）乙酸乙酯的合成；（2）粗乙酸乙酯的分离纯化。

五、实验步骤与记录

实验步骤	实验记录
1. 仪器的安装 将三颈瓶的两侧口分别放上滴液漏斗和温度计，中间口放上蒸馏头，连接蒸馏装置。滴液漏斗和温度计的水银球浸入液面以下，距瓶底0.5～1 cm。	1. 该反应装置的特点：________________ ________________ 2. 乙酸用量：________________

续表

实验步骤	实验记录
2. 乙酸乙酯的合成 向三颈瓶中加入 12 mL 95% 乙醇和 12 mL 浓硫酸，摇匀，加上几粒沸石。将 12 mL 95%乙醇和 12 mL 乙酸(12.6 g，0.21 mol)的混合液从滴液漏斗滴入 3～4 mL，加热体系使瓶内温度升到 115℃左右，此时应有液体蒸出。保持温度 110～120℃，滴加余下的混合液，使滴加速度与流出速度大致相等。加毕，继续加热数分钟，待温度升至 130℃时，停止加热。	乙醇用量： 硫酸用量： 反应瓶中现象： 原因： 第一滴馏出液出现时的反应瓶和蒸气温度： 时间/min： 反应液温度/℃： 蒸气温度/℃： 反应瓶中最高温度： 蒸气最高温度： 滴加速度： 蒸馏速度：
3. 粗乙酸乙酯的洗涤与干燥 馏出液中含有乙酸乙酯及少量乙醇、乙醚、水和醋酸。向馏出液中慢慢加入饱和碳酸钠溶液，使至中性(用 pH 试纸检验)。转入分液漏斗，充分振摇并注意放气。静置分层，分出水相。酯层用 10 mL 饱和食盐水及饱和氯化钙溶液依次洗涤。将酯层自漏斗上口倒入干燥的锥形瓶，用无水硫酸钠干燥(0.5～1 h)，得粗品。	3. 饱和碳酸钠作用： 饱和氯化钠作用： 饱和氯化钙作用： 粗品外观： 粗品质量：
4. 蒸馏 将干燥后的粗乙酸乙酯滤入干燥的 25 mL 圆底烧瓶中，加入沸石，进行蒸馏，收集 73～78℃的馏分。	4. 馏分沸程： 馏分体积： 馏分质量：
5. 称重，计算产率	

六、结果与讨论

产品物理性质	实际质量/g	理论质量/g	收率/%

本实验成败的关键：

绘制乙酸乙酯合成装置图，标注仪器名称；用框图表示实验流程。

七、思考题

1. 酯化反应有什么特点？本实验如何使酯化反应向生成酯的方向进行？

2. 滴液漏斗和分液漏斗的区别是什么？各有什么用途？本实验中滴液漏斗未进入液面以下，会有什么影响？若滴加速度太快会有什么影响？

3. 本实验中用饱和食盐水洗涤的作用是什么？如果不经这一步洗涤过程，操作中会遇到什么问题？

日期：　　　　学生姓名：　　　　指导教师：　　　　实验成绩：

实验态度(10 分)			实验记录(30 分)			实验操作(30 分)			结论与思考题(30 分)		
差 0～3	良 4～7	优 8～10	差 0～15	良 16～25	优 26～30	差 0～15	良 16～25	优 26～30	差 0～15	良 16～25	优 26～30

【背景知识】

一、萃取和分液

1. 萃取和分液的概念

萃取和分液是化学实验中常用的分离、提取、纯化操作之一，包括从溶液中提取的液-液萃取和从固体中提取的液-固萃取。当某种化合物处于由两种不相溶或微溶的溶剂组成的混合物中时，其在不同的溶剂中溶解度不同或分配在不同的溶剂中的比例不同，从而使该化合物从一种溶剂转移到另一种溶剂，进而与杂质分离。在该操作过程中若目的是提取到我们要的物质，则称为萃取(此种萃取为物理萃取)。分液是把两种互不相溶的液体分离开来的操作。分液操作跟萃取的分液一样，但加入分液漏斗的液体量最多可达分液漏斗容量的 2/3。若目的是除去杂质，则称为洗涤，即萃取和洗涤操作相同，只是目的不同。

在一定温度、压力下，一种物质在两种互不相溶的溶剂中的分配浓度之比是一常数，此即分配定律。依据分配定律可得：

$$W_n = W_0[KV/(KV+S)]^n$$

其中：W_n 为经过 n 次萃取后溶质在溶剂 A 中的剩余量(g)；W_0 为被萃取溶液中溶质的总含量(g)；V 为被萃取溶液的体积(mL)；S 为萃取时所用溶剂 B 的体积(mL)；K 为分配系数。

由于 $KV/(KV+S)$ 总小于 1，所以 n 越大，W_n 越小，萃取效果越好。但是，当 n 大于 5 时，n 和 S 的影响几乎抵消，再增加萃取次数，萃取效果变化不大。故一般萃取 3～5 次即可。此外，萃取效率还与萃取用的溶剂的性质有关，萃取用的溶剂要纯度高、沸点低、毒性小。一般来说，难溶于水的物质用石油醚等萃取；较易溶者，用苯或乙醚萃取；易溶于水的物质用乙酸乙酯等萃取。

当萃取剂与被萃取物质发生化学反应时，少量杂质被除去或者反应产物进入另一种溶剂中进而达到分离的目的，此即化学萃取，比如碱性的萃取剂可以从有机相中移出有机酸，或从溶于有机溶剂的有机化合物中除去酸性杂质(使酸性杂质形成盐溶于水中)；将浓硫酸用于从饱和烃中除去不饱和烃，从卤代烷中除去醇及醚等。

2. 萃取和分液的操作

通常用分液漏斗进行萃取操作，操作时应选用比溶液体积大 2 倍的分液漏斗。分液漏斗的使用方法如下：

①把分液漏斗的活塞擦干，在活塞上均匀涂上一层润滑脂(切勿涂得太厚或使润滑脂进入活塞孔中，以免污染萃取液)塞好后再把活塞旋转几圈，使润滑脂均匀分布，看上去透明即可。

②检查分液漏斗的顶塞与活塞处是否渗漏(用水检验)，确认不漏水时方可使用，将其放置在合适的并固定在铁架上的铁圈中，关好活塞。

③将待萃取物和溶剂倒入分液漏斗中，塞紧顶塞，总量不要超过漏斗容积的 1/2。

④取下分液漏斗，用右手手掌顶住漏斗顶塞并握住漏斗颈，左手握住漏斗活塞处，大拇指压紧活塞，把分液漏斗口略朝上倾斜并左右振荡，如图 24-1 所示，振荡后，使漏斗口仍保持原倾斜状态，下部支管口指向无人处，左手仍握在活塞支管处，用拇指和食指打开活塞，放出漏斗内气体，使内外压力平衡，即“放气”。如此重复至放气时只有很小压力后，将分液漏斗上口朝上竖立，然后再将漏斗放回铁圈中静置。

⑤静置后，当液体分成清晰的两层时分离液层。先打开顶塞，以便与大气相通。然后旋开

活塞，使下层液体慢慢流入接受瓶，当下层液体恰好流尽时，迅速关上活塞。从漏斗口倒出上层液体。

操作时注意应打开顶塞，才能打开活塞进行分离；上层液体不能从下部支管口放出；分液漏斗若与碱性物质接触，萃取结束后必须洗净；若不清楚上下两层液体哪层液体是有机层，最好都保留，待确定后再弃去。一般根据密度来确定。但有时会发生变化(特别是水层为高浓度的盐溶液时)，给辨认带来困难，此时可任取一层的少量液体，置于试管中，并滴加少量水，若分为两层，说明该液体为有机层，反之为水层。

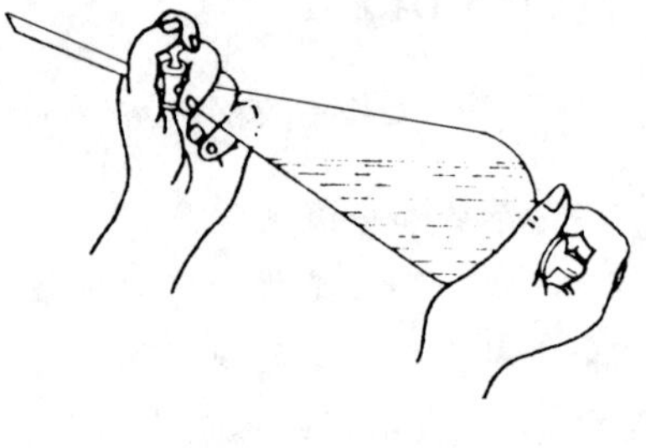

图 24-1 分液漏斗的振荡方法

二、酯化反应基本知识

酯由于其特殊的果香味，广泛用作香料、化妆品、食品添加剂等。羧酸与醇直接酯化法是工业生产上制备羧酸酯的主要方法。为了加快反应速度，酯化反应大多使用催化剂，浓硫酸是最常用的催化剂品种。尽管硫酸具有理想的催化活性，但却存在一些难以克服的问题。其主要缺点是：①因硫酸同时具有酯化、脱水、氧化等作用，选择性不好，导致一系列副反应，使反应体系中常伴有少量副产物醚、不饱和化合物、硫酸酯、羰基化合物等，并导致酯产品着色，影响质量，也给产品的分离精制和过量原料的回收带来困难。②反应物料的后处理要经过中和、水洗等步骤，才能除去硫酸，不但工艺路线长，而且还造成产品损失，影响收率。③硫酸是氧化性酸，对反应设备腐蚀严重，增加生产成本。④排放含酸废水，造成环境污染。鉴于此，人们对新型催化剂的研究一直方兴未艾，已有较多的代替浓硫酸催化剂的研究报道。例如：无机盐、金属氧化物、固体超强酸、阳离子交换树脂、超强酸树脂、沸石分子筛、固体杂多酸等。此外，一些新型酯的合成方法也相继出现，如相转移催化剂法、离子液体法、微波辐射法、超声催化法等。

醇和酸的结构对反应速度有影响，如醇的活性是：伯醇＞仲醇＞叔醇，酸的活性是 $RCH_2COOH > R_2CHCOOH > R_3CCOOH$。

乙酸乙酯为无色液体，密度为 $\rho_{20} = 0.9005\ g \cdot mL^{-1}$，折射率 $n_D^{20} = 1.3723$，沸点 77.1℃。易燃，微溶于水，溶于乙醇、乙醚、氯仿等有机溶剂。其蒸气与空气形成爆炸性混合物，爆炸极限为 2.2%～11.2%(体积分数)。

三、酯化反应中共沸物的生成

在本实验中，乙酸乙酯与水或乙醇分别生成二元或三元共沸混合物，当三者共存则可形成三元共沸物，因此酯层中的乙醇不分离或干燥不够时，由于形成低沸点的共沸物，从而影响到酯的收率。三种化合物形成共沸物的组成见表 24-1：

表 24-1 乙酸乙酯合成实验中形成共沸物的组成

沸点/℃	组成/%		
	$CH_3COOC_2H_5$	C_2H_5OH	H_2O
70.2	82.6	8.4	9.0
70.4	91.9	—	8.1
71.8	69.0	31.0	—

四、液体试剂的干燥

干燥剂是指能除去潮湿物质(固体、液体)中水分的物质。干燥剂有化学干燥剂和物理干燥剂 2 种(表 24-2),化学干燥剂是一类能吸去水分而常伴有化学反应的物质(如石灰、五氧化二磷等),物理干燥剂是一类能吸附水或与水形成共沸混合物,而不伴有化学反应的物质(如用硅胶除空气中水分,用苯除去酒精中的水分)。通过将液体与干燥剂放在一起,并不时地振荡而使液体得到干燥。对于含有大量水分的液体,干燥宜分几次进行。每隔一定时间倾出液体,用新干燥剂调换已失效的干燥剂,直至再没有明显数量的水被吸收为止。显然,采用干燥剂脱水的方法进行液体的干燥处理,液体有明显的被干燥剂吸附的损耗,所以投放干燥剂的量要恰当,以干燥脱水达到标准为宜,不宜过多地投放,使损失减少到最低的程度。

表 24-2　常用的干燥剂、使用范围及特点

干燥剂	酸碱性	与水作用产物	适用范围	不宜使用的场合	备注
P_2O_5	酸性	HPO_3 $H_4P_2O_7$ H_3PO_4	中性及酸性气体、乙炔、二硫化碳、烃、卤代烃、有机酸溶液	碱性物质、醇、乙醚、酮、易聚合物质、HF、HCl	吸湿性很强,用于干燥气体时需与载体相混合。建议干燥时先预干燥,干燥后溶液可蒸馏与干燥剂分开
H_2SO_4	酸性	H_3O^+ HSO_4^-	饱和烃、卤代烃、中性与酸性气体	不饱和化合物、醇、酚、酮、碱性物质、H_2S、HI	不适用于高温下的真空干燥,脱水效率较高
碱石灰 或 CaO · BaO	碱性	$Ba(OH)_2$ 或 $Ca(OH)_2$	胺、醇、乙醚、中性及碱性气体	醛、酮、酸性物质等对碱敏感的化合物	特别适宜于干燥气体。作用慢,但效率高。干燥后,可将溶液蒸馏而与干燥剂分开
KOH 或 NaOH	碱性	溶液	烃、乙醚、胺、氨(用于干燥器中)	醛、酮、酸	吸湿性强,快速而有效
K_2CO_3	碱性	$K_2CO_3 \cdot 1.5H_2O$ $K_2CO_3 \cdot 2H_2O$	丙酮、胺、酯、腈等	脂肪酸及酸性有机物	有吸湿性,但脱水量及效率一般
Na	碱性	$H_2 + NaOH$	烃、醚、叔胺	氯代烃、醇、酯、胺	效率高,作用慢。要预干燥后,再用钠干燥
$CaCl_2$	中性	$CaCl_2 \cdot H_2O$ $CaCl_2 \cdot 2H_2O$ $CaCl_2 \cdot 6H_2O$	烃、烯烃、丙酮、醚、烷基卤代物、中性气体、HCl	醇、胺、酚、酸、氨($CaCl_2 \cdot 6H_2O$ 在 30℃以上失水)	价廉,含有碱性杂质脱水量大,作用快,效率不高。良好的初步干燥剂
$NaSO_4$	中性	$Na_2SO_4 \cdot 7H_2O$ $Na_2SO_4 \cdot 10H_2O$	卤代烃、醇、醛、酯、酸、酚等各类有机物的干燥	$Na_2SO_4 \cdot 10H_2O$ 在 33℃以上失水	价格便宜,脱水量大,作用慢,效率低,为良好的初步脱水剂
$MgSO_4$	中性	$MgSO_4 \cdot H_2O$ $MgSO_4 \cdot 7H_2O$	卤代烃、醇、醛、酯、硝基化合物、酸、酚等 $CaCl_2$ 不能干燥的物质	$MgSO_4 \cdot 7H_2O$ 在 48℃以上失水	比 Na_2SO_4 作用快,效率高,是一个良好的干燥剂

续表 24-2

干燥剂	酸碱性	与水作用产物	适用范围	不宜使用的场合	备注
$CaSO_4$	中性	$CaSO_4 \cdot H_2O$ $CaSO_4 \cdot 2H_2O$	适用范围广泛，适用于各类有机物的干燥		常与硫酸镁配合，作最后干燥用。干燥速度快，干燥效率中等
$CuSO_4$	中性	$CuSO_4 \cdot H_2O$ $CuSO_4 \cdot 3H_2O$ $CuSO_4 \cdot 5H_2O$	乙醇、乙醚等	甲醇	比 $MgSO_4$、Na_2SO_4 效率高，但价格贵
硅胶	中性	牢固吸附水分	用于干燥器中，也可用于液体脱水		吸水量可达 40%，经烘干后可反复使用
分子筛 0.3 nm 或 0.4 nm	中性	牢固吸附水分	适用于各类有机物的干燥和许多气体的干燥		快速、高效。需将液体初步干燥后使用

实验 25　乙酰苯胺的合成

一、实验目的

掌握苯胺乙酰化原理；熟悉分馏和重结晶的操作技术；巩固测定熔点的方法和意义。

二、实验原理

$C_6H_5NH_2$ 与酰基化试剂如冰醋酸，$(CH_3CO)_2O$，CH_3COCl 等作用可制得乙酰苯胺。其中 $C_6H_5NH_2$ 与 CH_3COCl 反应最快，$(CH_3CO)_2O$ 次之，冰醋酸最慢。但用冰醋酸作乙酰化试剂价格便宜，操作方便。本实验是用冰醋酸作乙酰化试剂。反应方程式：

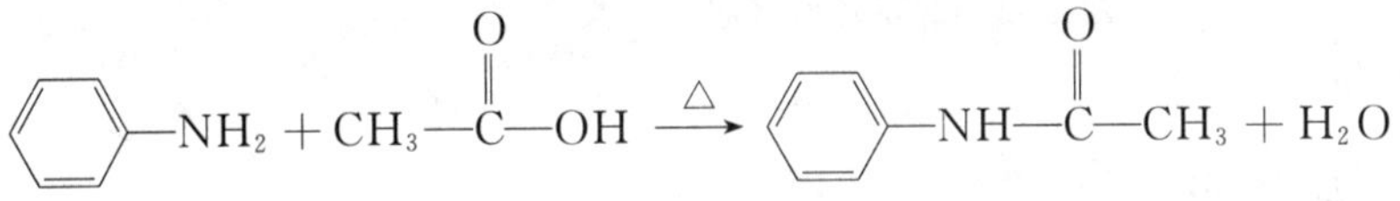

三、实验用品

1. 仪器

圆底烧瓶、韦氏分馏柱、锥形瓶、温度计、熔点管、抽滤瓶、布氏漏斗、量筒、热水漏斗、玻璃管、接液管、烧杯、表面皿、b 形管。

2. 试剂及其他

$C_6H_5NH_2$、冰醋酸、Zn 粉、活性炭、滤纸。

四、实验内容

(1)仪器安装；(2)分馏合成；(3)重结晶提纯；(4)熔点测定。

制备乙酰苯胺的装置见图 25-1。

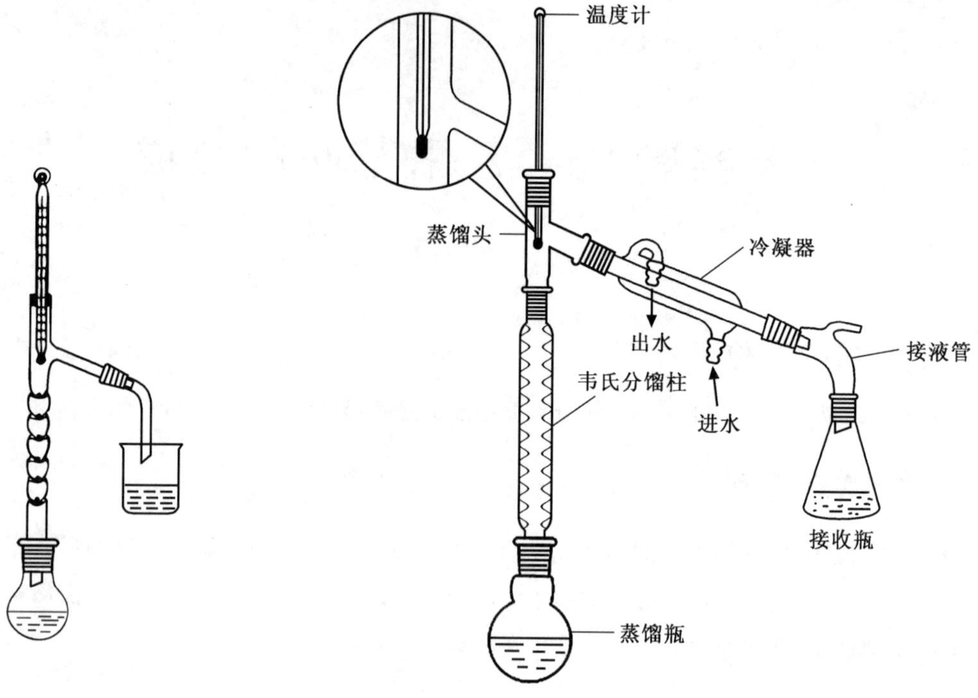

图 25-1　制备乙酰苯胺的装置

五、实验步骤与记录

实验步骤	实验记录
1. 仪器安装 在 100 mL 圆底烧瓶中，放入新蒸馏的 $C_6H_5NH_2$[1] 10 mL（约 10.2 g，0.11 mol），冰醋酸 15 mL（约 15.6 g，0.26 mol）及少许 Zn 粉[2]（约 0.1 g）。 装上一支短的韦氏分馏柱[3]，柱顶插一支 150℃温度计，柱的支管接一接液管，用一小烧杯或锥形瓶收集蒸馏出的 H_2O 和 HAc。装置如图 25-1 所示。	仪器的安装原则：______ ______ 仪器的安装顺序：______ ______
2. 分馏合成 用小火隔石棉网（电热套）加热烧瓶至沸，控制火焰，维持柱顶温度在 105℃[4]左右约 1 h。当温度下降或瓶内出现白雾时表示反应基本完成[5]，停止加热。在搅拌下，将反应物趁热[6]慢慢倒入盛有 150 mL 冷水的烧杯中，冷却至室温。待粗乙酰苯胺完全析出时，用布氏漏斗减压抽滤，再用 5～10 mL 冷水洗涤，以除去残留的酸液，抽干。	苯胺体积：______ 冰醋酸体积：______ 合成：______ 开始加热时间：______ 停止加热时间：______
3. 重结晶提纯 将此粗乙酰苯胺转入盛有 150 mL 热水[7]的烧杯中，加热至沸，使之溶解，如仍有未溶解的油珠[8]，可补加热水，直到油珠全部溶解为止。如溶液有颜色，移去热源，稍冷后加入约 0.4 g 活性炭，在搅拌下加热煮沸几分钟，趁热用热水漏斗过滤。	合成时间：______ 第一滴馏出液出现时的蒸气温度： ______

续表

<table>
<tr><th>实 验 步 骤</th><th>实 验 记 录</th></tr>
<tr><td>4.熔点测定
将滤液冷至室温，待析出无色片状乙酰苯胺结晶，抽滤。产品放在干净的表面皿中晾干或在 100℃ 以下的烘箱中烘干，称量，计算产率，测定熔点。
纯乙酰苯胺为无色片状晶体，熔点为 114.3℃。</td><td>蒸馏液温度变化情况：<table><tr><th>时间</th><th>蒸气温度</th></tr><tr><td></td><td></td></tr><tr><td></td><td></td></tr><tr><td></td><td></td></tr><tr><td></td><td></td></tr><tr><td></td><td></td></tr><tr><td></td><td></td></tr></table>实测熔点：________</td></tr>
</table>

注：[1]～[8]见附录。

六、结果和讨论

绘制分馏合成仪器装置图并标注仪器名称。

产品颜色	产品产量	理论产量	收 率	产品熔点

七、思考题

1. 实验中采用了哪些措施来提高乙酰苯胺的产率？

2. 根据理论计算，反应完成时应产生几毫升 H_2O？为什么实际收集的液体要比理论量多？

3. 用流程图表示实验过程(含重结晶步骤)：

日期： **学生姓名：** **指导教师：** **实验成绩：**

实验态度(10 分)			实验记录(30 分)			实验操作(30 分)			结论与思考题(30 分)		
差 0～3	良 4～7	优 8～10	差 0～15	良 16～25	优 26～30	差 0～15	良 16～25	优 26～30	差 0～15	良 16～25	优 26～30

【背景知识】

一、分馏

分馏是采用分馏柱达到分离和提纯目的的方法。这种技术可以有效地分离沸点差别不大的液体混合物，但不能分离共沸混合物。

1. 实验原理

分馏是利用分馏柱将多次汽化-冷凝过程在一次操作中完成的方法。混合液受热沸腾后，当混合蒸气沿分馏柱上升时，由于柱外空气的冷却作用，部分蒸气被冷凝；冷凝液在下降途中与上升的蒸气接触，二者进行热交换，蒸气中高沸点组分被冷凝，低沸点组分仍呈蒸气上升；而冷凝液中低沸点组分受热汽化，高沸点组分仍呈液态下降；结果，上升蒸气中低沸点组分含量增多，而下降的冷凝液中高沸点组分增多。如此经过多次气-液两相间的热交换，就相当于连续多次的普通蒸馏过程，以致低沸点组分蒸气不断上升而被蒸馏出来，而高沸点组分则不断流回烧瓶中，从而达到分离的目的。

2. 操作步骤

分馏装置如图 25-1 所示，由圆底烧瓶、分馏柱、冷凝管及接收器 4 部分组成。

分馏操作方法与蒸馏相似，先将待分馏液体加入烧瓶中，放入 2～3 粒沸石，然后安装仪器。缓慢通入冷却水后，开始加热。当蒸气到达柱顶后，调节加热速度，使蒸馏速度以每 2～3 滴/s 为宜。收集所需温度范围的馏分，并做好记录。

3. 注意事项

要达到较好的分馏效果，应注意以下几点：

①分馏要缓慢进行，要控制好恒定的蒸馏速度。

②调节加热温度，控制馏分蒸出速度在每秒 2～3 滴。

③尽量减少分馏柱的热量散失，保持稳定的热源。

二、附录及标号

①$C_6H_5NH_2$ 久置颜色加深有杂质，会影响乙酰苯胺的质量和产率，故最好用新蒸馏的 $C_6H_5NH_2$。

②Zn 粉的作用是防止 $C_6H_5NH_2$ 在反应过程中被氧化，但不宜多加，否则在后处理中会出现不溶于 H_2O 的 $Zn(OH)_2$，影响操作。

③若室温较低，可用石棉布保温分馏柱，以防止分馏过慢。也可以用空气冷凝管代替分馏柱。

④温度过低水分除不掉，过高易将 HAc 蒸出，不能保证反应体系中的 HAc 量。

⑤此时收集的 H_2O 和 HAc 的总体积约为 8 mL。

⑥反应物冷却后，立即会有固体析出，粘在瓶壁上不易处理，故须趁热倒入冷水中，以除去过量的 HAc 及未作用的 $C_6H_5NH_2$（可成为苯胺醋酸盐而溶于水）。

⑦乙酰苯胺于不同温度在 100 mL H_2O 中的溶解度为：

温度/℃	溶解度/(g·100 mL^{-1})	温度/℃	溶解度/(g·100 mL^{-1})
100	5.5	50	0.84
80	3.5	25	0.56

⑧乙酰苯胺与 H_2O 会生成低熔混合物，油珠即熔融态的低熔物，当 H_2O 量足够时，随温度升高，油珠会溶解并消失。

实验 26 油脂的皂化和性质

一、实验目的

了解油脂的皂化原理和肥皂的性质;熟悉加热回流反应和减压过滤(抽滤)的操作。

二、实验原理

油脂是高级脂肪酸甘油酯的混合物,属于酯类,因此在酸、碱或酶催化下,油脂会发生水解反应,易被水解为甘油和相应的高级脂肪酸。在碱性条件下水解比较完全,生成的高级脂肪酸的钠盐即通常所说的肥皂。常把油脂的碱性水解称为皂化,由于油脂不溶于水,在皂化反应中与 NaOH 溶液接触不好,反应很慢,加入乙醇可以增加油脂与碱溶液的溶解性,使其形成均匀的溶液,从而加快皂化反应的进行。完全皂化 1 g 油脂所需的氢氧化钾的毫克数称为油脂的皂化值,皂化值是表示油脂质量及油脂特点的一个重要参数。同种油脂的纯度越高,皂化值越大;油脂分子中所含碳链越长,皂化值越小。一般油脂的皂化值在 200 左右。

油脂皂化后不溶于饱和食盐水,通过盐析可以将皂化反应产生的高级脂肪酸钠盐与甘油进行分离。工业上制造肥皂就是利用这个原理,生成的高级脂肪酸钠经过减压过滤制成肥皂,滤液经过蒸馏获得甘油。

三、实验用品

1. 仪器

电热套、圆底烧瓶、球形冷凝管、布氏漏斗、量筒、烧杯、试管、真空泵。

2. 试剂

菜油、饱和食盐水、5%NaOH、30%NaOH、5%$CuSO_4$、95%乙醇、10%HCl、10% $CaCl_2$、10% $MgSO_4$。

四、实验内容

(1)回流合成皂化;(2)皂化液盐析,抽滤;(3)检验肥皂性质和滤液中甘油的性质。

五、实验步骤与记录

实验步骤	实验记录
1. 皂化和盐析 量取 5 mL 菜油倒入 50 mL 圆底烧瓶中，再向里面加入 6 mL 乙醇和 10 mL 30% 氢氧化钠溶液，投入几粒沸石。 连接好球形冷凝管，接通冷凝水和电热套电源，加热回流反应 30 min。检测是否皂化完全(用吸管吸取 2 滴试样放入试管中，加入 2 mL 水，加热振荡，若试样完全溶解，没有油滴，表示皂化完全，否则应继续加热直至皂化完全)。 皂化完全后，等皂化液稍微冷却后，迅速倒入盛有 30 mL 饱和食盐水的烧杯中，边倒边缓慢搅拌，会有肥皂浮于液体表面。冷却到室温后，抽滤，滤渣即为肥皂，记录肥皂的状态和颜色，滤液留作检验甘油实验。	1. 肥皂的状态和颜色：________ ________
2. 肥皂性质的检验 取少量所制备的肥皂溶于 20 mL 蒸馏水中， (1)取一支试管，加入 1～3 mL 肥皂水溶液，不断搅拌下滴加 5～10 滴 10% HCl 溶液，观察现象，并说明原因。 (2)取两支试管，各加入 1～3 mL 肥皂水溶液，再分别加入 5～10 滴 10% $CaCl_2$ 溶液和 10% $MgSO_4$ 溶液，观察现象，并说明原因。 (3)取两支试管，一支里面加入 2 mL 蒸馏水和 2 滴菜油，充分振荡，观察乳浊液的形成；另一支里面加入 2 mL 肥皂水溶液和 2 滴菜油，充分振荡，观察现象。静置数分钟后，观察两支试管内溶液的稳定程度有何不同？为什么？	2. 肥皂的性质 (1)现象：________ ________ 原因：________ ________ (2)现象：________ ________ 原因：________ ________ (3)现象：________ ________ 原因：________ ________
3. 滤液中甘油的检查 取两支试管，一支加入 1 mL 滤液，另一支加入 1 mL 蒸馏水作空白实验。向两支试管内各加入 5 滴 5% NaOH 溶液和 3 滴 5% $CuSO_4$ 溶液，比较两者颜色有何异同？为什么？	3. 甘油的检查 现象：________ ________ 原因：________ ________

六、结果与讨论

画出油脂的皂化实验装置示意图,并标注各仪器的名称。

七、思考题

1. 油脂皂化反应中,氢氧化钠和乙醇各起什么作用?

2. 如何检验油脂的皂化作用是否完全?

3. 肥皂与香皂的区别是什么?

4. 画出本实验的流程图。

日期:　　　　**学生姓名:**　　　　**指导教师:**　　　　**实验成绩:**

实验态度(10 分)			实验记录(30 分)			实验操作(30 分)			结论与思考题(30 分)		
差 0～3	良 4～7	优 8～10	差 0～15	良 16～25	优 26～30	差 0～15	良 16～25	优 26～30	差 0～15	良 16～25	优 26～30

【背景知识】

一、羧酸盐型阴离子表面活性剂

羧酸盐型阴离子表面活性剂又称为脂肪酸皂，通式为$(RCOO^-)_nM^{n+}$，如硬脂酸钠、硬脂酸镁等。它们具有较好的乳化性能和洗涤性能，主要生产工艺有3种：脂肪酸中和、油脂皂化、脂肪酸甲酯皂化。经过反应得到的产物作为皂基，再与辅助原料如松香、多脂剂、硅酸钠、羧甲基纤维素和着色剂等按合适配方混合，就制成了肥皂、香皂和透明皂等洗涤产品。洗涤用的肥皂一般使用$C_{16}\sim C_{18}$的原料，如棉籽油和猪油等，碱性大，去污力强。香皂使用$C_{12}\sim C_{14}$的原料，如牛、羊油和椰子油等，里面增添了香精、杀菌剂等功能性成分，碱性稍弱，对皮肤刺激小。大多数羧酸盐型阴离子表面活性剂被用作洗涤行业，少量产品如硬脂酸钡、硬脂酸锂用于金属加工和润滑行业。

二、加热回流操作

（参考实验5中的内容）

三、减压过滤操作

（参考实验4中的内容）

实验 27　油料作物中油脂的提取

一、实验目的

掌握油脂提取的原理和方法;掌握索氏提取器的使用方法。

二、实验原理

油脂是动植物细胞的重要组成部分,其含量高低是油料作物品质的重要指标。油脂是高级脂肪酸甘油酯的混合物,组成油脂的高级脂肪酸中,除硬脂酸、软脂酸等饱和脂肪酸外,还有油酸、亚油酸等不饱和脂肪酸。油脂可溶于乙醚、苯、石油醚等有机溶剂,常采用有机溶剂连续萃取法从油料作物中萃取得到。索氏提取器提取法可以实现油脂的提取,这种方法主要是利用溶剂回流及虹吸的原理,使所要萃取的物质每一次都能被纯的溶剂萃取,因而溶剂用量大大减少而效率又得到提高。经过提取并分离出有机溶剂后得到的产物,除了油脂外,还含有一些脂溶性的色素、游离脂肪酸、磷脂、固醇及蜡等,所以提取物为粗油脂。

三、实验用品

1. 仪器

电热套、索氏提取器、蒸馏头、温度计、直形冷凝管、牛角管、锥形瓶、量筒。

2. 试剂

花生粉、石油醚。

四、实验内容

(1)仪器安装;(2)索氏提取;(3)蒸馏分离。

五、实验步骤与记录

实验步骤	实验记录
1. 加料 称取 10.0 g 花生粉(提前烘干粉碎处理)装入滤纸筒内,密封好,放入索氏提取器的抽提管内。向干燥洁净的索氏提取器烧瓶内加入 65 mL 石油醚和适量沸石,连接好装置。	1. 物料 花生粉质量:________ 花生粉颜色:________ 花生粉状态:________ 石油醚颜色:________

续表

实验步骤	实验记录
2.索氏提取 接通冷凝水,打开电热套电源,加热回流1.5～2 h。记录两次虹吸间隔时间和整个提取实验的虹吸次数。加热时要注意:加热不能太快,否则冷凝管中冷凝的石油醚会被上升的石油醚蒸气顶出,易造成事故。(如何控制加热速度?)	2.索氏提取 两次虹吸间隔时间:________ 虹吸次数:________ 如何控制加热速度? ________
3.蒸馏回收石油醚 提取完毕,关闭电热套电源,待石油醚冷却后,卸下抽提管,改成蒸馏装置。打开冷凝水、打开电热套电源,控制加热速度,记录蒸气温度。(注意:蒸馏时加热温度不能太高,否则油脂容易焦化。)	3.蒸馏操作 蒸气温度:________ 蒸馏时间:________
4.称量计算提取率 等到温度计读数明显下降时,停止加热,待烧瓶内粗油脂溶液冷却后,将其倒出称量体积,计算油脂的提取率。最后将粗油脂倒入回收瓶内。	4.产品 粗油脂颜色:________ 粗油脂体积:________ 粗油脂密度:0.9 g/mL 油脂提取率:________

六、结果与讨论

1.画出实验用的仪器装置示意图,在图上标注仪器名称。

(1)索氏提取: (2)普通蒸馏:

2.本实验应采取哪些措施提高花生油的出油率?

七、思考题

1.用石油醚提取花生油时，能否用明火加热？为什么？

2.索氏提取器由几部分组成？它是根据什么原理进行萃取的？

3.提取的粗油脂与我们家里食用的花生油有什么区别？

日期：　　学生姓名：　　指导教师：　　实验成绩：

实验态度(10 分)			实验记录(30 分)			实验操作(30 分)			结论与思考题(30 分)		
差 0～3	良 4～7	优 8～10	差 0～15	良 16～25	优 26～30	差 0～15	良 16～25	优 26～30	差 0～15	良 16～25	优 26～30

【背景知识】

一、索氏提取器的使用方法

索氏提取器又称脂肪提取器，是从固体物质中萃取化合物的一种工具，具有节约溶剂、萃取效率高的特点。由烧瓶、抽提筒和回流冷凝管 3 部分组成，装置如图 27-1 所示。

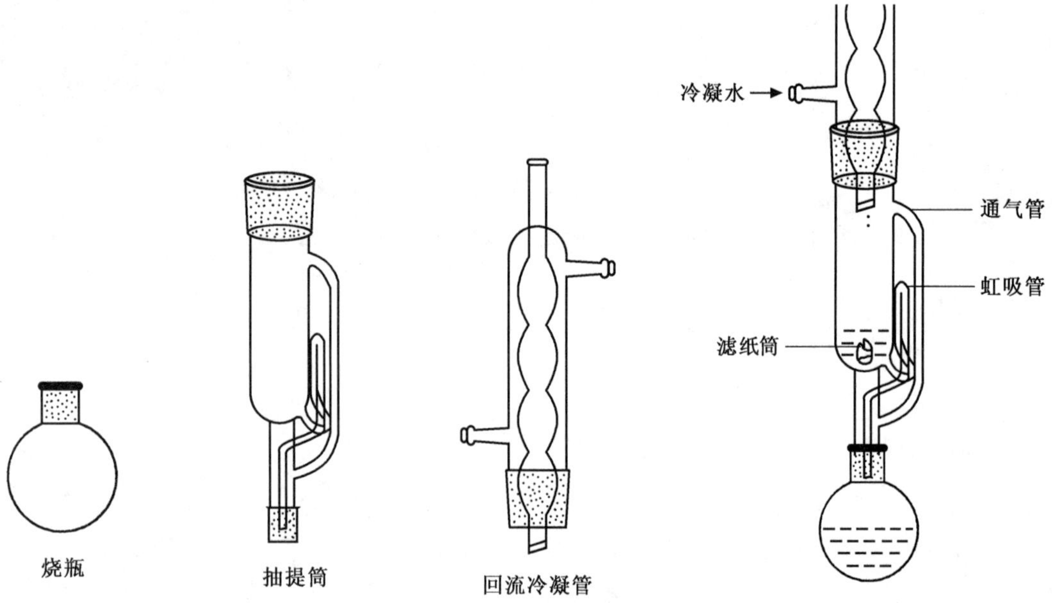

图 27-1 索氏提取器

索氏提取器是利用溶剂的回流及虹吸原理，使固体物质每次都被纯的热溶剂所萃取，减少了溶剂用量，缩短了提取时间，因而效率较高。萃取前，先将固体物质研细，然后将研细的固体物质装进滤纸筒，放入抽提筒中。滤纸筒的直径要略小于抽提筒的内径，其高度一般要超过虹吸管，但里面的样品不得高于虹吸管。滤纸筒的制作方法为：取脱脂滤纸一张，卷成圆筒状（其直径略小于抽提筒内径），底部折起而封闭（必要时可用线扎紧）后装放样品，上口折叠封闭或者盖以脱脂棉。萃取溶剂放入烧瓶内，烧瓶与抽提筒相连，抽提筒上端接冷凝管。加热烧瓶，溶剂受热沸腾，其蒸气沿抽提筒侧管上升至冷凝管，冷凝为液体，滴入滤纸筒中，并浸泡筒内样品进行萃取。当液面超过虹吸管最高处时，虹吸流回烧瓶，萃取出的物质跟随溶剂流入烧瓶内。如此多次重复，把要提取的物质富集于烧瓶内，直到抽提完全。最后将烧瓶内提取液浓缩除去溶剂后，即得产物。

二、植物油脂的制备工艺

植物油脂常采用压榨分离法和浸出法（萃取法）制备，其中压榨法含渣量大，黏度高，杂质不易分离；浸出法利用溶剂提取，再将溶剂蒸馏除去，油脂较纯，分解少，但成本、设备相对要求高。经过上述方法处理得到的油脂称为毛油（粗油），主要成分是混合脂肪酸甘油三酯，俗称中性油。此外，还含有数量不等的各类非甘油三酯成分，统称为油脂的杂质。这些杂质一般分为

5大类。

1. 机械杂质

机械杂质是在制油或存储过程中混入油中的泥沙、饼渣、草屑及其他固态杂质，它们不溶于油脂，可采用过滤、沉降等方法除去。

2. 水分

水分杂质的存在，使油脂颜色较深，产生异味，促进酸败，降低油脂的品质及使用价值，不利于安全储存，工业上常采用常压或减压加热法除去。

3. 胶溶性杂质

胶溶性杂质以极小的微粒状态分散在油中，与油一起形成胶体溶液，主要包括磷脂、蛋白质、糖类、树脂和黏液物等，其中最主要的是磷脂。磷脂是一类营养价值较高的物质，但混入油中会使油色变暗、混浊，遇热焦化，还能吸收水分促使油脂酸败，影响油品的质量。胶溶性杂质易受水分、温度及电解质的影响而改变其在油中的存在状态，生产中常采用水化、加入电解质进行酸炼或碱炼的方法将其从油中除去。

4. 脂溶性杂质

脂溶性杂质主要有游离脂肪酸、色素、甾醇、生育酚、烃类、蜡和酮。游离脂肪酸的存在，会影响油品的风味和食用价值，促使油脂酸败。生产上常采用碱炼、蒸馏的方法将其从油脂中除去。色素能使油脂带较深的颜色，影响油的外观，可采用吸附脱色的方法将其从油中除去。某些油脂中还含有一些特殊成分，如棉籽油中含棉酚，菜子油中含芥子甙分解产物等，它们不仅影响油品质量，还危害人体健康，也须在精炼过程中除去。

5. 微量杂质

微量杂质主要包括微量金属、农药、多环芳烃、黄曲霉毒素等，对人体有一定毒性，因此须从油中除去。

综上所述，初级制备的毛油，还必须经过精炼才能够使用。因为油脂中的杂质并非对人体都有害，如生育酚是合成生理激素的母体，有延迟人体细胞衰老、保持青春等作用；还是很好的天然抗氧化剂。甾醇在光的作用下能合成多种维生素D。所以油脂精炼的目的是根据不同的用途与要求，除去油脂中的有害成分，并尽量减少中性油和有益成分的损失。

油脂的精炼主要包括除杂、脱胶、脱酸、脱色、脱臭等步骤。

除杂：静置、过滤、离心分离等。

脱胶：在一定温度下用水去除毛油中磷脂和蛋白质的过程。脱胶可以防止油脂在高温时的起泡、发烟、变色发黑等现象。如豆油等含有大量磷脂等杂质时，加热易起泡、产生焦褐色等，加工中需脱除磷脂和蛋白质胶体状杂质。脱胶原理是利用磷脂及部分蛋白质在无水状态下可溶于油，而有水时可与水结合成水合物则不溶于油（沉淀为“油脚”）的特点，向毛油中通入热水80℃、蒸气，可把磷脂除去。

脱酸：毛油中含一定的游离脂肪酸（0.5%以上），采用加碱中和的方法分离除去，称作碱炼。生成的脂肪酸钠盐还具吸附色素等的功用。先据酸价来估算需加的NaOH的用量，一般略多于计算值，以毛油的0.05%～0.2%加入。

脱色：某些油脂中的类胡萝卜素、叶绿素等色素使油脂呈现黄赤色，在脱酸时可除掉一部分，进一步脱色采用加热吸附过滤法（用活性炭等作吸附剂）。

脱臭：天然油脂中存在的不良气味，可在加工中一定压力下（抽真空减压），用加热、通入水蒸气带走异味物质的方法去除。

以花生为例，压榨法制备花生油的工艺流程为：清理→剥壳→破碎→轧胚→蒸炒→压榨→花生原油（毛油）→过滤→水化（脱胶）→碱炼（脱酸）→脱色→脱臭→成品油。

三、几种干的植物种子和种仁中油脂的含量

样品	含油量/%	样品	含油量/%
向日葵种子	23.5～45.0	大豆种子	10.0～25.0
向日葵种仁	40.0～67.8	油桐种仁	47.8～68.9
蓖麻种子	45.1～58.5	玉米谷粒	3.0～9.0
蓖麻种仁	50.7～72.0	小麦谷粒	1.6～2.6
芝麻种子	46.2～61.0	稻子谷粒	1.3～2.4
油菜种子	41.1～42.9	豌豆种子	0.7～1.9
花生种仁	40.2～60.7		

四、普通蒸馏操作

（参考实验 5 中的内容）

实验 28　电位法测量溶液的 pH

一、实验目的

了解电位法测量溶液 pH 的原理和方法。熟悉 pH 计(酸度计)仪器的使用方法。熟悉双标准缓冲溶液法测量溶液 pH 的测量技术。

二、实验原理

电位法可以用来测量溶液的 pH,原理是将一个与氢离子活度有关的指示电极与另一电势恒定的参比电极放在待测溶液中构成原电池,然后根据能斯特方程测量该原电池的电动势 E。由于参比电极电势恒定,所测得的原电池的电动势就只与待测溶液中的氢离子活度 a_{H^+} 有关,于是可根据 E 的数值求算出待测溶液 pH。原电池可简单表示为:

(一)指示电极|待测溶液‖参比电极(+)

其电动势为:

$$E=E_{参比}-E_{指示}+E_{液接}$$

用玻璃电极作为指示电极时,其电位与待测溶液 pH 的关系为:

$$E_{指示}=K-\frac{2.303\ RT}{F}\cdot \mathrm{pH}$$

则原电池电动势可表示为:

$$E=E_{参比}-K+\frac{2.303\ RT}{F}\cdot \mathrm{pH}+E_{液接}$$

在测定条件下,参比电极的电位、液接电位、不对称电位以及内参比电极(Ag/AgCl 电极)的电位都是常数,故合并在一起用新常数 K'表示。则原电池电动势

$$E=K'+\frac{2.303RT}{F}\cdot \mathrm{pH}$$

由上式可见,原电池电动势与待测溶液的 pH 呈线性关系。由于上式中包含了难于确定的液接电位和不对称电位,K′不易求得,因此不能由上式直接计算待测溶液的 pH。在实际测试中,需要将已知 pH 的标准缓冲溶液作为基准,采用比较法来确定待测溶液的 pH。

设有两种溶液,分别为已知 pH 的标准缓冲溶液 s 和待测 pH 的试液 x。测定各自的电动势为:

$$E_s=K_s'+\frac{2.303RT}{F}\cdot \mathrm{pH}_s \qquad E_x=K_x'+\frac{2.303RT}{F}\cdot \mathrm{pH}_x$$

若测定条件完全一致,则 $K_s'=K_x'$,两式相减得

$$pH_x = pH_s + \frac{(E_x - E_s)F}{2.303RT}$$

式中，pH_s 为已知，实验测量出 E_s 和 E_x 后，即可由上式计算出待测液的 pH_x。得出上式的前提条件是两次测量过程中的 $K'_s = K'_x$，但实际测量中，K' 受多种因素影响而发生变化，给测量带来误差，故测量时应尽量保持温度恒定并选用与待测溶液 pH 接近的标准缓冲溶液进行。

测量待测溶液 pH 的仪器——pH 计(酸度计)是按上述原理设计的，测量时首先要用标准 pH 缓冲溶液对仪器进行定位校正，然后在相同条件下，测定待测溶液，由仪器可直接读出测定的 pH。采用一种标准缓冲溶液进行定位校正，称为单标准缓冲溶液法，为了提高测量准确度，常采用双标准缓冲溶液法进行定位校正。本实验采用双标准缓冲溶液法，并采用复合电极即把玻璃电极和参比电极组合在一起而成的电极进行实验，操作更加方便。

三、实验用品

1. 仪器

pH 计(PHS-3 型)，复合电极(E201-C 型)，滤纸，烧杯，洗瓶。

2. 试剂

邻苯二甲酸氢钾标准 pH 缓冲溶液 pH=4.00，磷酸氢二钠与磷酸二氢钾标准 pH 缓冲溶液 pH=6.86，硼砂标准 pH 缓冲溶液 pH=9.18，未知 pH 试样溶液。

四、实验内容

(1)熟悉仪器操作；(2)标准缓冲溶液对仪器定位校正；(3)测量待测溶液 pH。

五、实验步骤与实验记录

<table>
<tr><th>实验步骤</th><th>实验记录</th></tr>
<tr><td>1. 将复合电极和温度传感器的一端插入 pH 计后面板上对应的插口中，另一端固定在电极夹上。
2. 拔下复合电极下端的保护套，将保护套放好，不要洒出套里的饱和 KCl 溶液。检查复合电极上端的小孔是否露出在外，若有橡皮套包裹，需将橡皮套拉下以露出小孔。
3. 双标准缓冲溶液法校正。
(1)打开 pH 计电源开关，按“标定”键，显示屏上显示“标定 1”“4.00”。先用蒸馏水清洗复合电极和温度传感器并用滤纸小心擦干，然后插入盛有 pH 为 4.00 的标准缓冲溶液的烧杯内，没入液面下方，液面略高于电极内砂芯即可。仪器显示屏上显示实测的 mV 值，等 mV 值读数稳定后，按“确认键”，完成第一点标定。
(2)接着显示屏上显示“标定 2”“9.18”。可通过按“△”键选择不同的标准缓冲溶液(共有 4.00、6.86 和 9.18 三种 pH 可选)。本实验选择“6.86”。然后把电极和温度传感器清洗干净，插入 pH 为 6.86 的标准缓冲溶液内。等仪器读数稳定后，按“确认键”完成第二点标定。
4. 测量待测溶液。
(1)第二点标定确认后，仪器显示“测量”，进入测量状态。把电极和温度传感器清洗干净，插入待测溶液内，搅匀以缩短电极响应时间。仪器显示屏上显示的就是待测溶液的 pH，等仪器读数稳定后读数即可得到待测溶液的 pH。
(2)测量状态下，仪器面板上的“pH\mV”键可以按动用来切换显示 pH 数据或者显示电动势数据。按此键可以切换至 mV 数据，做好记录。
5. 结束测量。待测溶液测完后，关闭仪器电源，用蒸馏水清洗电极，并套上装有饱和 KCl 溶液的电极保护套。做好仪器和试验台的清洁，结束实验。</td><td>pH 4.00：________ mV

pH6.86：________ mV

待测溶液：_______ mV

待测溶液 pH：________

E～pH 线性曲线的：

斜率=________；

截距 K' =________。</td></tr>
</table>

六、思考题

1. 为什么在测量溶液的 pH 时，pH 计要用标准缓冲溶液进行标定？

2. pH 复合电极由哪几部分构成？是如何工作的？

时期：　　**学生姓名：**　　**指导教师：**　　**实验成绩：**

实验态度(10 分)			实验记录(30 分)			实验操作(30 分)			结论与思考题(30 分)		
差 0～3	良 4～7	优 8～10	差 0～15	良 16～25	优 26～30	差 0～15	良 16～25	优 26～30	差 0～15	良 16～25	优 26～30

【背景知识】

一、pH 玻璃电极和 pH 复合电极

1. pH 玻璃电极

pH 玻璃电极是用对氢离子活度有电势响应的玻璃薄膜制成的膜电极，是常用的氢离子指示电极。它通常为圆球形，内置 0.1 mol·L^{-1} 盐酸和银/氯化银电极(内参比电极)。内参比电极的电位是恒定不变的，它与待测溶液中 H^+ 的活度无关。玻璃电极之所以能够作为 H^+ 的指示电极，主要作用体现在玻璃膜上。当玻璃电极浸入待测溶液时，玻璃膜处于内部溶液($\alpha_{H^+内}$)和待测溶液($\alpha_{H^+测}$)之间，跨越玻璃膜产生电势差 ΔE 膜，它与 H^+ 活度之间的关系符合能斯特方程：

$$\Delta E_{膜}=\frac{2.303RT}{F}\lg\frac{\alpha_{H^+测}}{\alpha_{H^+内}}=K+\frac{2.303RT}{F}\lg\alpha_{H^+测}=K-\frac{2.303RT}{F}pH_{测}$$

此式表明玻璃膜电极的电势差与待测液的 pH 成正比，因此可作为测量 pH 的指示电极。理论上当玻璃膜内外氢离子活度相等时，$\Delta E_{膜}=0$，但实际上并不为零，跨越玻璃膜仍有一定的电势差，称之为不对称电位，是由玻璃膜内外表面情况不完全相同而产生的。

使用前浸在纯水中使表面形成一薄层溶胀层，能够对 H^+ 有好的响应，并降低不对称电位的影响。使用时将它和另一参比电极放入待测溶液中组成电池，电池电动势 E 与待测溶液 pH 直接相关。由于存在不对称电位、液接电位等因素，还不能由此电池电势直接求得 pH，而采用标准缓冲溶液来“标定”，进而求算出待测溶液的 pH。玻璃电极不受氧化剂、还原剂和其他杂质的影响，pH 测量范围宽广，应用广泛。

2. pH 复合电极的构造

把 pH 玻璃电极和参比电极组合在一起的电极就是 pH 复合电极。根据外壳材料的不同分塑壳和玻璃两种。相对于两个电极而言，复合电极最大的好处就是使用方便。pH 复合电极主要由电极球泡、玻璃支持杆、内参比电极、内参比溶液、外壳、外参比电极、外参比溶液、液接界、电极帽、电极导线、插口等组成。如图 28-1 所示：

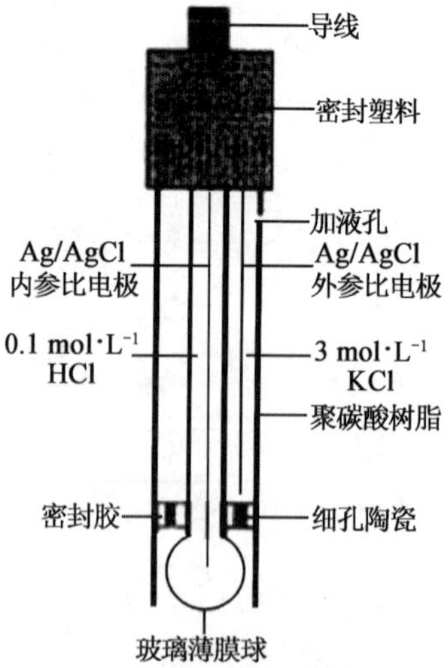

图 28-1 pH 复合电极结构示意图

①电极球泡：它是由具有氢功能的锂玻璃熔融吹制而成，呈球形，膜厚为 0.1～0.2 mm，电阻值＜250 MΩ(25℃)。

②玻璃支持管是支持电极球泡的玻璃管体，由电绝缘性优良的铅玻璃制成，其膨胀系数应与电极球泡玻璃一致。

③内参比电极：为银/氯化银电极，主要作用是引出电极电位，要求其电位稳定，温度系数小。

④内参比溶液：0.1 mol·L^{-1}盐酸溶液。玻璃电极的标准电位与内参比电极的电极电位、膜内溶液的氢离子浓度以及膜表面状态有关。而内参比溶液中氯离子浓度为一定值，故内参比电极的电极电位值为常数；氢离子的浓度也为一定值，一定条件下，玻璃电极的标准电位为常数。则膜电位仅由膜外溶液的氢离子浓度决定。

⑤电极壳：电极壳是支持玻璃电极和液接界，盛放外参比溶液的壳体，通常由聚碳酸酯(PC)塑压成型或者玻璃制成。PC 塑料在有些溶剂中会溶解，如四氯化碳、三氯乙烯、四氢呋喃等，如果测试中含有以上溶剂，就会损坏电极外壳，此时应改用玻璃外壳的 pH 复合电极。

⑥外参比电极：为银/氯化银电极，作用是提供与保持一个固定的参比电势，要求电位稳定，重现性好，温度系数小。

⑦外参比溶液：氯化钾溶液或氯化钾凝胶电解质。

⑧液接界：液接界是外参比溶液和被测溶液的连接部件，要求渗透量稳定，通常用砂芯的。

⑨电极导线：为低噪声金属屏蔽线，内芯与内参比电极连接，屏蔽层与外参比电极连接。

可充式 pH 复合电极在电极外壳上有一加液孔，当电极的外参比溶液流失后，当参比液液面低于加液孔 2 cm 时，可将加液孔打开，重新补充 KCl 溶液。而非可充式 pH 复合电极内装凝胶状 KCl，不易流失也无加液孔。可充式 pH 复合电极的特点是参比溶液有较高的渗透速率，液接界电位稳定重现，测量精度较高。而且当参比电极减少或受污染后可以补充或更换 KCl 溶液，但缺点是使用较麻烦。

3. pH 复合电极的使用与维护

第一次使用的 pH 复合电极或长期停用的 pH 复合电极，在使用前必须在 3 mol·L^{-1}氯化钾溶液中浸泡 8～24 h 或更长，时间根据球泡玻璃膜增大或不稳定厚度、电极老化程度而不同。这样可以使玻璃膜充分活化，对 H^+ 有良好的响应，并使不对称电位大大下降并趋向稳定。也可以充分浸泡参比电极的液接界，因为如果液接界干涸会使液接界电位增大或不稳定。在酸性环境中浸泡效果更好，可以按照以下方法配制 pH 复合电极浸泡液：取 pH 4.00 缓冲剂(250 mL)一包，溶于 250 mL 纯水中，再加入 56 g 分析纯 KCl，适当加热，搅拌至完全溶解即成。

一些 pH 复合电极的头部装有一个密封的塑料小瓶(保护套)，内装电极浸泡液，电极头长期浸泡其中，使用时拔出洗净就可以，非常方便。这种保存方法不仅方便，而且有利于延长电极寿命，应注意不要污染塑料小瓶中的浸泡液，要注意更换。

使用可充式 pH 复合电极时应将加液孔打开，以增加液体压力，加速电极响应，并注意及时补充新的外参比液。

使用时应检查电极玻璃球泡前端不应有气泡，如有气泡应用力甩去。

取下电极护套时，应避免电极的敏感玻璃泡与硬物接触，因为任何破损或擦毛都使电极失效。

在每次标定、测量后进行下一次操作前，应该用蒸馏水或去离子水充分清洗电极，再用被测液清洗一次电极。

电极插入被测溶液后，要搅拌晃动几下再静止放置，这样会使球泡或液接界与溶液接触充分，加快电极的响应。

电极在测量前必须用已知 pH 的标准缓冲溶液进行标定。

测量结束，及时将电极保护套套上，电极套内应放少量饱和 KCl 溶液，以保持电极球泡的湿润，切忌浸泡在蒸馏水中。

电极的引出端必须保持清洁干燥，绝对防止输出两端短路，否则将导致测量失准或失效。

电极应与输入阻抗较高的 pH 计($\geqslant 3\times10^{11}\,\Omega$)配套，以使其保持良好的特性。

电极应避免长期浸在蒸馏水、蛋白质溶液、酸性氟化物溶液中；避免与有机硅油接触；避免接触强酸强碱或腐蚀性溶液，如果测试此类溶液，应尽量减少浸入时间，用后仔细清洗干净；避免在无水乙醇、浓硫酸等脱水性介质中使用，它们会损坏球泡表面的水合凝胶层。

被测溶液中如含有易污染敏感球泡或堵塞液接界的物质而使电极钝化，会出现斜率降低，显示读数不准现象。如发生该现象，则应根据污染物质的性质，用适当溶液清洗，使电极复新。

塑壳 pH 复合电极的外壳材料是聚碳酸酯塑料(PC)，PC 塑料在有些溶剂中会溶解，如四氯化碳、三氯乙烯、四氢呋喃等，如果测试中含有以上溶剂，就会损坏电极外壳，此时应改用玻璃外壳的 pH 复合电极。

二、PHS-3 型 pH 计

1. 外形结构

PHS-3 型 pH 计是数字显示 pH 计，采用蓝色背光、双排数字显示液晶，可同时显示 pH、温度值或电位(mV)值。仪器的外形及后面板结构如图 28-2 所示。

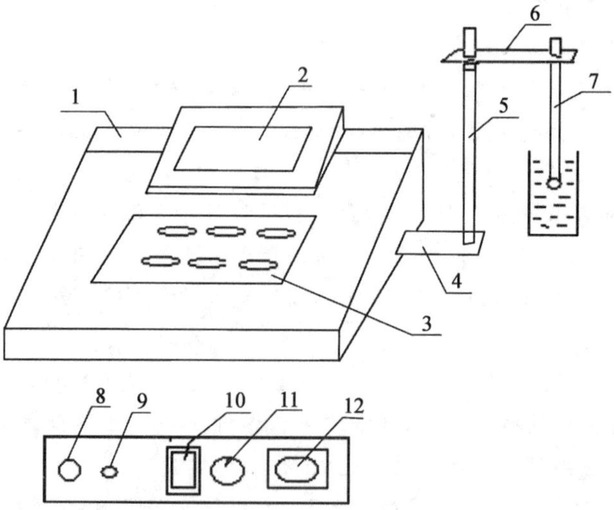

图 28-2 PHS-3 型 pH 计外形结构图

1. 机箱 2. 显示屏 3. 键盘 4. 电极梗座 5. 电极梗 6. 电极夹 7. 电极 8. 电极插座
9. 温度传感器插座 10. 电源开关 11. 保险丝座 12. 电源插座

2.仪器键盘说明

按键	功能
pH\mV	“pH\mV”转换键，pH、mV 测量模式转换
温度	“温度”键，对温度进行手动设置，自动温度补偿时此键不起作用
标定	“标定”键，对 pH 进行二点标定工作
△	“△”键，此键为数值上升键，按此键“△ ”为调节数值上升
▽	“▽”键，此键为数值下降键，按此键“▽”为调节数值下降
确认	“确认”键，按此键为确认上一步操作

3.操作步骤

仪器使用前首先要标定。一般情况下仪器在连续使用时，每天要标定一次。

(1)打开电源开关，仪器进入 pH 测量状态。

(2)按“温度”键，使仪器进入溶液温度调节状态(此时温度单位℃指示)，按“△”键或“▽”键调节温度显示数值上升或下降，使温度显示值和溶液温度一致，然后按“确认”键，仪器确认溶液温度值后回到 pH 测量状态(温度设置键在 mV 测量状态下不起作用)。注：当接入温度电极(传感器)时“温度”键不起作用，仪器进行自动温度补偿，显示的温度即为溶液温度。每次测量时温度传感器也要插入溶液中。

(3)按“标定”键，此时显示“标定 1”“4.00”及“mV”，把用蒸馏水或去离子水清洗过的电极插入 pH=4.00 的标准缓冲溶液中，仪器显示实测的 mV 值，待 mV 读数稳定后按“确认”键，仪器显示“标定 2”“9.18”及“mV”，把用蒸馏水或去离子水清洗过的电极插入 pH=9.18 的标准缓冲溶液中，仪器显示实测的 mV 值，待 mV 读数稳定后按“确认”键，标定结束，仪器显示“测量”进入测量状态。

注：仪器在标定状态下，可通过按“△”键选择 3 种标准缓冲溶液中的任意 2 种(pH=4.00、pH=6.86 、pH=9.18)作为标定液，标定方法同上，第一种溶液标定好后仍须按“△”键选定第二种标准缓冲溶液。

(4)用蒸馏水及被测溶液清洗电极后即可对被测溶液进行测量。一般情况下，在 24 h 内仪器不需再标定。

(5)用蒸馏水清洗电极头部，再用被测溶液清洗一次，把复合电极和温度传感器浸入被测溶液中，用玻璃棒搅拌溶液，使其均匀，在显示屏上读出溶液的 pH。

实验 29　电导法测定乙酸乙酯皂化反应速率常数

一、实验目的

了解测定化学反应速率常数的一种物理方法——电导法；熟悉二级反应的特点，学会用图解法求二级反应的速率常数；掌握 DDSJ-308A 型电导率仪的使用方法。

二、实验原理

对于二级反应：A + B = 产物，如果 A、B 两物质起始浓度相同，均为 C_0，经过 t 时间消耗掉的摩尔数为 x，则反应速率的表达式为

$$\frac{dx}{dt}=k(C_0-x)^2 \tag{1}$$

上式定积分得：

$$\frac{x}{C_0(C_0-x)}=kt \tag{2}$$

显然，在一定初始浓度下，只要测出反应进程中 t 时的 x 值，代入上式就可得到反应速率常数 k 值。以 $\frac{x}{C_0-x}\sim t$ 作图若所得为直线，证明是二级反应。也可从直线的斜率求出 k 值。

乙酸乙酯的皂化反应是典型的二级反应，其反应式为：

	$CH_3COOC_2H_5$	$+Na^+ + OH^-$ →	CH_3COO^- +	Na^+ + C_2H_5OH
$t=0$	C_0	C_0	0	0
$t=t$	C_0-x	C_0-x	x	x
$t\to\infty$	$\to 0$	$\to 0$	$\to C_0$	$\to C_0$

由于反应物是稀的水溶液，可以假定 CH_3COONa 全都电离。则在反应进行过程中，Na^+ 在反应前后浓度不变，而电导率大的 OH^- 逐渐被电导率小的 CH_3COO^- 所取代，溶液体系的电导率值不断下降。稀溶液下，体系电导率的减少与 CH_3COO^- 浓度的增加成正比。

$$x=\beta(\kappa_0-\kappa_t)\qquad (t\ 时刻) \tag{3}$$

$$C_0=\beta(\kappa_0-\kappa_\infty)\qquad (反应终了)\qquad \kappa_0\qquad \kappa_t \tag{4}$$

β 是与温度、电解质性质、溶剂等因素有关的比例常数，κ_0，κ_t，κ_∞ 分别为溶液起始电导率、t 时刻电导率和终了时的电导率。分别代入(2)式整理可得：

$$\kappa_t = \frac{1}{ak} \cdot \frac{\kappa_0 - \kappa_t}{t} + \kappa_\infty \tag{5}$$

因此，以 κ_t 对 $\frac{\kappa_0 - \kappa_t}{t}$ 作图，应得一直线，直线斜率为 $\frac{1}{kC_0}$，从而可求出反应速率常数 k 值。

三、实验用品

1. 仪器

DDSJ-308A 型电导率仪（附 DJS-1D 型铂黑电极），秒表，恒温水槽，叉形（羊角形）电导池，温度计，移液管，烧杯。

2. 药品

乙酸乙酯（0.020 0 mol·L^{-1}），氢氧化钠（0.020 0 mol·L^{-1}）。

四、实验步骤与记录

实验步骤	实验记录
1. 溶液起始电导率 κ_0 的测定 用移液管分别取 25 mL 蒸馏水和 25 mL 0.020 0 mol·L^{-1} NaOH 的溶液，加到洁净、干燥的叉形管电导池中充分混合均匀，室温恒温 5 min。并轻轻摇动数次，然后将电极插入溶液，测定溶液电导率，直至不变为止，此数值即为 κ_0。	1. 现象： κ_0 = ________
2. 反应过程中电导率 κ_t 的测定 在另一支叉形电导池直支管中加 25 mL 0.020 0 mol·L^{-1} $CH_3COOC_2H_5$，侧支管中加入 25 mL 0.020 0 mol·L^{-1} NaOH，并把洗净的电导电极插入直支管中。在室温情况下，混合两溶液，同时开启停表，记录反应时间（注意停表一经打开切勿按停，直至全部实验结束），测定溶液的电导率 κ_t。在 4 min、6 min、8 min、10 min、12 min、15 min、20 min、25 min、30 min 各测电导率一次，记下 κ_t 和对应的时间 t。	2. t_1 = ________，κ_{t1} = ________， t_2 = ________，κ_{t2} = ________， t_3 = ________，κ_{t3} = ________， t_4 = ________，κ_{t4} = ________， t_5 = ________，κ_{t5} = ________， t_6 = ________，κ_{t6} = ________， t_7 = ________，κ_{t7} = ________， t_8 = ________，κ_{t8} = ________， t_9 = ________，κ_{t9} = ________，
3. 实验结束后，关闭电源，取出电极，用蒸馏水洗净并置于蒸馏水中保存待用。	

实验注意事项：

①本实验所用的蒸馏水需事先煮沸，待冷却后使用，以免溶有的 CO_2 致使 NaOH 溶液浓度发生变化。

②配好的 NaOH 溶液需装配碱石灰吸收管，以防空气中的 CO_2 进入瓶中改变溶液浓度。

③测定 298.2 K、308.2 K 的 κ_t 时，溶液均需临时配制。

④所用 NaOH 溶液和 $CH_3COOC_2H_5$ 溶液浓度必须相等。

⑤$CH_3COOC_2H_5$ 溶液须使用时临时配制，因该稀溶液会缓慢水解（$CH_3COOC_2H_5 + H_2O = CH_3COOH + C_2H_5OH$），影响 $CH_3COOC_2H_5$ 的浓度，且水解产物 CH_3COOH 又会部分消耗 NaOH。在配制溶液时，因 $CH_3COOC_2H_5$ 易挥发，称量时可预先在称量瓶中放入少量已煮沸过的蒸馏水，且动作要迅速。

⑥为使 NaOH 溶液与 $CH_3COOC_2H_5$ 溶液确保混合均匀，需使该两溶液在叉形管中多次来回往复。

⑦不可用纸拭擦电导电极上的铂黑。

五、数据处理

1. 将 κ_t，t，$\frac{\kappa_0-\kappa_t}{t}$ 列表。温度：__________，$\kappa_0=$__________。

时间 t/min											
κ_t											
$(\kappa_0-\kappa_t)/t$											

2. 用图解法绘制 $\kappa_t\sim\frac{\kappa_0-\kappa_t}{t}$ 图。

3. 由直线斜率计算反应速率常数 k。

六、思考题

1. 如果 NaOH 和 $CH_3COOC_2H_5$ 起始浓度不相等，试问应怎样计算 k 值？

2. 如果 NaOH 与 $CH_3COOC_2H_5$ 溶液为浓溶液，能否用此法求 k 值？为什么？

日期：　　　学生姓名：　　　指导教师：　　　实验成绩：

实验态度(10分)			实验记录(30分)			实验操作(30分)			结论与思考题(30分)		
差 0～3	良 4～7	优 8～10	差 0～15	良 16～25	优 26～30	差 0～15	良 16～25	优 26～30	差 0～15	良 16～25	优 26～30

【背景知识】

一、乙酸乙酯皂化反应

系吸热反应，混合后体系温度降低，所以在混合后的起始几分钟内所测溶液的电导率偏低，因此最好在反应 4～6 min 后开始，否则，由 $\kappa_t \sim \frac{\kappa_0 - \kappa_t}{t}$ 作图得到的是一抛物线，而不是直线。

二、求反应速率的方法

方法很多，归纳起来有化学分析法及物理化学分析法两类。化学分析法是在一定时间取出一部分试样，使用骤冷或取去催化剂等方法使反应停止，然后进行分析，直接求出浓度。这种方法虽设备简单，但是时间长，比较麻烦。物理化学分析法有旋光、折光、电导、分光光度等方法，根据不同情况可用不同仪器。这些方法的优点是实验时间短，速度快，可不中断反应，而且还可采用自动化的装置。但是需一定的仪器设备，并只能得出间接的数据，有时往往会因某些杂质的存在而产生较大的误差。

三、雷磁 DDSJ-308A 型电导率仪的使用方法

(1)试剂准备

试剂准备具体情况见表 29-1 至表 29-3。

表 29-1　测定电极常数的 KCl 标准溶液浓度

电极常数/cm^{-1}	KCl 溶液近似浓度/($mol \cdot L^{-1}$)	电极常数/cm^{-1}	KCl 溶液近似浓度/($mol \cdot L^{-1}$)
0.01	0.001	1	0.01 或 0.1
0.1	0.01	10	0.1 或 1

注：KCl 应该用一级试剂，并须在 110℃烘箱中烘 4 h，取出干燥冷却后方可称量。

表 29-2　KCl 标准溶液的组成

KCl 近似浓度/($mol \cdot L^{-1}$)	容量浓度 KCl($g \cdot L^{-1}$)溶液(20℃空气中)
1	74.265 0
0.1	7.436 5
0.01	0.744 0
0.001	将 100 mL 0.01 $mol \cdot L^{-1}$的溶液稀释至 1 L

表 29-3　KCl 标准浓度及其电导率值关系

温度/℃	近似浓度/($mol \cdot L^{-1}$)			
	1	0.1	0.01	0.001
	电导率值/($\mu S \cdot cm^{-1}$)			
15	92 120	10 455	1 141.4	118.5
18	97 800	11 163	1 220.0	126.7
20	101 700	11 644	1 273.7	132.2
25	111 310	12 852	1 408.3	146.6
30	131 100	15 353	1 687.6	176.5

(2)实验步骤

电导率测量过程中,正确选择电导电极常数,对获得较高的测量精度是非常重要的。可配用的常数为 0.01、0.1、1.0、10 四种不同类型的电导电极。用户应根据测量范围选择相应常数的电导电极。

测量范围/($\mu S\cdot cm^{-1}$)	推荐使用电导常数的电极
0～2	0.01,0.1
0～200	0.1,1.0
200～2 000	1.0
2 000～20 000	1.0,10
20 000～100 000	10

注意:对常数 1.0、10 类型的电导电极有"光亮"和"铂黑"两种形式,镀铂电极习惯称作铂黑电极;光亮电极的测量范围为 0～300 $\mu S\cdot cm^{-1}$ 为宜。

TDS 范围及对应电极常数推荐表

TDS 范围/($mg\cdot L^{-1}$)	电导率范围/($\mu S\cdot cm^{-1}$)	推荐使用电极常数/cm^{-1}
0～1 000	0～2 000	1.0
1 000～10 000	2 000～20 000	1.0,10
1 000～19 990	2 000～40 000	10

开机

按下"ON/OFF"键,仪器将显示厂标、仪器型号、名称,即"DDSJ-308A 型电导率仪"。几秒后,仪器自动进入上次关机时的测量工作状态,此时仪器采用的参数为用户最新设置的参数。如果用户不需改变参数,则无须进行任何操作,即可直接进行测量。

测量功能

仪器有电导率,TDS,盐度 3 种测量功能,按"模式"键可以在 3 种模式间进行转换。

例如:仪器开始为电导率测量状态,将显示如下:

按一次"模式"键,仪器进入盐度测量状态,将显示如:

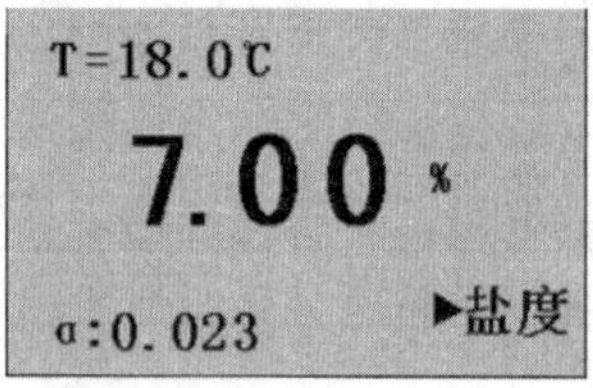

按一次"模式"键，仪器进入 TDS 测量状态，将显示如：

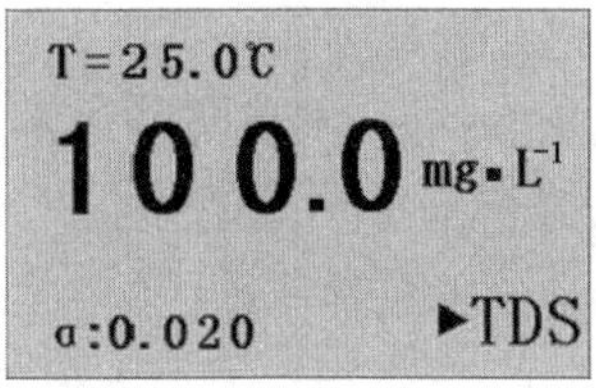

注意：仪器关机时处于何种测量状态，下次开机时仪器将自动进入这种测量状态。

在电导率及 TDS 测量时，温度电极接上，仪器自动按设定的温度系数将电导率补偿到 25.0℃时的值；温度电极不接，仪器显示待测溶液未经补偿的原始电导率值。

在盐度测量时，温度电极接上，仪器自动将盐度补偿到 18.0℃时的值；温度电极不接，仪器显示待测溶液未经补偿的盐度值。

电极常数设置功能

电导电极出厂时，每支电极都标有一定的电极常数值。用户需将此值输入仪器。例如：电导电极的常数为 1.025，则具体操作步骤如下：

①在电导率测量状态下，按"电极常数"键，仪器显示：

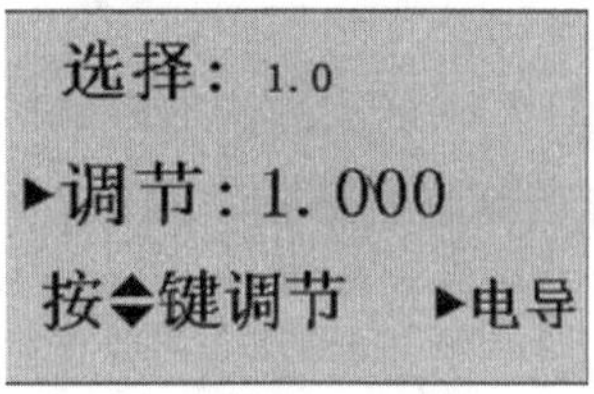

其中，"选择"指选择电极常数档次（本仪器设计有五种电极常数档次值，即：0.01、0.1、1.0、5.0 和 10.0），"调节"指调节当前档次下的电极常数值。用"▲"或"▼"键即可调节常数或选择档次。

②按"▲"或"▼"键修改到电极标出的电极常数值：1.025。

③按"确认"键，仪器自动将电极常数值 1.025 存入并返回测量状态，在测量状态中即显示此电极常数值。

总之，用"电极常数"键可在电极常数档次选择和常数调节两个状态间翻转，用"▲"或"▼"键可进行电极常数档次选择或常数调节。

温度系数设置功能

在电导率或 TDS 测量状态下，按"温补系数"键，仪器进入温补系数调节状态。显示如下：

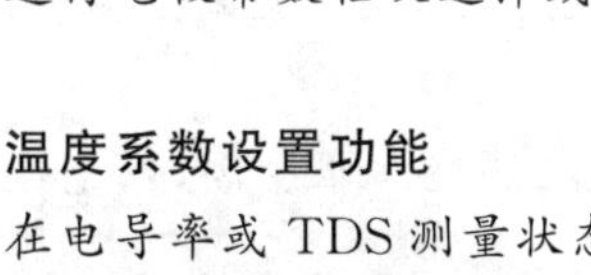

电导电极常数的标定

电导电极出厂时，每支电极都标有电极常数值。用户若怀疑电极常数不正确，用以下步骤进行标定：根据电极常数，选择合适的标准溶液（见表 29-1），配制方法（见表 29-2），标准溶液与电导率值关系表（见表 29-3）；

①将电导电极接入仪器，将温度电极拔去，仪器则认为温度为 25.0℃，此时仪器所显示的电导率值是未经温度补偿的绝对电导率值；

②用蒸馏水清洗电导电极，再用被测溶液清洗一次电极；

③将电导电极浸入校准溶液中；

④控制溶液温度恒定为（25.0±0.1）℃或（20.0±0.1）℃或（18.0±0.1）℃或（15.0±0.1）℃；

⑤接上电源，进入电导率测量工作状态；

⑥根据所用的电导电极选择好电极常数的档次（分 0.01、0.1、1.0、5.0、10.0 五档），并回到电导测量状态；

⑦待仪器读数稳定后，按下"标定"键，仪器显示如下：

⑧ 按"▲"或"▼"键使仪器显示表 29-1 至表 29-3 中所对应的数据，然后按"确认"键，仪器将自动计算出电极常数值并贮存（具有断电保护功能），随即自动返回测量状态；按"取消"键，仪器不作电极常数标定并返回测量状态。

常数、温度补偿设置完毕，就可以直接进行测量。

注意事项

（1）为保证仪器的测量精度，必要时在仪器的使用前，用该仪器对电极常数进行重新标定。同时应定期进行电导电极常数标定。

（2）在测量高纯水时应避免污染，正确选择电导电极的常数并最好采用密封、流动的测量方式。

（3）如仪器显示"溢出"，则说明所测值已超出仪器的测量范围，此时用户应马上关机，并换用电极常数更大的电极，然后再进行测量。

（4）若开机显示屏不亮，应检查电源器是否有电输出。电极插头座防止受潮，以免造成不必要的测量误差

（5）为确保测量精度，电极使用前应用于小 0.5 $\mu S \cdot cm^{-1}$ 的去离子水（或蒸馏水）冲洗 2 次，然后用被测试样冲洗后方可测量。

电导电极的清洗与贮存

1. 电导电极的贮存

光亮的铂电极、镀铂黑的铂电极（长期不使用），一般贮存在干燥的地方。但镀铂黑的铂电极使用前必须放入（贮存）在蒸馏水中数小时，经常使用的镀铂黑铂电极可以放入（贮存）在蒸

馏水中。

2. 电导电极的清洗

①可以用含有洗涤剂的温水清洗电极上有机成分污垢，也可以用酒精清洗。

②钙、镁沉淀物最好用 10% 柠檬酸。

③光亮的铂电极，可以用软刷子机械清洗。但在电极表面不可以产生刻痕，绝对不可以使用螺丝、起子之类硬物清除电极表面，甚至在用软刷子机械清洗时也需要特别注意。

④对于镀铂黑的铂电极，只能用化学方法清洗，用软刷子机械清洗时会破坏镀在电极表面的镀层（铂黑）。注意：某些化学方法清洗可能再生或损坏被轻度污染的铂黑层。

实验30　气相色谱法测定白酒中乙醇含量

一、实验目的

学习气相色谱法的原理；了解氢火焰检测器的调试及使用方法；掌握色谱内标定量方法。

二、实验原理

内标法是一种准确而应用广泛的定量分析方法，操作条件和进样量不必严格控制，限制条件较少。当样品中组分不能全部流出色谱柱，某些组分在检测器上无信号或只需测定样品中的个别组分时，可采用内标法。

内标法就是将准确称量的纯物质作为内标物，加入到准确称取的样品中，根据内标物的质量 m_s 与样品的质量 m 及相应的峰面积 A 求出待测组分的含量。

待测组分质量 m_i 与内标物质量 m_s 之比等于相应的峰面积之比。

$$\frac{m_i}{m_s}=\frac{A_i g_i}{A_s g_s}$$

$$m_i=\frac{A_i g_i}{A_s g_s}m_s$$

$$\omega_i=\frac{m_i}{m}=\frac{A_i g_i m_s}{A_s g_s m}$$

（或 $\rho_i=\frac{m_i}{V}=\frac{A_i g_i m_s}{A_s g_s V}$，$V$ 为待测样品体积）

式中：g_i、g_s 为被测组分和内标物的绝对质量校正因子；A_i、A_s 为被测组分和内标物的峰面积。

为方便起见，求定量校正因子时，常以内标物作为标准物，则 $g_s=1.0$。选用内标物时需满足下列条件：

①内标物应是样品中不存在的物质；

②内标物应与待测组分的色谱峰分开，并尽量靠近；

③内标物的量应接近待测物的含量；

④内标物与样品互溶。

本实验样品中乙醇的含量可用内标法定量，以正丙醇为内标物符合以上条件。

三、实验用品

1. 仪器

气相色谱仪、微量注射器、容量瓶、色谱工作站、吸量管。

2. 试剂

固定液：聚乙二醇 20000（简称 PEG 20 M）、乙醇（AR）、正丙醇（AR）。

载体:上海试剂厂 102 白色载体(60～80 目)(液载比 10%)、食用酒。

四、实验内容

(1)设置色谱操作条件;(2)标准溶液的测定;(3)样品溶液的测定;(4)结果处理与分析。

五、实验步骤与记录

实验步骤	实验记录
1. 设置色谱操作条件 柱温为 90℃,汽化室温度为 150℃,检测器温度为 130℃,N_2(载气)流速为 40 mL·min^{-1},H_2 流速为 35 mL·min^{-1},空气流速 400 mL·min^{-1}。	柱温:______℃ 汽化室温度:______℃ 检测器温度:______℃ N_2(载气)流速:______ mL·min^{-1} H_2 流速:______ mL·min^{-1} 空气流速:______ mL·min^{-1}
2. 标准溶液的测定 准确移取 2.50 mL 乙醇和 2.50 mL 正丙醇于 50 mL 容量瓶中,用蒸馏水稀释至刻度,摇匀。用微量注射器吸取 0.5 μL 标准溶液,注入色谱仪内,记录各峰的保留时间 t_R,测量各峰的峰高及半峰宽,求以正丙醇为标准的相对校正因子。	记录各峰的保留时间 t_R:______ 测量各峰的峰高及半峰宽:______ 求以正丙醇为标准的相对校正因子:______
3. 样品溶液的测定 准确移取 5.00 mL 酒样及 2.50 mL 内标物正丙醇于 50 mL 容量瓶中,加水稀释至刻度,摇匀。用微量注射器吸取 0.5 μL 样品溶液注入色谱仪内,记录各峰的保留时间 t_R,以标准溶液与样品溶液的 t_R 对照,定性分析样品中的醇含量,测定乙醇、正丙醇的峰高及半峰宽,求样品中乙醇的含量。	记录各峰的保留时间 t_R:______

六、数据处理

以标准溶液与样品溶液的 t_R 对照,定性分析样品中的醇含量,测定乙醇、正丙醇的峰高及半峰宽,求样品中乙醇的含量。

	t_R(乙醇)/min	t_R(正丙醇)/min	A(乙醇)	A(正丙醇)	G_i
标准溶液					
样品溶液					

本实验 C_2H_5OH 的含量按下列公式计算:

$$\rho_i=\frac{A_i/A_s\cdot m'_i}{A'_i/A'_s\cdot V}\times 10$$

式中:ρ_i 为乙醇的质量浓度(单位为 g·mL^{-1});m_i 为样品中乙醇质量(单位为 g);V 为样品溶液体积(单位为 mL);A_i/A_s 为样品溶液中乙醇与正丙醇的峰面积比;A'_i/A'_s 为标准溶液中纯

乙醇与正丙醇的峰面积比；10 为稀释倍数；m'_i为标准溶液中纯乙醇的质量，它等于体积 V 乘密度 ρ，G_i 为相对校正因子。对于正常峰可用峰高代替峰面积计算。

七、思考题

1. 为什么可以利用色谱峰的保留值进行定性分析？

2. 什么是内标法和外标法？简述内标法的优缺点。

3. 气相色谱和液相色谱的应用范围分别是什么？

4. 气相色谱有哪几种检测器？适用对象是什么？

日期：　　　学生姓名：　　　指导教师：　　　实验成绩：

实验态度(10 分)			实验记录(30 分)			实验操作(30 分)			结论与思考题(30 分)		
差	良	优	差	良	优	差	良	优	差	良	优
0～3	4～7	8～10	0～15	16～25	26～30	0～15	16～25	26～30	0～15	16～25	26～30

【背景知识】

气相色谱仪的构造及使用

1. 气相色谱仪的主机结构

气相色谱仪一般由检测器、进样器、色谱柱箱、流量控制部件、检测器电路部件等部分组成。GC122 型仪器左侧是色谱柱箱，右侧上部是微机温度控制器，右侧下部是 FID 微电流放大器，柱箱上方后部是流量控制部件及气路面板，柱箱上方中部是热导池检测器安装位置，柱箱上方前部是离子化检测器安装位置，柱箱上方左部是毛细管进样器（进样器 A），柱箱上方右部是双填充柱进样器（进样器 B）。

2. GC122 型仪器主机的使用方法

恒温工作时 FID 检测器的操作步骤如下：

①连接载气、空气及氢气的外气路并检漏。

②安装好已老化过的色谱柱（从进样器至 FID 检测器）。

③连接 FID 检测器收集极至 FID 放大器信号入口间的高频电缆部件，同时连接 FID 的为双检测器工作方式。

④连接色谱工作站的电源线。

⑤打开载气源，旋转低压调节杆，直至载气低压表指示为 $3.5\sim6\ kg\cdot cm^{-2}$。调节填充柱气路面板上的 2 个载气稳流阀旋钮，将 A、B 二路载气流量调至适当值（根据分离条件，刻度旋钮所需圈数可由流量-刻度曲线表查得）。

⑥打开主机电源，分别设置柱箱、离子化室和进样器 B 温度。

例：柱箱：150℃；进样器 B：180℃；离子化室：180℃。

⑦打开微电流放大器电源开关，将面板上各开关置所需状态。

例：灵敏度：108；衰减：4；极性：+。

⑧连接色谱工作站的信号线，即信号线一端和色谱工作站输入端相连，另一端和 FID 放大器后部数据处理插座相连。

⑨工作站开启：打开工作站，进入样品数据采取系统，调节基线于适当位置。

⑩待进样器 B（填充柱进样器）、离子化室（FID 检测器）及柱箱温度平衡后，打开空气和氢气气源，旋转低压调节杆，直至空气低压表指示为 $3\sim6\ kg\cdot cm^{-2}$，氢气低压表指示为 $2\sim35\ kg\cdot cm^{-2}$。调节填充柱气路面板上两个空气针表阀旋钮和两个氢气针形阀旋钮，根据操作条件需要，将 A、B 二路空气和 A、B 二路氢气调节至适当流量（圈数和流量的关系可由相应的流量-刻度曲线表上查得）。

⑪点火：按动主机柱箱门右上方上两个点火按钮（FIDA 和 FIDB），火焰点燃时，工作站中基线会突然跳动，随后又会走平。判断火是否点燃的常用方法是用表面光洁的金属体或玻璃片放在离子室的“放空口”处，若金属体或玻璃表面有水蒸气凝结，则说明火已点燃。

⑫调节 FID 放大器上“粗”、“细”基流补偿旋钮，待基线稳定后即能分析。

3. 说明

①若进样后，发现出峰方向反了，此时可将 FID 放大器面板上正、负极性切换开关切换一下，即能改变出峰方向。

②若使用数据处理机或 FJ-2000 型色谱工作站（信号从 FID 放大器后部“数据处理”插座

引出），由于此时信号与正、负极性切换开关位置无关。因此，当出现反峰时，必须调换信号中正、负引线的连接位置。

③FID 灵敏度取决于 H_2 对载气流速之比（或对毛细管柱载气＋尾吹气），有一操作的最佳比例。一般情况，待测的样品组分浓度高时，增加空气流速可能是必要的；如果待测的组分浓度低时，可以减少空气流速。图 30-1 表示氢气对载气流速的最佳比例。

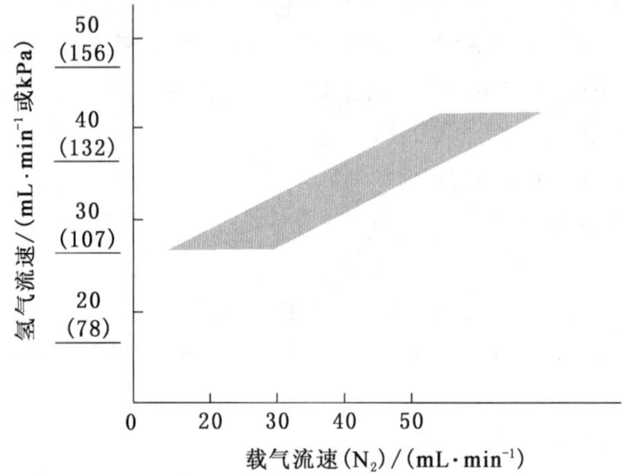

图 30-1 氢气对载气流速的最佳比例图

4. 色谱工作站使用流程

（1）数据采集

①打开“Workstation”工作组。

②把鼠标光标移至“数据采集”图标处，并双击鼠标左键或按“E”键，出现提示框后按“Enter”键或“Esc”键，数据采集系统开始运行。

③选择“R 运行操作”主菜单下的“R 操作登录”子菜单，在对话框中输入使用者的姓名，按“Enter”键。

④在“设置样品名”对话框中输入存盘文件名，按“Enter”键。

⑤进入采集系统主窗口，在“数据采集工具条”中输入“量程”，“时间”，“基线”值，一般可不用修改。

⑥单击“数据采集工具条”中的“基线监视”按钮，此时基线在窗口内移动，必要时可单击“调零”，以调整基线的位置。

⑦待基线稳定后，单击“开始运行”，在“开始采集”对话框内选择开始方式。

⑧待色谱峰全部出完后，单击“数据采集工具条”中的“结束运行”按钮，并确认。此时谱图已自动存盘，数据采集完成。

（2）数据处理

进入数据处理系统有 2 种方式：一种是直接进入；另一种是从数据采集系统进入。

由采样系统进入数据处理系统的方法：

①结束数据采集后，选择“D 数据分析”主菜单中的“D 数据 & 谱图处理”子菜单，出现提示框后按“Enter”键或“Esc”键，即进入数据处理系统。

②选择“积分”主菜单下的“参数设定”子菜单。在“积分参数设定”对话框内设置各种积分参数，最后点击“关闭”按钮。可从“窗口”下拉子菜单中“积分参数表”项，查看设置的积分参数，可进行删除。

③选择“I积分”主菜单下的“I积分”子菜单，开始积分。

④可选择“I积分”或“W窗口”主菜单下的“积分结果”子菜单，查看积分结果。

⑤选择“定量”主菜单下的各种的定量方法(“归一化法”，“校正归一化法”，“内标法”，“外标法”)，编辑定量文件，进行定量计算。

⑥打印报告。

5. 注意事项

(1)气路使用注意事项

①请不要自行改变气路内部稳压阀的输出气压，即不得调节气路系统后部的3个轴杆，以免影响刻度-流量曲线的有效性和输出精度。

②GC122型的气路部件所使用的阀门大多数为刻度式阀门，出厂时都已经过严格的调整及选配，用户不得拆下阀门的多圈旋钮，不然将使刻度指数与所附流量曲线表不相符合，万一多圈旋钮松动，刻度线走动，则需根据流量-刻度表上所入的压力条件，用皂沫流量计逐点校正，使其刻度-流量值与曲线表相符。为了保护针形阀及稳流阀，旋钮不宜旋至“0”圈，需关闭气体时，可直接关断净化器上的开关阀，或将阀门旋至曲线表上“0”流量的刻度上(旋至约1圈处)。

③当使用填充柱时，毛细管柱气路面板上的开关阀，应处于“关”状态；当使用毛细管柱时，填充柱载气流量A、B稳流阀应处于“关”状态(旋至约1圈处)，以免造成载气浪费。

(2)FID检测器使用注意事项

①本检测器是高灵敏度检测器，必须用高纯度的载气(99.99% N_2)，而且载气、氢气及空气应经净化器净化。

②柱子老化时，不要把柱子与检测器连接，以免检测器被污染，本机出厂时所附色谱柱最高使用温度为230℃，同时在老化柱子时不要打开氢气气源。

③在各操作温度未平衡之前将氢气及空气源关闭，以防止检测器内积水。

④在点火时，不要使按钮按下的时间过长，以免损坏点火圈。

⑤在使用仪器最高灵敏度档或程序升温分析时，所用的色谱柱应经过彻底老化。

⑥仪器开机后，应先通载气再升温，待FID检测器温度超过100℃时方能点火。

⑦为方便点火，建议先把氢气流量调大，然后点火。待点着火后，再慢慢地把氢气流量调回分析所需的流量值。

⑧仪器关机时应先关闭氢气(灭火)，然后降温，再关闭载气。

(3)微量进样器使用注意事项

①不可将活塞拉至超过其上的商标。

②吸取溶液时应将活塞来回拉几次，以排净其中的空气。

③针头不可在进样器中停留较长时间。

④使用后将其放好。

实验31　原子吸收法测定自来水中钙和镁的含量

一、实验目的

了解原子吸收分光光度计的测定原理；通过水中钙和镁的测定，掌握标准曲线法在实际样品分析中的应用。

二、实验原理

在使用锐线光源条件下，基态原子蒸气对共振线的吸收，符合朗伯比耳定律：

$$A=\log \frac{I}{I}=KIN_0$$

在试样原子化火焰温度低于3 000 K时，对大多数元素来说，原子蒸气中基态原子的数目实际上接近原子总数。在固定的实验条件下，待测元素的原子总数是与该元素在试样中的浓度c成正比的。因此，上式可以表示为：

$$A=K'c$$

对组成简单的试样，用标准曲线法进行定量分析比较方便。

三、实验用品

1. 仪器

原子吸收分光光度计、空气压缩机、乙炔钢瓶、钙和镁空心阴极灯、容量瓶、烧杯、吸量管、洗耳球

2. 药品

(1)钙标准溶液0.100 0 mg·mL^{-1}

用吸量管吸取10 mL 1.000 mg·mL^{-1}钙的贮备液于100 mL容量瓶中，用蒸馏水稀释至刻线，此标准溶液含钙0.100 0 mg·mL^{-1}。

(2)镁标准溶液0.005 00 mg·mL^{-1}

用吸量管吸取10 mL 1.000 mg·mL^{-1}镁的贮备液于100 mL容量瓶中，用蒸馏水稀释至刻线，此标准溶液含镁0.100 0 mg·mL^{-1}。准确吸取0.100 0 mg·mL^{-1}镁标准溶液5～100 mL容量瓶中，稀释至刻度，此标准溶液含有镁0.005 00 mg·mL^{-1}。

四、实验内容

(1)系列标准溶液的配制；(2)样品溶液的制备；(3)仪器调整；(4)测定标准溶液和样品的

吸光度值；(5)数据处理。

五、实验步骤与实验记录

实验步骤

1. 钙系列标准溶液的配制：

用 10 mL 吸量管分别吸取 2.00 mL、4.00 mL、6.00 mL、8.00 mL、10.00 mL 0.100 0 mg·mL^{-1}钙的标准溶液于5个100 mL 容量瓶中。用蒸馏水稀释至刻度，摇匀。此系列标准溶液含钙为 2.00 μg·mL^{-1}、4.00 μg·mL^{-1}、6.00 μg·mL^{-1}、8.00 μg·mL^{-1}、10.00 μg·mL^{-1}。

2. 水样的制备

用 10 mL 吸管吸取自来水样于 100 mL 容量瓶中，用蒸馏水稀释至刻度，摇匀。

3. 仪器准备及参数设定：

元素灯：________灯，波长________nm；

空气压力________MPa；

乙炔燃气压力________MPa；

火焰能量________%。

4. 测定

(1)按照【背景知识】中仪器的使用方法调试仪器，设定测量条件。

(2)吸喷空白溶液调零。

(3)由稀到浓逐个测量标准溶液的吸光度。

(4)测量样品的吸光度。

1. 镁系列标准溶液的配制：

用 10 mL 吸量管分别吸取 2.00 mL、4.00 mL、6.00 mL、8.00 mL、10.00 mL 0.005 00 mg·mL^{-1}镁的标准溶液于 5 个 100 mL 容量瓶中，用蒸馏水稀释至刻度，摇匀。此系列标准溶液含镁为 0.10 μg·mL^{-1}、0.20 μg·mL^{-1}、0.30 μg·mL^{-1}、0.40 μg·mL^{-1}、0.50 μg·mL^{-1}。

2. 水样的制备

用 2 mL 吸管吸取自来水样于 100 mL 容量瓶中，用蒸馏水稀释至刻度，摇匀。

3. 仪器准备及参数设定：

元素灯：________灯，波长________nm；

空气压力________MPa；

乙炔燃气压力________MPa；

火焰能量________%。

编号	空白	1	2	3	4	5	样品
标准溶液/mL							
水样/mL							
定容/mL	100.0						
C							
A							

六、结果与讨论

仪器分析和滴定分析测定的结果是否一致？若不一致请做简要分析，并提出改进方案。

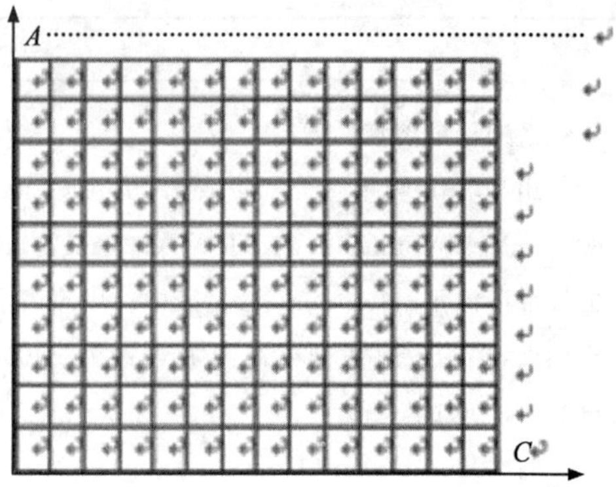

七、思考题

简述标准曲线法和标准加入法的优缺点。

日期：　　　　　　学生姓名：　　　　　　指导教师：　　　　　　实验成绩：

实验态度(10 分)			实验记录(30 分)			实验操作(30 分)			结论与思考题(30 分)		
差 0～3	良 4～7	优 8～10	差 0～15	良 16～25	优 26～30	差 0～15	良 16～25	优 26～30	差 0～15	良 16～25	优 26～30

【背景知识】

一、原子吸收分光光度计的构造及使用

1. 构造

原子吸收分光光度计由锐线光源、原子化器、分光系统和检测与记录系统组成。

①锐线光源。发射待测元素吸收的共振线,如空心阴极灯、无极放电灯等。以获得较高的灵敏度和准确度。

②原子化器。将试样中的待测元素转化为基态原子,以便对光源发射的特征谱线产生吸收。常见的有火焰原子化器、石墨炉原子化器和氢化物原子化器。火焰原子化器多采用预混型,由雾化器、雾化室(预混合室)和燃烧器(头)构成。雾化器可将试样溶液分散为极微细的雾滴,得到稳定、细致均匀、雾化效率高的雾滴。试液雾化后进入雾化室,与燃气在室内充分混合。再进入燃烧器,在燃烧的火焰中蒸发、干燥形成干气溶胶雾粒,再经融熔化、受热解离成基态自由原子蒸气。

③分光系统。将待测元素的分析线与其他干扰谱线分开,使检测器只接收分析线。

④检测与记录系统。将分光系统分出来的待测元素分析线的微弱光能转换成电信号,放大转换后显示测定数据,或由记录系统自动记录。

2. TAS-990 火焰型原子吸收仪使用方法

图 31-1 是 TAS-990 型原子吸收仪的外观示意图。具体使用操作如下:

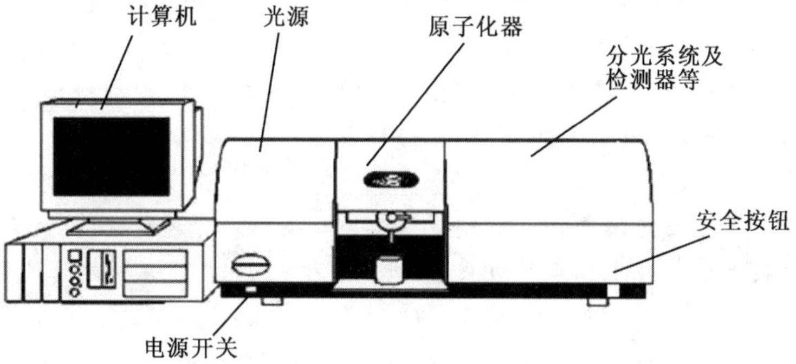

图 31-1 TAS-990 型原子吸收仪的外观示意图

(1)开机。打开电脑电源,等电脑完全启动后再打开原子吸收仪主机电源。

(2)联机初始化及选择元素灯。

① 双击电脑屏幕上“AAwin”图标,输入密码,选择“联机”并点击“确定”。仪器进行初始化,然后弹出“选择工作灯和预热灯”窗口。

②依照实验顺序选择需要的工作灯和预热灯,点击“下一步”,出现“设置元素测量参数”窗口。

③可以根据需要更改相应元素参数(一般不用更改)。设置完成后点击“下一步”。出现“设置波长”窗口。

④一般使用推荐的特征谱线,点击“寻峰”,弹出寻峰窗口(根据所选元素灯元素不同,整个

过程需要时间不同，一般在 1～3 min)。寻峰过程完成后，点击关闭。点击“下一步”，点击“完成”。

(3)仪器调整。

①选择测量方法：点击仪器下“测量方法”选择相应的方法后点“确定”。

②火焰法燃烧器参数设置：点击仪器下“火焰”出现火焰选择界面，输入适当的燃烧气流量与高度和位置(一般以仪器默认为准)，回车。反复调整燃烧器位置使得元素灯光束从燃烧器缝隙正上方通过。按“关闭”退出。

(4)设置参数。点击“参数”，弹出测量参数窗口。火焰法参数：测量次数选 3 次；测量方式选“自动”；计算方式选“连续”；积分时间一般设置范围为“0.1～100 s”；滤波系数一般设置范围为“0.01～10 s”。

(5)火焰吸收法测量。

1)点火

打开空压机，使压力为 0.20～0.25 MPa。检查水封是否有水，否则加水。打开乙炔(逆时针打开乙炔钢瓶总开关)，使压力为 0.05～0.08 MPa。点击火焰窗口中的“空气—乙炔框”中的“点火”，待火焰正常点燃后，点击“确定”关闭对话框。如果第一次没有点燃，请等 5～10 s 再重新点火。火焰点燃后，把进样吸管放入去离子水中，点击“能量”，选择“自动能量平衡”调整能量到 100%左右，再点“关闭”，用水冲洗 5 min 左右。

2)设置样品

点击“样品”，进入“样品设置向导”主要选择“浓度单位”。点击“下一步”，进入标准样品画面，根据所配制的标准样品设置标准样品的数目及浓度。点击“下一步”；进入辅助参数选项，如果计算样品的实际含量，则要依次输入“重量系数”、“体积系数”、“稀释比率”和“校正系数”，也可以直接点击“下一步”；点击“完成”，结束样品设置。

3)测量

把进样吸管放入空白溶液中，点击“测量”键，等数据稳定后进行校零：打开测量窗口(在屏幕右上角)，点击校零键 2～3 次，调整吸光度为零左右，点击“开始”，自动读数 3 次完成空白溶液测量。

进样吸管放入第一个标准样品吸入标样，点击“开始”，自动读数 3 次完成一个标样测量。再吸入下一个标样，再点击“开始”，依次测完所有标样。注意：在测量中一定要注意观察测量信号曲线，直到曲线平稳后再按测量键“开始”，自动读数 3 次完成后再把进样吸管放入下一个样品继续测量。

做完标准样品后，把进样吸管放入去离子水中，点击“终止”按键。把鼠标指向“标准曲线图框”内，点击右键，选择“详细信息”，查看相关系数 R 是否合格。如果合格，进入样品测量。如果不合格，点“新建”，不保存数据，用水冲洗 1～2 min，再点“样品”，按上面步骤设置好后重新再做。

把进样吸管放入空白溶液，点击测量键，进入测量画面(屏幕右上角)。点击校零键，调整吸光度为零左右。吸入一个样品，点击“开始”键测量，自动读数 3 次完成一个样品测量。测量完成后，把进样吸管放入去离子水中，点击“终止”按键。点“新建”，用水冲洗 1～2 min，再点“样品”，按上面步骤设置好后重新开始下组实验。

4)关机

如果完成测量,一定要先关闭乙炔(顺时针拧紧乙炔钢瓶总开关),等到乙炔两个表指针都为零,火焰熄灭(注意:分压表一定逆时针拧松)再关闭空压机,按下放水阀放水,直到压力为零。退出 TAS-990 程序,关闭仪器主机电源,关闭计算机电源。

实验 32　红外光谱法鉴定塑料包装袋的成分

一、实验目的

了解 FT-IR 光谱仪的结构，熟悉红外光谱仪的使用方法。

二、实验原理

红外光谱是物质被红外光照射后，会吸收特定频率的红外光，发生振动能级跃迁，从而产生的特征吸收光谱。

红外光谱定性分析，一般采用两种方法：一种是用已知标准物对照，另一种是标准图谱查对法。

(1)已知物对照应由标准品和被检物在完全相同的条件下，分别给出其红外光谱进行对照，图谱相同，则肯定为同一化合物。

(2)标准图谱查对法是一个最直接、可靠的方法。根据待测样品的来源，物理常数，分子式以及谱图中的特征谱带，查对标准谱图来确定化合物。

在用未知物图谱查对标准图谱时，必须注意：

①比较所用仪器与绘制的标准图谱在分辨率与精度上的差别，可能导致某些峰的细微结构有差别。

②未知物的测绘条件一致，否则图谱会出现很大差别。

③必须注意引入杂质吸收带的影响。如 KBr 压片可能吸水而引进水的吸收带等，应尽可能避免杂质的引入。

三、实验用品

1. 仪器

FTIR-650 型红外光谱仪。

2. 样品

聚乙烯或聚苯乙烯等塑料薄膜。

四、实验内容

(1)准备待测样品；(2)测定红外吸收谱图；(3)利用检索软件进行定性鉴定。

五、实验步骤与实验记录

实验步骤	实验记录
1. 开机，预热 15 min 以上。 2. 打开操作软件，进行参数设置。 3. 制备样品。根据样品本身的性质选取合适的制样方法。注意避免水分对谱图造成影响。 4. 点击“采样品”，软件会提示采集背景，背景采集完后弹出对话框提示放入样品，此时将样品放入样品室点击“确定”，软件自动采集样品，采集结束后自动除去背景峰从而得到样品谱图。 5. 对谱图进行对比检索，并进行特征峰分析。 6. 保存谱图，取出样品。 7. 测试其他样品。 8. 测试完成后取出样品，做好清洁，关闭仪器、电脑。	仪器参数： 波长范围____________ 扫描次数____________ 分辨率____________

塑料薄膜主要成分为：

样品的红外图谱及主要特征峰分析：

六、思考题

1. 化合物产生红外吸收的基本条件是什么？

2. 对一个普通的固体有机物，怎样才能获得一个符合要求的红外谱图？

3. 红外光谱图能够提供化合物的哪些信息？简要描述中红外区官能团的吸收波数范围。

日期：　　学生姓名：　　指导教师：　　实验成绩：

实验态度(10 分)			实验记录(30 分)			实验操作(30 分)			结论与思考题(30 分)		
差 0～3	良 4～7	优 8～10	差 0～15	良 16～25	优 26～30	差 0～15	良 16～25	优 26～30	差 0～15	良 16～25	优 26～30

【背景知识】

红外光谱仪的原理、构造及使用

1. 原理

红外吸收光谱(infrared absorption spectrometry, IR)是将红外光照射试样,试样分子吸收特定频率的红外光,发生能级跃迁,就产生吸收光谱。发生红外吸收的条件主要为:分子振动或转动伴随着偶极矩的变化;以及红外光子的能量等于分子振动的能级能量差。红外吸收谱带的强度则与分子极性以及偶极矩的变化相关,一般强极性分子的吸收比弱极性分子的强,偶极矩变化大的则吸收强。不同官能团对红外光的吸收是有规律的,吸收峰与各官能团分子振动形式相对应,是其结构的反映。

在分子中,原子的运动方式有 3 种,一种是按线性平动方式的运动,有一种是原子绕着质量中心的周期性转动,还有一种就是振动。我们可以用 X、Y、Z 3 个坐标来描述这种运动,若分子中有 n 个原子,则其运动方式总共有 $3n$ 个坐标。其中 3 个是描述分子平动的,另 3 个是描述非线性分子的转动,线性分子转动只需 2 个坐标。因此,非线性分子的振动有 $3n-6$ 个,而线性分子的振动只有 $3n-5$ 个。对于简单分子,用理论解析这些振动是可能的,但是实际上复杂的有机物不仅震动的数目多,而且倍频和组合频也出现吸收,使光谱变得很复杂,对全部吸收带都做理论解析是非常困难的。因此红外光谱用于定性分析时通常用各种特征吸收图表,找出基团和骨架结构引起的吸收谱带,然后与推断的化合物的标准谱图进行对照,作出结论。

为便于谱图的解析,通常把红外光谱分为官能团区和指纹区两个区域。波数 4 000～1 400 cm^{-1} 的频率范围为官能团区,吸收主要是由于分子的伸缩振动引起的。常见的官能团在这个区域内一般都有特定的吸收峰;低于 1 400 cm^{-1} 的区域称为指纹区,其间吸收峰的数目较多,是由化学键的弯曲振动和部分单键的伸缩振动引起的,吸收带的位置和强度随化合物而异。如不同人彼此有不同的指纹一样,许多结构类似的化合物,在指纹区仍可找到它们之间的差异,因此指纹区对鉴定化合物起着非常重要的作用。如未知物的红外光谱图中的指纹区与标准样品相同,就可以断定它和标准样品是同一物(对映体除外)。按官能团和化学键的特征吸收频率可将红外区 4 000～400 cm^{-1} 划分为 4 个区,如表 32-1 所示。

表 32-1　常见官能团和化学键的红外特征吸收频率范围

频率范围 /cm^{-1}	基团区	基团及振动形式	频率范围 /cm^{-1}	基团区	基团及振动形式
4 000～2 500	氢键区	O—H、N—H、C—H 等的含氢基团的伸缩振动	2 000～1 500	双键区	C ═C、C ═O、C ═N、NO_2、Ar^- 等双键基团的伸缩振动
2 500～2 000	叁键区和累积双键区	C≡C、C≡N、N≡N 等叁键和 C ═C ═C 等累积双键基团的伸缩振动	1 500～400	单键区	C—C、C—N、C—O、C—X 等单键基团的伸缩振动及 O—H、C—H 等含氢基团的弯曲振动

分析红外光谱的顺序是先官能团区,后指纹区;先高频区,后低频区;先强峰,后弱峰。即先在官能团区找出最强的峰的归宿,然后再在指纹区找出相关峰。对许多官能团来说,往往不

是存在一个而是一组彼此相关的峰，将其结合起来进行分析，才能证实官能团的存在。

目前人们对已知的化合物的红外光谱图已陆续汇集成册，这就给鉴定未知物带来了极大的方便。如果未知物和某已知物具有完全相同的红外光谱，那么这个未知物的结构也就确定了。

例如烯烃中的特征吸收峰由═C—H键和C═C键的伸缩振动以及═C—H键的变形振动所引起。C═C伸缩振动吸收峰的位置在1 670～1 620 cm^{-1}，随着取代基的不同，吸收峰的位置也有所不同。单烯的C═C伸缩振动吸收峰处于较高波数，强度较弱。但有共轭时，其强度增加，并向低波数移动。共轭双烯有两个υC—C，一个在1 600 cm^{-1}，另一个在1 650 cm^{-1}，这是由于共轭的两个C═C键发生相互偶合的结果。烯烃中的—C—H键对称伸缩振动吸收出现在2 975 cm^{-1}，这是鉴定有无芳环的重要标志。一般1 600 cm^{-1}峰较弱，而1 500 cm^{-1}峰较强，但苯环上的取代情况会使这两峰发生位移。若在2 000～1 700 cm^{-1}之间有锯齿状的倍频吸收峰，是确证单取代苯的重要旁证。羧酸中羰基C═C的振动频率吸收为1 690 cm^{-1}，羧基的O—H缔合伸缩振动吸收频率为3 200～2 500 cm^{-1}区域的宽吸收峰。

红外光谱主要应用于有机物的定性分析和结构分析，也可以进行物质的定量分析。

红外吸收光谱有许多吸收峰，而这些吸收峰的位置和形状与分子中存在的基团及整个分子结构有着密切的关系。因此，红外吸收光谱在有机物的定性和结构分析方面应用非常广泛，已成为有机化学和结构化学中研究有关问题不可缺少的工具。与紫外和可见光光度法一样，红外光谱定量分析也是以朗伯-比耳定律为基础的。一般将分析波长选在被分析组分的特征吸收处，以避免其他共存组分的干扰。原则上液体、气体和固体样品都可使用红外光谱法作定量分析。气体和液体样品盛于吸收池中进行测定，固体样品常采用压片制样进行测定。

红外光谱法的主要缺点是灵敏度一般不如紫外分光光度法，并且这种方法只有鉴别能力而无分离能力。因此，对于一些复杂分子的解析还得与其他分析手段相配合，如采用色谱-红外光谱联用，并与质谱分析、核磁共振波谱分析进行对照。

2. 仪器构造

近现代红外光谱仪主要采用傅里叶变换红外光谱技术，是利用干涉图和光谱图之间的对应关系，通过测量干涉图和对干涉图进行傅里叶积分变换的方法来测定和研究光谱的技术。与传统的色散型光谱仪相比，傅里叶变换红外光谱仪能同时测量、记录所有波长的信号，并以更高的效率采集来自光源的辐射能量，具有更高的信噪比和分辨率。

傅里叶红外光谱仪主要由光源、吸收池(样品池)、干涉仪以及检测器等构成。图32-1所示为双光路傅里叶变换红外光谱仪的结构示意图，一路为参比光路，一路为测样光路。不同公司的仪器在干涉仪的结构设计上有所不同。图32-2所示是折射扫描干涉仪。它是传统的迈克尔逊干涉仪的一种变形，具有更高的光通量和稳定性。与迈克尔逊干涉仪一样，折射扫描干涉仪由分束器、补偿器及两臂上的反射镜组成，但与传统的迈克尔逊干涉仪结构不同的是，折射扫描仪的两臂不成直角，平面镜被代之以角反射镜，且均固定不动。分束器和补偿器都是楔形的，补偿光楔可沿着平行于分束器镀膜表面的方向运动。当来自光源的红外光束射入干涉仪时，经分束器后变成了两束，透射和反射光束分别垂直于分束器及补偿器的外楔面，并分别投射到两臂上的角反射镜上。从角反射镜返回的光束的方向平行于入射光，当这两束光再次汇合时就将发生干涉。扫描光楔的运动将引起干涉仪其中一臂光程的变化，即改变了两臂的光程差，从而获得干涉图。

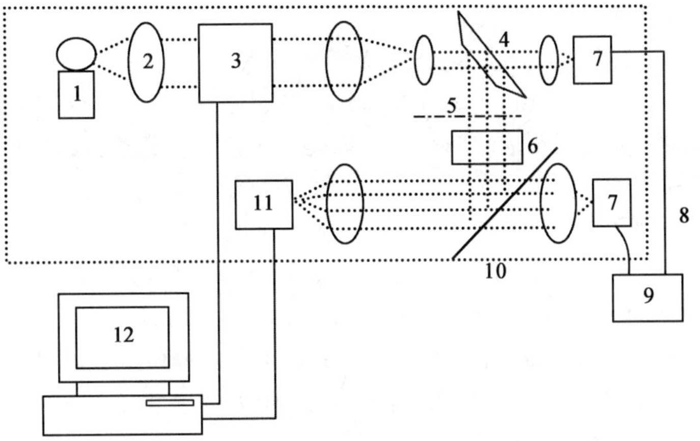

图 32-1　傅立叶变换红外光谱仪的结构示意图

1. 红外光源　2. 透镜　3. 干涉仪　4. 旋转反光镜　5. 参比光路　6. 样品池　7. 光纤维接口　8. 光纤　9. 光纤测样头　10. 半投射镜　11. 探测器　12. 计算机

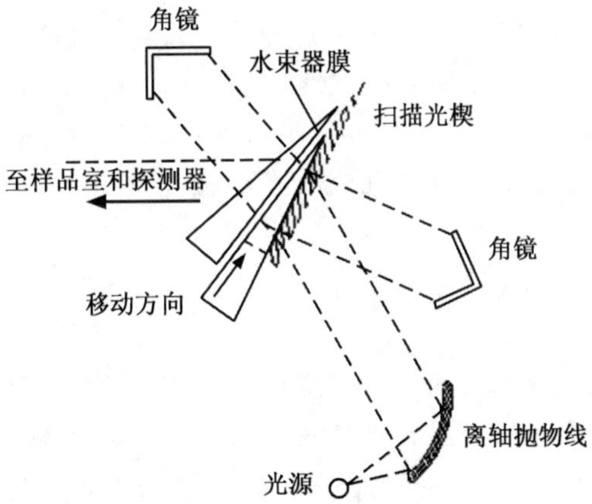

图 32-2　折射扫描干涉仪

3. FTIR-650 型红外光谱仪的使用方法

(1) 样品的制备

红外光谱样品的制备分气体样品、液体样品和固体样品的制备。这里主要介绍固体样品的制备。固体样品的测试常采用压片法。将分析纯的 KBr 与固体样品混合研磨(样品占混合物的 5 %)。磨细的混合物(颗粒直径约 2 μm)装在模具中，放于压片机中，加压至 29.4 MPa，30 s 后取出。呈透明的薄片样片，再放于样品池中在红外光谱仪上进行测试。压片前应将样品和 KBr 充分干燥后再制样，避免水分对谱图造成影响。

(2) 开机

确认样品室无异物，观察主机上方右下角，观察窗为蓝色说明空气干燥合格。

①打开干涉仪的电源开关，预热 15 min；②打开电脑开关，进入 windows 桌面，打开 FTIR-650 操作软件，联机后软件界面右上角的“光学台状态”显示为绿色对勾。

(3)仪器参数设置及校准

设置样品采集处理前的实验参数：点击菜单栏中的“采集”—“采集设置”，弹出一个对话框。点击其中的“实验设置”选项，可进行“扫描次数”、“分辨率”、“保存位置”、“背景光谱管理”等参数设置。一般将“背景光谱管理”设定为“采集样品前采集背景”，扫描次数可设定为 8 次，分辨率可设为 2 cm^{-1}。

点击对话框中的“工作台”选项，查看光学台干涉图的增益值，最大 max 增益值范围在 5.6～9.5 说明仪器工作正常，否则需由专业人员对增益值进行调节。

点击对话框中的“诊断”，进行激光频率自动校准。校准方法为：点击“激光查证”—“开始检测”，等待 1～2 min，校正成功后，点击“选择”完成校准。若仪器长时间无反应，则需检查仪器状态并重新校准。以下情况应进行校准：经常使用情况下每周进行一次；长时间(超过一周)不用后首次使用时；温度剧烈变化时。

(4)样品的测量

点击菜单栏下方的“采样品”图标，在弹出的对话框中输入采样标题信息并确认。仪器会先采集背景，此时会有提示框告知“准备背景采集”，查看样品室内不要有任何样品。点击“确定”，仪器会按照设定的采集次数和分辨率进行采集，采集完毕后的背景峰已出现在屏幕上。

继续有提示框告知“准备样品采集”，将制作好的样品放入样品室内，关好样品室门。点击“确定”，仪器对样品进行采集，采集结束后，电脑会自动扣除背景峰，将样品的峰显示于屏幕上。同时出现对话框“采样已完成，是否保存数据”，点击“是”。

合格的图谱，透过率最大值应该大于 65%，最小值应该小于 5%，曲线光滑没有毛刺峰。这样更容易与标准样品图谱进行对比。否则说明样品存在水汽太大、压片太厚(或浓度太高)、压片太薄(或浓度太低)等问题，需要重新制样。

(5)图谱的检索

点击菜单栏下方的“吸光度”，将图谱纵坐标由“透过率”转换为吸光度值，然后点击菜单栏中的“分析”—“图谱检索”，在弹出的对话框中点击“检索”。电脑会在自带的图谱库中检索与样品图谱最接近的多个图谱数据。选中其中一个，可以与样品图谱进行对比分析，对样品进行定性。

(6)图谱信息的显示和保存

点击菜单栏的“显示”—“显示参数设定”，在弹出的对话框内勾选需要随图谱显示的信息，填写样品名称等信息后，点击“确定”。再点击菜单栏下方的“预览”图标，完整的图谱以及测量参数都显示出来了，可以进行打印和保存。保存数据类型默认为.GFI 文件。

(7)结束实验

样品测定完毕，退出 FTIR 软件操作系统，关闭仪器主机电源。

将样品移出样品室，保持样品室、模具和仪器表面的清洁。

关闭电脑，填写仪器使用记录。

实验 33 荧光光度法检测蔬菜中维生素 B_2 含量

一、实验目的

学习荧光光度分析法测定维生素 B_2 的基本原理和方法；了解 970CRT 荧光光度计的结构、性能及操作。

二、实验原理

一些物质在被紫外光或波长较短的可见光照射后，能够发射出比入射光波长更长的荧光。以测量荧光的强度和波长为基础的分析方法叫荧光光度分析法。对同一物质而言，若 $alc \ll 0.05$，即对很稀的溶液，荧光强度 F 与该物质的浓度 c 有以下关系：

$$F = 2.3\Phi_f I_0 alc$$

式中：Φ_f 为量子过程的量子效率；I_0 为入射光强度；a 为荧光分子的吸收系数；l 为试液的吸收光程。

I_0 和 l 不变时：

$$F = Kc$$

式中，K 为常数。因此，在低浓度的情况下，荧光物质的荧光强度与浓度呈线性关系。

维生素 B_2(即核黄素，结构式见图 33-1)分子中有 3 个芳香环，具有平面刚性结构，因此它能够发射荧光。在 430～440 nm 蓝光的照射下，发出绿色荧光，其峰值波长为 535 nm。维生素 B_2 的荧光在 pH=7 时最强，在 pH=11 时消失。

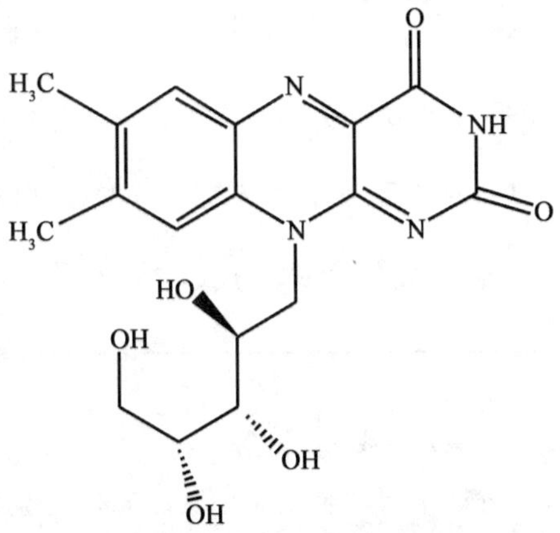

图 33-1 维生素 B_2 的结构式

荧光分析实验首先要选择滤光片(包括激发滤光片和荧光滤光片)，基本原则是使测量获得最强荧光，且受背景影响最小。激发光谱是选择激发滤光片的依据，该滤光片的最大透射比与待测物质激发光谱的最大峰值波长相近。荧光物质的激发光谱是指在荧光最强的波长处，改变激发光波长测量荧光强度的变化，用荧光强度对激发光波长作图所得的图谱。荧光光谱是选择荧光滤光片的主要依据。它是将激发波长固定在最大波长处，然后扫描发射波长，测定不同发射波长处的荧光强度即得荧光(发射)光谱。如图 33-2 所示为维

生素 B_2 的吸收(激发)光谱及荧光光谱示意图。

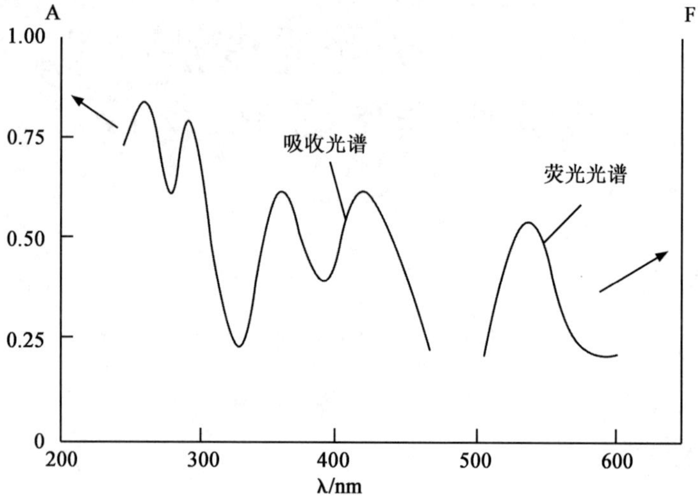

图 33-2　维生素 B_2 的吸收(激发)光谱及荧光(发射)光谱示意图

本实验采用标准曲线法,即以已知量的标准物质,经过和试样同样处理后,配置一系列标准溶液,测定这些溶液的荧光后,用荧光强度对标准溶液浓度绘制标准曲线,再根据试样溶液的荧光强度,在标准曲线上求出试样中荧光物质的含量。

三、实验用品

1. 仪器

970 CRT 荧光分光光度计、石英比色皿、吸量管、容量瓶、烧杯。

2. 试剂

10.00 mg・L^{-1}维生素 B_2 标准溶液、待测液。

四、实验内容

(1)标准系列溶液的配制;(2)标准溶液的测定;(3)未知试样的测定;(4)数据处理。

五、实验步骤与实验记录

实验步骤	实验记录
1. 标准系列溶液的配制 在 5 个洁净的 50 mL 容量瓶中,分别加入 1.00 mL、2.00 mL、3.00 mL、4.00 mL 和 5.00 mL 维生素 B_2 标准溶液,用 H_2O 稀释至刻度,摇匀。	$C_{标}$=10.00 mg・L^{-1} $C1$=________ μg・L^{-1},$C2$=________ μg・L^{-1} $C3$=________ μg・L^{-1},$C4$=________ μg・L^{-1} $C5$=________ μg・L^{-1}

续表

实 验 步 骤	实 验 记 录
2. 标准溶液的测定 (1)绘制激发光谱和荧光光谱：首先进行参数设定，然后在设定的波长范围内，即：以 λ_{em} = 536 nm，在 400～525 nm 范围内扫描激发光谱，以 λ_{ex} = 430 nm 和 440 nm，在 450～700 nm 范围内扫描荧光光谱，并分别找到他们的最大激发波长和最大发射波长。 (2)绘制标准曲线：将激发波长固定在 440 nm，发射波长固定为 535 nm，以 5 个系列标准溶液按照从稀到浓的顺序测量它们的荧光强度。	最大激发波长： 最大发射波长： $F1$=________，$F2$=________，$F3$=________， $F4$=________，$F5$=________。 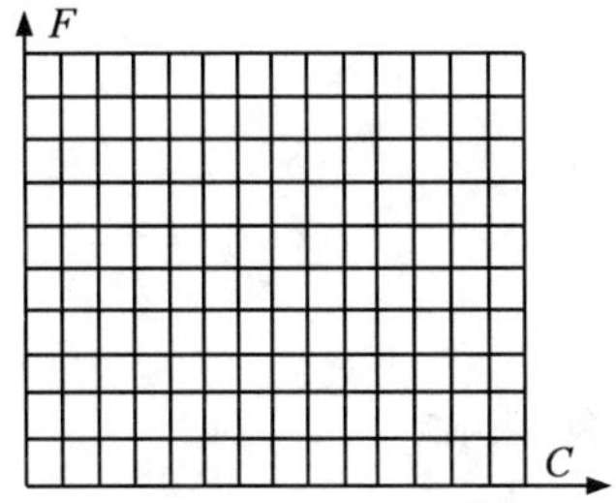
3. 未知试样的测定 取待测液 2.50 mL 置于 50 mL 容量瓶中，用 H_2O 稀释至刻度，摇匀。在“浓度测量”项中先打开绘制的标准曲线，然后与系列标准溶液相同的条件，测量其荧光强度及浓度。	Fx=________，Cx=________。

4. 数据处理

(1)用标准系列溶液的荧光强度绘制标准曲线(工作站自动完成)。

(2)根据待测液的荧光强度，从标准曲线上求得其浓度(工作站自动完成)。

(3)计算药片中维生素 B_2 的含量，用 mg/片表示。

编号	空白	1	2	3	4	5	稀释后样品
维生素 B_2 标准溶液/mL	0.00	1.00	2.00	3.00	4.00	5.00	0.00
待测溶液	0.00	0.00	0.00	0.00	0.00	0.00	2.50
定容/mL	50.00						
$C/(mol \cdot L^{-1})$	0.00						
F	0.00						
待测液维生素 B_2 浓度							

六、结果与讨论

如何绘制激发光谱和发射光谱曲线？

七、思考题

1. 产生荧光的物质有哪些结构特征？

2. 为什么测量荧光必须和激发光的方向成直角？

日期： **学生姓名：** **指导老师：** **实验成绩：**

实验态度(10 分)			实验记录(30 分)			实验操作(30 分)			结论与思考题(30 分)		
差 0～3	良 4～7	优 8～10	差 0～15	良 16～25	优 26～30	差 0～15	良 16～25	优 26～30	差 0～15	良 16～25	优 26～30

【背景知识】

一、荧光分光光度计

1. 结构

荧光分光光度计的型号很多，由于生产厂家不同，其性能结构上也有一定差异，但它们的基本结构相似，如图 33-3 所示。由光源发出的激发光，经过第一单色器（激发光单色器），选择最佳波长的光去激发样品池内的荧光物质。荧光物质被激发后，将向四面八方发射荧光。但为了消除激发光及散射光的影响，荧光的测量不能直接对着激发光源，所以荧光检测器是与激发光呈直角的方向。第二单色器（发射单色器又叫荧光单色器）是用来消除荧光液池的反射光，瑞利散射光、拉曼散射光以及其他物质产生的荧光的干扰，以便使待测的物质的特征荧光照射到检测器上进行光电转换，所得到的电信号经放大后，通过模拟数字信号转换器变为数字信号后，送工作站进行数据处理。

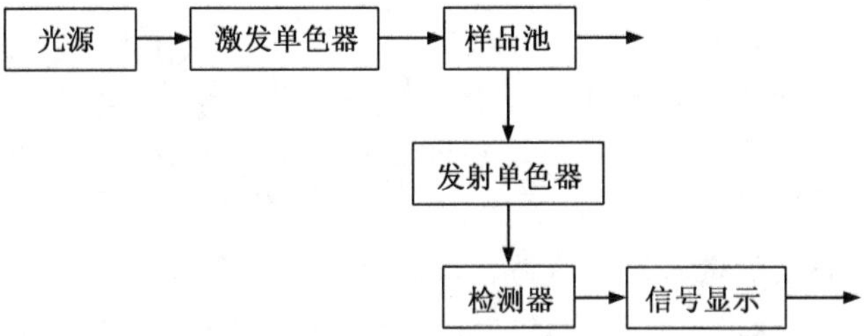

图 33-3　荧光分光光度计光学系统图

（1）光源

970CRT 荧光分光光度计采用 150 W 的氙灯为光源，因为氙灯能在紫外和可见光区给出较好的连续光谱，其波长范围为 250～700 nm，而且在 300～400 nm（紫外）整个波段内，所有射线强度几乎相等。但氙灯需要严格的电源，以确保它的稳定性。

（2）单色器

970CRT 荧光分光光度计有两个单色器：激发单色器和发射单色器。激发单色器的作用是提高激发的单色性能；发射单色器的作用是提高发射（荧光）光谱的选择性。两者结构相同，是利用棱镜或光栅转角变化从狭缝中分出不同波长的单色光，它的半宽度由狭缝宽度所决定。通过记录器将光谱图扫描下来。

（3）液槽

液槽用低荧光的材料制成，形状是长方形，以减少散射光的干扰。由于检测器与激发光呈 90°角，因此液槽四面透明。清洗方法类似比色皿，但不能用具有荧光的洗涤剂及溶剂（如苯等）清洗，且四壁均不能沾污。

（4）检测器

970CRT 荧光分光光度计的检测器采用的是光电倍增管。光电倍增管有 3 个重要指标：波长响应、灵敏度和噪声水平。光电倍增管室要保持干燥，以保证绝缘良好。光电倍增管前常为一个暗闸，用来保护样品室开盖时不受日光照射，否则日光的强光照射将会对光电倍增管造成永久性的损坏，或至少也因“疲劳”而降低其灵敏度。

2.970CRT 荧光分光光度计的使用方法

(1)开机步骤:①开氙灯电源→②开主机电源→③开计算机电源。

(2)关机步骤:①关计算机电源→②关主机电源→③关氙灯电源。

(3)开氙灯电源后氙灯点亮指示应有红光,反之未点亮。

(4)开计算机后,仪器进入初始化,初始化大约需要 5 min 时间。初始化时请不要对计算机进行任何操作。无特殊情况请不要退出操作。因为退出操作后,必须关计算机并重新开机才能进行系统初始化。

(5)初始化后仪器工作参数已经设置为:

波长:EX:350 nm,EM:397 nm。扫描范围:EX:200～800 nm,EM:200～800 nm。

狭缝:EX:10 nm,EM:10 nm。扫描速度:高速。灵敏度:第一档(最低档)。

扫描方式:EM 扫描。

(6)初始化结束后,仪器进入操作界面。此时可用鼠标在菜单选择项中打开菜单窗口,选择工作方式或进行数据设定等操作。这些操作都在中文对话形式下进行,十分方便。

(7)常用操作说明

在进行定性或定量分析前首先须选菜单中的(设置及测试)参数设置,在参数设置项中设置好扫描方式;EX 波长和 EM 波长范围或时间扫描范围,同时设置好灵敏度,扫描速度及 EX 和 EM 缝宽。

①利用图谱扫描快捷键进入图谱扫描。用鼠标单击菜单中的开始测定键,此时红灯亮,绿灯灭,表明已开始进行扫描。在扫描过程中请勿进行任何操作,无特殊情况不要终止扫描,直至绿灯亮,这样才能扫出完整图谱。

②利用绘制标准曲线快捷键进入标准曲线绘制。

a. 首先测定本底或打入本底值。b. 输入已知标样浓度值。c. 测定 INT 值逐一将标样测定完(1～9 个标样)。d. 选择拟合次数,然后按"拟合"键,输出标准图谱。e. 保存标准图谱(图谱名由操作者自定义)。f. 退出。

③利用浓度测定快捷键进入浓度测量的定量分析。

a. 首先选择标准曲线,并打开。b. 放入样品或背景样品后,测 INT 或背景值。在标准曲线上对应显示样品 INT 值和样品浓度或背景值。c. 测量结束后打印保存数据。

注:浓度测量时的测试条件应和所打开的标准曲线图谱的测试条件一致。

④利用图谱分析快捷键进入图谱分析。

a. 先打开所需分析图谱(1～6 个)。b. 数据框内变动数据值:左边第一框为游标所示波长位置;后 6 个框为图谱对位波长的数据。c. 平滑处理只能对其中被选定的一个图谱进行。每单击一次进行一次平滑处理,单击两次进行两次平滑处理……。d. 退出。

注:一般在做求导运算前可先进行平滑处理去掉些毛刺峰,然后再进行运算。

⑤利用 S/N 快捷键进行信噪比和稳定性测定。

a. 此时仪器应设置为:EX 缝宽:10 nm　　EM 缝宽:10 nm

扫描速度:慢　　灵敏度:6

其他都不必设置。

b. 打印测试报告。

(8)退出工作站

当测量结束要关机时，首先计算机要退出工作站状态，这时可以打开"文件"菜单，用鼠标单击"退出"项，计算机退出工作站状态，这时可按照计算机关机要求关闭计算机。

3. 注意事项

使用 970CRT 荧光分光光度计时应注意：

①本工作站由 586 计算机扩展而成，并采用高级软件管理整个系统的工作。由于主机工作状态复杂，数据量大，计算机负担较重，故对用作工作站的计算机绝不能作为一般计算机使用。

②氙灯使用寿命为 200 h，超过 400 h 必须换灯，因此，在使用过程中要记录好氙灯的使用时间。

③仪器开机后须预热 30 min 后才可作样品分析，测得的结果较稳定。

④在扫描过程测定时，一般定性分析可选用快速，定量分析可选用慢速，一般选择慢速扫描，精确度比较高。

⑤使用石英皿时，应手持其棱，不能接触光面，用毕后，将其清洗干净，若污染，可用稀 $K_2Cr_2O_7$ 清洗。

⑥退出工作站。

当测量结束要关机时，应该遵循以下规则：

狭缝放最小：2 nm；灵敏度放最低档：X1；在"文件"中：用鼠标单击"退出"项"开始"操作处关闭计算机；最后再关主机电源、氙灯电源。

二、试剂配制

(1)10.00 mg·L^{-1} 维生素 B_2 标准溶液

准确称取 10.0 mg 维生素 B_2，将其溶解于少量的 1% HAc 中，转移至 1 000 mL 容量瓶中，用 1% HAc 稀释至刻度，摇匀。该溶液应装于棕色试剂瓶中，置阴凉处保存。

(2)待测液

取市售维生素 B_2 一片，用 1% HAc 溶液溶解，定容 1 000 mL，贮于棕色试剂瓶中，置阴凉处保存。

实验 34　紫外光谱法检测苯甲酸、山梨醇、未知物

一、实验目的

通过测定有机化合物紫外吸收光谱，掌握用其鉴别化合物中发色基团及其化合物类型的方法。

二、实验原理

如果用紫外或可见光照射含有共轭的不饱和化合物溶液时，电子就会从基态向激发态跃迁，此时，电子吸收了某一波长的紫外光。能级跃迁所需的能量与被吸收的紫外光波长之间的关系，可简单地按下式计算：

$$\Delta E = hf = hc/\lambda$$

式中：h 为普朗克常数；ΔE 为电子能级的能量差（单位为 $kJ \cdot mol^{-1}$）；f、λ 为被吸收光子的频率和波长。

吸收紫外光的波长取决于化合物的结构。

从化学键性质看，与紫外可见吸收光谱有关的电子有：成键 σ 电子、成键 π 电子和未成键的 n 电子。以乙醛分子为例。

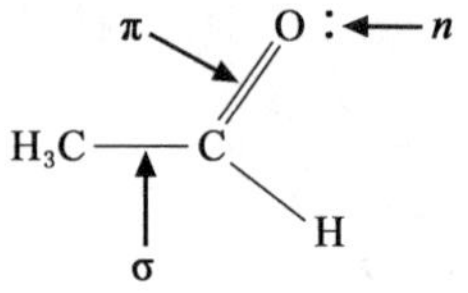

当化合物吸收光辐射以后，分子中的电子跃迁方式主要有 $\sigma \to \sigma^*$，$n \to \sigma^*$，$\pi \to \pi^*$，$n \to \pi^*$ 4 种，其中只有 $n \to \pi^*$ 和 $\pi \to \pi^*$ 跃迁是在近紫外光的范围内。一般地，$\pi \to \pi^*$ 跃迁的吸收强度大，而 $n \to \pi^*$ 跃迁则弱得多。

如果以波长（λ）为横坐标，以紫外-可见光的吸光度（A）为纵坐标作图，就得到紫外-可见吸收光谱。

有机化合物的紫外吸收光谱具有少数几个宽的吸收带，缺乏精细结构，它只能反映分子中发色基团和助色基团及其附近的结构特征，而不能反映整个分子的特性，因此仅依靠紫外光谱来推断未知物的结构是困难的。但是紫外光谱对于判别有机化合物中发色基团和助色基团的种类、位置、数目，以及区别饱和与不饱和化合物，测定分子中共轭程度等有其独特的优点。

利用紫外吸收光谱鉴定有机物，其主要依据是化合物的吸收光谱特征，如吸收曲线的形状、吸收数目以及各吸收峰波长及摩尔吸收系数等。

用紫外光谱进行定性鉴定的化合物必须是纯净的，并按正确的操作方法用 TU-1800SPC 紫外可见分光光度计得到吸收曲线，然后根据该化合物的吸收特征作出初步判断。

化合物在 220～400 nm 没有吸收带，则说明它不存在共轭体系、芳香结构或 $n \to \pi^*$，$n \to \sigma^*$ 等易于跃迁的基团。

化合物在 210～250 nm 范围有强吸收带，$\kappa \geq 10^3\ m^2 \cdot mol^{-1}$，这是 K 吸收带的特征，则该

化合物可能是含共轭双键的化合物。如果强吸收带出现在 260～300 nm，表明该化合物存在 3 个或 3 个以上共轭双键。如果吸收带进入可见光区，则该化合物是长共轭发色基团的化合物或是稠芳环化合物。

若化合物在 250～300 nm 范围内有中等强度吸收带，$\kappa=10^2\sim10^3\ m^2\cdot mol^{-1}$，这是苯环 B 吸收带的特征，因此该化合物很可能有苯环。

按上述规律可以初步确定该化合物的归属范围，再与标准谱图对照，两者吸收光谱的特征完全相同，则可考虑两者可能是同一化合物，或者它们具有相同的分子骨架和发色基团。

苯甲酸具有芳烃结构，在波长 228 nm 和 272 nm 处有 K 吸收带和 B 吸收带；山梨酸具有 α、β 不饱和羧基结构，在波长 250 nm 处有 $\pi\rightarrow\pi^*$ 跃迁的 K 吸收带。

本实验将通过测定苯甲酸、山梨酸及未知物的紫外吸收光谱，根据它们的紫外吸收特征鉴定未知物是苯甲酸还是山梨酸。

三、实验用品

1. 仪器

紫外可见分光光度计、电子天平、容量瓶、移液管。

2. 药品

山梨酸(AR)、苯甲酸(AR)、C_2H_5OH、未知物。

四、实验内容

(1)配制溶液；(2)测定；(3)数据处理。

五、实验步骤与记录

实验步骤	实验记录
1. 配制溶液 称取 10 mg 苯甲酸，用 C_2H_5OH 溶解，移入 100 mL 容量瓶中，定容。吸取该溶液 0.5 mL，用 C_2H_5OH 稀释至 50 mL。 此溶液浓度为 $1.0\times10^{-3}\ mg\cdot mL^{-1}$。 配制浓度为 $1.0\times10^{-3}\ mg\cdot mL^{-1}$ 的山梨酸及未知物的 C_2H_5OH 溶液。	1. 苯甲酸溶液浓度：________ 山梨酸溶液浓度：________ 2. 测定 苯甲酸：________
2. 测定 用 1 cm 比色皿吸收池，以 C_2H_5OH 作参比，在 200～400 nm 范围内，测出苯甲酸、山梨酸和未知物三种溶液的紫外吸收光谱。	山梨酸：________ 未知物：________
3. 数据处理 (1)利用谱图进行定性分析 把苯甲酸、山梨酸和未知物三种溶液的紫外吸收光谱图打印下来。由光谱图可定出 λ_{max} 和 κ 值，并将未知物谱图与已知化合物谱图对照，推测未知物为苯甲酸或山梨酸。	苯甲酸中跃迁类型：________ 山梨酸中跃迁类型：________ 未知物跃迁类型：________

续表

实验步骤	实验记录
(2)根据谱图进行结构分析 根据苯甲酸和山梨酸溶液的紫外吸收光谱，判断吸收带的电子跃迁类型及发色基团。	常见的发色团：________ ________ 常见的助色团：________ ________

六、结果与讨论

在进行紫外光谱分析时，所选用的溶剂都要知道它的最低使用波长限度，为什么？

七、思考题

苯甲酸和山梨酸以及它们的钠盐、钾盐是食品卫生标准允许使用的两种主要防腐剂，能否根据它们的紫外吸收光谱确定饮料中防腐剂的种类？

日期：　　　学生姓名：　　　指导教师：　　　实验成绩：

实验态度(10分)			实验记录(30分)			实验操作(30分)			结论与思考题(30分)		
差 0～3	良 4～7	优 8～10	差 0～15	良 16～25	优 26～30	差 0～15	良 16～25	优 26～30	差 0～15	良 16～25	优 26～30

【背景知识】

紫外可见分光光度计的构造及使用

1. 构造

目前紫外-可见分光光度计主要分为两大类：一类为自动扫描型，该类仪器一般由计算机控制，功能较多，档次高。它能自动测定光谱吸收曲线，如 TU-1800SPC 型或岛津 UV-3000 型。另一类为非自动扫描型，该类仪器，通过手动方式变化波长，一般用于固定波长下的物质吸光度的测定，功能较少。我国目前常用的该仪器主要是 751-GW 分光光度计。

TU-1800SPC 型为自动扫描型，它由 3 部分组成：①紫外可见分光光度计主机；②计算机，显示器，键盘；③打印机。其连接关系如图 34-1 所示。

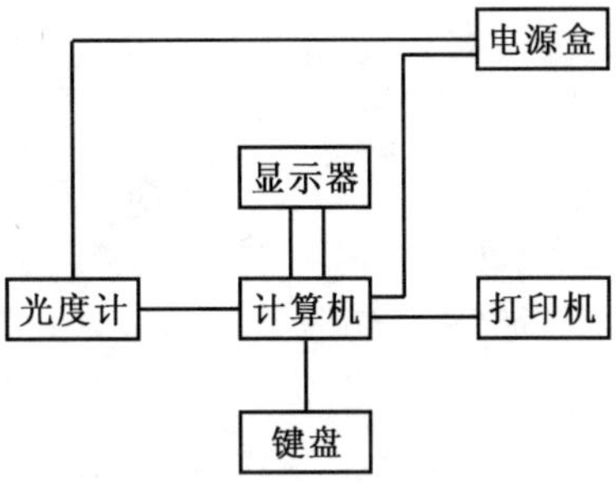

图 34-1　TU-1800SPC 紫外-可见分光光度计各部分连接图

TU-1800SPC 型紫外-可见分光光度计主机是双光束比例监测系统，它能使入射光快速地交替照射参比及样品，因而能瞬时得到样品相对于参比的吸收信号，自动作出光谱曲线，仪器具有较高的稳定性，其光路如图 34-2 所示。

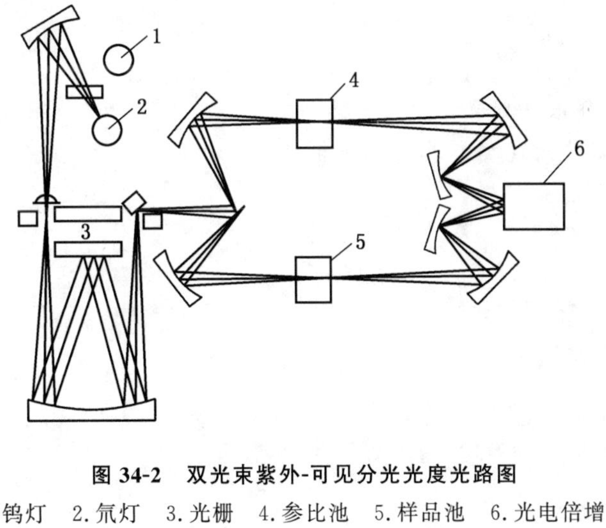

图 34-2　双光束紫外-可见分光光度光路图

1. 钨灯　2. 氘灯　3. 光栅　4. 参比池　5. 样品池　6. 光电倍增管

2. TU-1800 紫外-可见分光光度计使用方法

(1)开机

先打开打印机,然后打开光度计电源开关,最后打开计算机的电源开关,进入 Windows 操作环境。

(2)测试准备

①确认样品室中无挡光物,从“开始”菜单下选择“程序”→“TU-1800”→ “TU1800UVwin窗口软件”即可启动 TU-1800 控制程序,进入光度计自检过程,出现初始化工作画面,计算机将对仪器进行自检并初始化。每项测试后,在相应的项后显示 OK,整个过程需要 4 min 左右,通常仪器还需 15~30 min 的预热稳定再开始测量。

②点击 UVWin 窗口主菜单“应用”项,选择所需的工作模式:光谱测量、光度测量、定量测定、时间扫描。

③测量条件和参数设置。选择主菜单“配制”→“参数”、“仪器”项,可根据需要分别设置测量条件和参数。

④基线校正或自动校零。为了保证仪器在整个波段范围内基线的平直度及测光准确性,在每次光谱测量前需进行基线校正;在光度测量、定量测定、时间扫描前需进行自动校零。用鼠标直接点击工作窗口左侧命令条的“Baseline”或“Auto Zero”即可。

(3)测试操作

①选好工作模式,设置好测定条件和参数,放置空白样品进行基线校正或自动校零后,根据窗口提示,可放入样品,点击“start”或“read”按钮,开始对待测样品进行测量。若中途停止按“ESC”键,可停止当前操作。

②使用八联样品池时,设置使用多个样品池则自动按重复测量分别测量不同样品池架的样品,设置空白校正时无须进行空白样品校正,测量时自动到第一样品池处进行空白样品校正后测量。

③数据处理。选择菜单“数据处理”项,可对数据进行处理。包括数学运算、变换、数据打印等。

3. 注意事项

比色皿的选择必须根据测试的波长范围。在可见区分析可以选用玻璃比色皿,而在紫外区分析时,必须使用石英比色皿。其种类可根据刻在比色皿上面的字母来辨认,“G”表示玻璃,“S”表示石英。

实验 35　可见分光光度法测磷含量

一、实验目的

熟悉分光光度计的构造及使用方法；掌握磷钼蓝法测定磷含量的原理和方法。

二、实验原理

含有共轭的不饱合化合物的溶液在光的照射激发下，产生了对光的吸收效应，物质对光的吸收是具有选择性的，有其特有的、固定的吸收光谱曲线，因此当某单色光通过溶液时，其能量就会被吸收而减弱，可根据吸收光谱上的某些特征波长处光的吸收程度（用吸光度 A 表示）与溶液浓度成正比的关系，测定该物质的含量，这就是分光光度定量分析的基础——朗伯-比尔定律，也称光吸收定律。其数学表达式为：

$$A=Kbc$$

式中：K 为比例常数，它与吸光物质性质、入射光波长和温度等因素有关。K 随 c，b 所取单位的不同而不同，b 为液层厚度，通常以 cm 为单位，据浓度 c 所取单位的不同，通常有两种表示方法，当浓度 c 的单位为 $g \cdot L^{-1}$ 时，常数 K 以 a 表示，称为吸光系数，单位为 $L \cdot g^{-1} \cdot cm^{-1}$。

$$A=abc$$

当浓度 c 的单位为 $mol \cdot L^{-1}$ 时，则 K 用另一符号 ε 表示，称为摩尔吸光系数，单位为 $L \cdot mol^{-1} \cdot cm^{-1}$。它表示在一定波长下，物质浓度为 1 $mol \cdot L^{-1}$，液层厚度为 1 cm 时溶液的吸光度，是物质吸光能力的量度。

$$A=\varepsilon bc$$

E 为吸光物质在特定波长和溶剂下的一个特征常数，它与入射光的波长、物质的结构以及温度等因素有关，而与溶液的浓度及液层厚度无关。它可以作为定性鉴定的参数，也可用于估量定量方法的灵敏度。

可见分光光度法是利用有色溶液对光的选择性吸收来进行测定的。有些物质本身有明显的颜色，可以直接测定。但大多数物质本身颜色很浅甚至是无色，这时即使在其最大吸收波长处测定，也常常无法使测量仪器产生足够的响应信号，以致灵敏度很低，误差很大。为了提高灵敏度，大多数物质的吸光测定都需要在被测物质的溶液中加入一种或几种适当的显色物质，使被测物质转化为颜色较深的有色物质来测定。这种使被测物质经过化学反应而生成有色物质的过程称为显色，发生的化学反应称为显色反应，所用的显色物质称为显色剂。

微量磷的测定常用磷钼蓝吸光光度法。测定时，先将试样中所有磷转化成 PO_4^{3-} 形式，PO_4^{3-} 与钼酸铵在酸性条件下生成黄色磷钼杂多酸，反应如下：

$$H_3PO_4 + 12H_2MoO_4 = H_3[P(Mo_3O_{10})_4] + 12H_2O$$

磷钼杂多酸(黄色)

然后,用 $SnCl_2$ 还原生成深蓝色磷钼蓝,反应如下:

$$H_3[P(Mo_3O_{10})_4] + SnCl_2 + 2HCl = H_3PO_4 \cdot 10MoO_3 \cdot Mo_2O_5 + SnCl_4 + H_2O$$

磷钼蓝(蓝色)

磷铝蓝的最大吸收波长受实验条件的影响常常处在 660～730 nm 范围内。

大量 Fe^{3+} 的存在对测定有影响,可加入 NaF 将 Fe^{3+} 掩蔽起来,从而消除其干扰。

三、实验用品

1. 仪器

可见分光光度计、移液管、容量瓶、洗耳球。

2. 药品

钼酸铵-盐酸、$SnCl_2$-盐酸溶液、磷标准溶液、待测磷溶液。

四、实验内容

(1)配制标准溶液及待测液;(2)测定吸光度;(3)绘制标准工作曲线,求未知液中含磷量。

五、实验步骤与实验记录

实验步骤	实验记录
1. 配制标准溶液及待测液 向 1～6 号 50 mL 容量瓶中分别移入 5 $\mu g \cdot mL^{-1}$ 的磷标准液 0.00 mL,2.00 mL,4.00 mL,6.00 mL,8.00 mL,10.00 mL。7 号容量瓶中移入待测磷溶液 5.00 mL。 向 1～7 号瓶分别加水稀释至约 25 mL。再加入钼酸铵-盐酸混合液 2.5 mL,摇匀后加入 $SnCl_2$-盐酸溶液 4 滴,摇匀,加水稀释,充分摇匀后静置 10～12 min。	1 现象 $C2=$________ $\mu g \cdot L^{-1}$ $C3=$________ $\mu g \cdot L^{-1}$ $C4=$________ $\mu g \cdot L^{-1}$ $C5=$________ $\mu g \cdot L^{-1}$
2. 测定吸光度 在 690 nm 波长下,以 1 号瓶中溶液作为参比液,测定 2～7 号溶液吸光度。	2. $A2=$________, $A3=$________, $A4=$________, $A5=$________。
3. 绘制标准工作曲线,求出未知液中含磷量 以 2～6 号溶液的吸光度为纵坐标,$\rho(P)$为横坐标绘制标准工作曲线。据 7 号溶液吸光度值,通过标准工作曲线求出待测液中磷的质量浓度 $\rho(P)/(\mu g \cdot mL^{-1})$。	3. $Ax=$________, $Cx=$________。 待测磷的质量浓度 = ________/($\mu g \cdot mL^{-1}$)

六、结果与讨论

列式计算待测液中磷的含量：

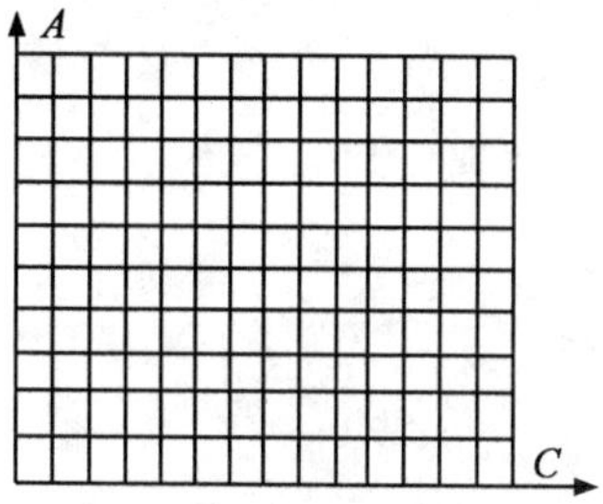

编号	1	2	3	4	5	6	7
磷标准溶液							
钼酸铵-盐酸							
$SnCl_2$-盐酸							
定容/mL							
C							
A							

七、思考题

1. 配制钼酸铵溶液时为什么要加盐酸？

2. 本实验为什么要特别注意磷钼蓝有色配合物的稳定时间？

3. 本实验加入 $SnCl_2$ 的作用是什么？能否用其他物质代替？

4. 如果测定样品为含磷的矿石样品，测定前应如何处理，测定分析时如何消除误差？

日期： **学生姓名：** **指导教师：** **实验成绩：**

实验态度(10 分)			实验记录(30 分)			实验操作(30 分)			结论与思考题(30 分)		
差 0～3	良 4～7	优 8～10	差 0～15	良 16～25	优 26～30	差 0～15	良 16～25	优 26～30	差 0～15	良 16～25	优 26～30

【背景知识】

一、722型分光光度计的构造及使用

1.722型可见分光光度计使用方法

722型可见分光光度计的键功能介绍

722型可见分光光度计的键盘共4个键，分别为：A/T/C/F；SD；▽/0%；△/100%。

(1) A/T/C/F 按此键切换A、T、C、F之间的值。

A为吸光度，T为透射比，C为浓度，F为斜率，F值通过按键输入。

(2) SD 该键配有2个功能。

①用于RS232串行口和计算机传输数据。

②当处于F状态时，具有确认的功能。即确认当前的F值，并自动转到C，计算当前的C值(C=F×A)。

(3) ▽/0% 该键具有2个功能，只有在T状态时有效。

①调零：打开样品空盖，按键后应显示0.000。

②下降键：按本键F值会自动减1。如果按住本键不放，自动连续减1且速度加快。如果F值为0后，再按本键它会自动变为1 999，继续按此键开始自动减1。

(4) △/100% 该键具有2个功能。

①关闭样品室盖，按此键后应显示0.000、100.0(只有在A、T状态时有效)。

②上升键(只有在F状态时有效)：按此键F值会自动加1。如果长按本键不放，自动加1会加快速度。如果F值为1 999后，再按本键它会自动变为0，再次按键开始自动加1。例如：设置斜率为1 500。

方法1：

a. 按 A/T/C/F 键切换到F状态。

b. 如果F值为1 000，则按 △/100% 键，直到F值为1 500。

c. 再按 SD 键，表示当前的F值为1 500，然后自动回到C状态。假如所测的A值为0.234，则此时显示C值为0.351。

方法2：

a. 按 A/T/C/F 键切换到F状态。

b. 如果当前F值为1 000，则按 △/100% 键直到F值为1 500。再按 A/T/C/F 键切换到C状态。假如所测的A值为0.234，则此时显示C值为0.351。

2.722型可见分光光度计使用和维护

①仪器使用前需开机预热30 min。

②按照仪器键的功能进行设置，仪器稳定后进行测定。

③为确保仪器稳定工作，在电源波动较大的地方，建议使用交流稳压电源。

④当仪器停止工作时，应关闭仪器电源开关，再切断电源。

⑤为了避免仪器积灰和沾污，在停止工作的时间里，用防尘罩罩住仪器。同时在罩子内放置数袋防潮剂，以免灯空受潮、反射镜镜面发霉或沾污，影响仪器日后的工作。

⑥仪器工作数月或搬动后，要检查波长准确度，以确保仪器的使用和测定精度。

二、721 型可见分光光度计使方法

721 型可见分光光度计外形示意图如图 35-1 所示。其结构示意图如图 35-2 所示。

①仪器未接通电源时，电表指针必须位于“0”刻度线上，否则可用电表上的校正螺丝进行调节。

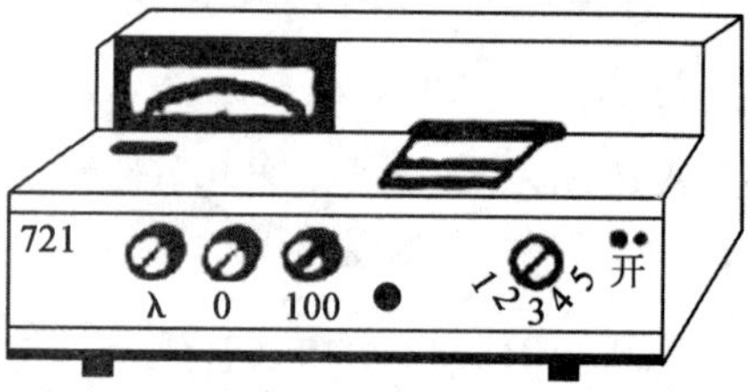

图 35-1 721 型紫外可见分光光度计外形图

②将仪器电源开关接通，打开比色皿暗箱盖。选择所需要的单色光波长，参照步骤 3 选择灵敏度档，调节“0”电位器使电表指针指“0”，然后将暗箱盖合上，比色皿座处于空白溶液（蒸馏水）校正位置，使光电倍增管受光，旋转“100%”电位器，使电表指针到满刻度附近，预热 15～20 min。

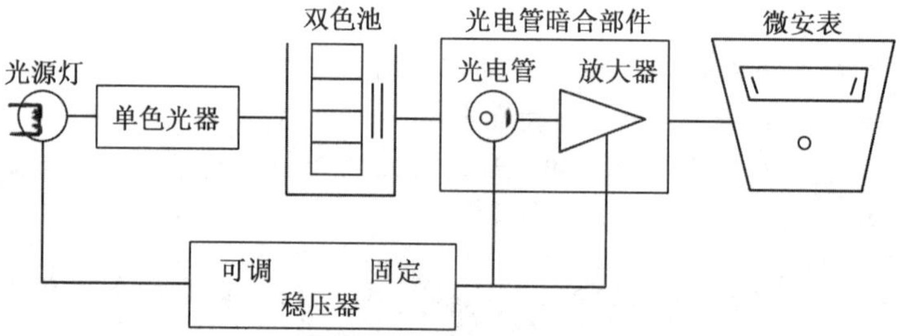

图 35-2 721 型紫外可见分光光度计结构示意图

③放大器灵敏度有 5 档，是逐步增加的，“1”档最低。其选择原则是：保证能使空白档良好地调节到“100”的情况下，尽可能采用灵敏度较低的档，这样仪器具有较高的稳定性。改变灵敏度后需重新校正“0”和“100”旋钮。

④预热后，按步骤②连续几次调整“0”和“100”旋钮，即可进行测定。

⑤如果大幅度改变测试波长，在调整“0”和“100”旋钮后，应稍等片刻（因钨丝灯急剧改变亮度，需要一段热平衡时间）。当指针稳定后，重新校正“0”和“100”，然后进行测定。

⑥实验完毕，切断电源，将比色皿取出清洗干净，将仪器罩好。

三、721G 型分光光度计的使用

图 35-3 为 721G 型分光光度计外形图。

仪器使用前需开机预热 30 min。本仪器键盘共有 4 个键，分别为：(1) MODE；(2)PRINT；(3)▽/0%；(4)△/A0 100%。

(1)MODE 键：每按此键来切换 A、T、C、F 之间的值。

A：吸光度(absorbance)；T：透射比(trans)；C：浓度(conc.)；F：斜率(factor)。

F 值通过按键输入(后面介绍如何设置)。

(2) PRINT 键：该键具有 2 个功能。

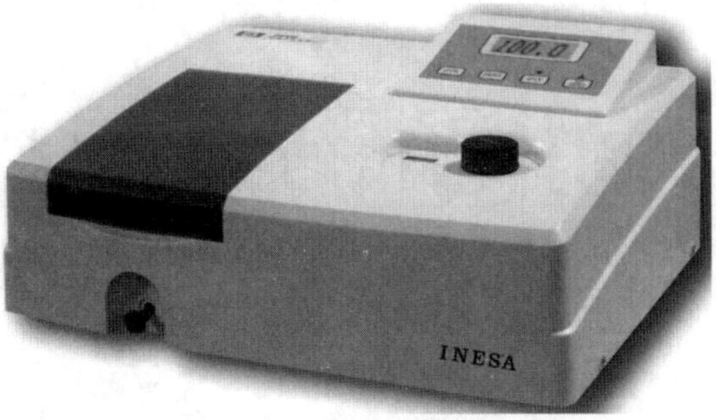

图 35-3　721G 型分光光度计外形图

①用于 RS232 串行口和计算机传输数据(单向传输数据,仪器发向计算机)。

②当处于 F 状态时,具有确认的功能,即确认当前的 F 值,并自动转到 C,计算当前的 C 值(C=F×A)。

(3)▽/0%键:该键具有 2 个功能。

①调零:只有在 T 状态时有效,打开样品室盖,按键后应显示 00.0。

②下降键:只有在 F 状态时有效,按本键 F 值会自动减 1,如果按住本键不放,自动减 1 会加快速度,如果 F 值为 0 后,再按键它会自动变为 1 999,再按键开始自动减 1。

(4)△/A0 100%键:该键具有 2 个功能。

①只有在 A、T 状态时有效,关闭样品室盖,按键后应显示 0.000、100.0。

②上升键:只有在 F 状态时有效,按本键 F 值会自动加 1,如果按住本键不放,自动加 1 会加快速度,如果 F 值为 1 999 后,再按键它会自动变为 0,再按键开始自动加 1。

例如:设置斜率为 1 500。

方法一:

①按 MODE 键切换到 F 状态。

②如果当前 F 值为 1 000,则按△/A0 100%键,直到 F 值为 1 500。

③再按 PRINT 键,表示当前的 F 值为 1 500,然后自动回到 C 状态,假如所测的 A 值为 0.234,则此时显示 C 值为 0.351。

方法二:

①按 MODE 键切换到 F 状态。

②如果当前 F 值为 1 000,则按△/A0 100%键,直到 F 值为 1 500。再按 MODE 键切换到 C 状态,假如所测的 A 值为 0.234,则此时显示 C 值为 0.351。

四、试剂配制方法

(1)钼酸铵-盐酸混合液:溶解 4.0 g 钼酸铵于 100 mL 5 mol・L^{-1}的盐酸中。

(2)$SnCl_2$-盐酸溶液:溶解 2.5 g $SnCl_2$ 于 10 mL 浓盐酸中,溶解后加 90 mL 蒸馏水。此溶液可保存数周。

(3)磷标准溶液:准确称取在 105 ℃烘箱中烘干的分析纯 KH_2PO_4 4.4 g,溶解于 300 mL 水中,加浓硫酸 2 mL,转入 500 mL 容量瓶中加水定容。此溶液含磷为 2 000 μg・mL^{-1}(以 P 计),将此溶液准确稀释 50 倍配成含磷 40 μg・mL^{-1}的标准溶液。

(4)待测磷溶液:可用 2 000 μg・mL^{-1}标准溶液稀释 100 倍至 20 μg・mL^{-1}。

实验 36　固体酒精的制备及性能实验

一、实验目的

了解固体酒精的制备原理和用途，掌握其制备方法。

二、实验原理

硬脂酸与氢氧化钠混合后发生下列反应：

$$C_{17}H_{35}COOH + NaOH = C_{17}H_{35}COONa + H_2O$$

反应生成的硬脂酸钠是一个长碳链的极性分子，室温下在酒精中不易溶。在较高的温度下，硬脂酸钠可以均匀地分散在液体酒精中，而冷却后则形成凝胶体系，使酒精分子被束缚于相互连接的凝胶网状结构当中，呈不流动状态，从而形成了固体状态的酒精。

乙酸钙易溶于水而难溶于酒精，当向乙酸钙饱和水溶液中加入酒精后，乙酸钙在酒精中成为凝胶析出，液体逐渐从浑浊到稠厚，最后凝聚为一整块固体，也能形成固体酒精。

三、实验用品

1. 仪器

水浴锅、三口烧瓶、磁力搅拌器、球形冷凝管、滴液漏斗、表面皿、温度计、烧杯、秒表。

2. 试剂

硬脂酸、工业酒精、无水乙醇、氢氧化钠、0.2% 酚酞。

四、实验内容

(1)以硬脂酸、氢氧化钠和酒精为主要原料制备固体酒精。

(2)以乙酸钙和乙醇为原料制备固体酒精。

(3)比较两种方法所制备的固体酒精的状态，做燃烧实验。

五、实验步骤与记录

实验步骤	实验记录
1. 方法一 将 5 g 硬脂酸、100 mL 工业酒精和两滴酚酞指示液加入 250 mL 三口烧瓶中，水浴加热，搅拌回流。维持反应温度在 70℃左右，直至硬脂酸全部溶解。 硬脂酸全部溶解后，向反应容器内滴加 8% 的氢氧化钠水溶液，滴至溶液颜色由无色变为浅红又逐渐退掉为止。	1. 方法一中，酚酞的作用是什么？ ____________________ ____________________

续表

实验步骤	实验记录
继续回流反应 10 min 后，停止加热，冷却至 60℃后趁热将溶液倒入烧杯（或模具）内，自然冷却后得到固体酒精。 2. 方法二 室温下向 15 mL 水中加入乙酸钙（6 g 左右）溶解至饱和。搅拌下，慢慢将 25 mL 无水乙醇滴加入乙酸钙饱和溶液中，静置 5～10 min 即可得到固体酒精（溶液中还可以加入硝酸铜、石蜡等辅助材料，用来改变颜色和固化程度）。 3. 燃烧实验 称取 2.0 g 产品，放在表面皿上点燃，加热 100.0 mL 水。用秒表记录燃烧时间，用温度计记录水温，然后粗略计算产品燃烧的热量。同时观察燃烧状态和燃烧残留物。	2. 产品外观 方法一：________ 方法二：________ 3. 燃烧实验 方法　硬脂酸钠法　乙酸钙法 质量　____　____ 燃烧时间/s　____　____ 燃烧状态　____　____ 残留物　____　____ 水温/℃　初：____　____ 终：____　____ 热量 /(J·g^{-1})　____　____

按下式计算固体酒精燃烧的热量：

$$Q = C\rho V\Delta T/m$$

式中：Q 为热量；C 为水的比热；ρ 为水的密度；V 为水的体积；m 为固体酒精的质量；ΔT 为水的温差。

六、结果与讨论

1. 画出方法一所用的仪器装置示意图，在图上标注仪器名称。

2. 比较所用两种制备方法的优缺点。

七、思考题

1. 如何评价固体酒精燃料的性能？

2. 常用的制备固体酒精的固化剂有哪些？

3. 提高固体酒精产品质量有什么措施和方法？

日期：　　学生姓名：　　指导教师：　　实验成绩：

实验态度(10分)			实验记录(30分)			实验操作(30分)			结论与思考题(30分)		
差 0～3	良 4～7	优 8～10	差 0～15	良 16～25	优 26～30	差 0～15	良 16～25	优 26～30	差 0～15	良 16～25	优 26～30

【背景知识】

一、固体酒精的生产

固体酒精并不是固体状态的酒精(酒精的熔点是−117.3℃),而是固化剂与酒精形成的凝胶。由于液体酒精携带不便,易流出容器造成危险,所以将酒精制成块状固体,然后将其贮存在铁罐中。使用时将固体酒精用火柴直接点燃,较液体酒精安全且携带方便。

国内生产固体酒精方法的主要区别是所选固化剂的不同,所用的固化剂主要有司盘40、硅胶、醋酸钙、硝化纤维、羟丙基纤维素乙基醚、硝化棉、硬脂酸和高分子聚合物等。硬脂酸钠的价格昂贵,所以常常采用硬脂酸与氢氧化钠反应的方法制备硬脂酸钠,大大降低了固体酒精燃料的成本。在配方中加入石蜡等物料作为黏结剂,可以得到质地更加结实的固体酒精燃料,添加硝酸铜是为了燃烧时改变火焰的颜色,美观,有欣赏价值。

固体酒精工业生产改进工艺为:在装有搅拌器、温度计和回流冷凝管的1 L三口烧瓶中加入15 g硬脂酸、4 g石蜡、300 mL工业酒精,在水浴上加热至70℃至固体全部溶解。然后将2.5 g氢氧化钠溶于10 g水中,再加入200 mL工业酒精,搅匀。匀速将此混合液体加进烧瓶中(要始终保持酒精沸腾),水浴加热搅拌数分钟后再加入0.2 g硝酸铜,回流反应15 min。最后移去水浴,趁热倒进模具,冷却后密封即得到产品。产品用火柴可点燃,燃烧升温快,燃烧时无味、无烟、无毒,使用方便,可长期保存。

二、加热回流操作

(参考实验5中的内容)

实验 37　去离子水的制备与水质分析

一、实验目的

掌握去离子水的制备原理与方法；掌握电导率仪的使用方法以及水中常见离子的分析方法。

二、实验原理

去离子水的制备常用离子交换法。离子交换法是利用阴阳离子交换树脂中的可交换离子与水中杂质离子进行交换，从而去除水中离子的方法。离子交换树脂是一种不溶于水、自身含有可交换离子基团的高分子聚合物。含有酸性基团并能与溶液中阳离子交换的树脂称为阳离子交换树脂，如本实验用的强酸型阳离子交换树脂用 $R—SO_3H$ 表示。含有碱性基团并能与溶液中阴离子交换的树脂称为阴离子交换树脂，如本实验用的强碱型阴离子交换树脂用 $RN^+(CH_3)_3OH$ 表示。其中 R 表示树脂中不变的组成部分。

离子交换树脂和水溶液中的离子分别发生如下反应：

阳离子交换树脂(氢型)：

$$n\mathrm{RH}+\mathrm{M}^{n+}(\mathrm{Na}^+,\mathrm{Ca}^{2+},\mathrm{Mg}^{2+})=\mathrm{R}_n\mathrm{M}+n\mathrm{H}^+$$

阴离子交换树脂(氢氧型)：

$$n\mathrm{R(NH)OH}+\mathrm{A}^{n-}(\mathrm{Cl}^-,\mathrm{SO_4^{2-}},\mathrm{CO_3^{2-}})=[\mathrm{R(NH)}]_n\mathrm{A}+n\mathrm{OH}^-$$

H^+ 和 OH^- 结合生成水。经过阳、阴离子交换树脂处理过的水称为去离子水。为进一步提高纯度，可再串接一套阳、阴离子交换柱。经多级交换处理，水质更纯。交换失效后的阳离子树脂可用 HCl 溶液再生处理，阴离子树脂用 NaOH 溶液再生处理。

水中含盐量越高，导电性越好，电导率越大；反之，水的纯度越高，电导率越小。因此可以通过测定水的电导率测定水质。经离子交换法处理后的去离子水的要求为：电导率 $k \leqslant 5\ \mu S \cdot cm^{-1}$，定性检验无 Ca^{2+}、Mg^{2+}、Cl^- 和 SO_4^{2-}。

水中的 Cl^-、SO_4^{2-} 和 Mg^{2+}、Ca^{2+} 可分别用沉淀滴定法和配位滴定法进行检测。

三、实验用品

1. 仪器

离子交换柱、乳胶管、锥形瓶、DDS-11 型电导率仪、量筒、烧杯、试管。

2. 试剂

732 型阳离子交换树脂、711 型阴离子交换树脂、2 $mol \cdot L^{-1}$ HCl、2.0 $mol \cdot L^{-1}$ HNO_3、0.1 $mol \cdot L^{-1}$ $AgNO_3$、铬黑 T 指示剂、2 $mol \cdot L^{-1}$ NaOH、2 $mol \cdot L^{-1}$ $NH_3 \cdot H_2O$、

1.0 mol · L^{-1} $BaCl_2$ 钙指示剂。

四、实验内容

(1)树脂预处理;(2)离子交换柱的制备;(3)去离子水的制备;(4)检测水中离子和测量电导率。

五、实验步骤与记录

<table>
<tr><th>实验步骤</th><th>实验记录</th></tr>
<tr><td>1. 树脂预处理
树脂先用去离子水浸泡 24 h,再用 2 mol · L^{-1}的 HCl 浸泡 24 h,滤去酸液后,反复用去离子水冲洗至中性,泡于去离子水中备用。阴离子交换树脂用 2 mol · L^{-1}的 NaOH 溶液代替 HCl,同法处理。</td><td>1. 对离子交换树脂进行预处理的目的是:
______
______</td></tr>
<tr><td>2. 离子交换柱的制备
在交换柱底部塞入少量玻璃纤维以防树脂流出,向柱内注入约 1/3 去离子水,排出柱连接部空气,将预处理过的树脂和适量水一起注入柱内,注意保持液面始终高于树脂层(为什么?)。装两根离子交换柱,一根为阳离子交换柱,一根为阴离子交换柱,两者用乳胶管连接。用去离子水淋洗离子交换柱,使两柱流出液 pH 均为 7.0,注意淋洗过程保持液面始终高于树脂层。</td><td>2. 装柱操作中,加入柱内的离子交换树脂层始终要低于液面,原因是什么?
______
______</td></tr>
<tr><td>3. 去离子水的制备
自来水经高位槽依次进入阳离子交换柱、阴离子交换柱,控制水流速度 1 mL · min^{-1}。</td><td>3. 自来水通过阳离子交换柱后,水中离子种类有什么变化?
______
______</td></tr>
<tr><td>4. 水中离子的检测
依次取自来水、流出阳离子交换柱的水(水样Ⅰ)和流出阴离子交换柱的水(水样Ⅱ)作为待测水样,向洗净的试管内加入 1 mL,进行下列项目检测:
(1)检测 Mg^{2+}。加入 2 滴 2.0 mol · L^{-1}的 NH_3 · H_2O 和少量铬黑 T 指示剂,观察溶液颜色。
(2)检测 Ca^{2+}。加入 8 滴 2.0 mol · L^{-1} NaOH 溶液和少量钙指示剂,振动试管,观察溶液颜色。
(3)检测 Cl^-。加入 2 滴 2.0 mol · L^{-1}的 HNO_3 酸化,再加入 2 滴 0.1 mol · L^{-1}的 $AgNO_3$ 溶液,观察是否出现白色沉淀。
(4)检测 SO_4^{2-}。加入 2 滴 2.0 mol · L^{-1}的 HNO_3 酸化,再加入 2 滴 1.0 mol · L^{-1}的 $BaCl_2$ 溶液,观察是否出现白色沉淀。</td><td>4. 水中离子检测
<table><tr><th rowspan="2">项目</th><th colspan="3">水 样</th></tr><tr><th>自来水</th><th>水样Ⅰ</th><th>水样Ⅱ</th></tr><tr><td>Mg^{2+}</td><td>______</td><td>______</td><td>______</td></tr><tr><td>Ca^{2+}</td><td>______</td><td>______</td><td>______</td></tr><tr><td>Cl^-</td><td>______</td><td>______</td><td>______</td></tr><tr><td>SO_4^{2-}</td><td>______</td><td>______</td><td>______</td></tr></table></td></tr>
<tr><td>5. 电导率的测量
用电导率仪测定各水样的电导率,每次测定前用待测水样冲洗电导电极及烧杯 2～3 次,然后分别取各种水样约 30 mL 于烧杯内,依次测出它们的电导率。</td><td>5. 电导率的测量
<table><tr><th rowspan="2">水样</th><th colspan="3">电导率</th></tr><tr><th>1</th><th>2</th><th>平均</th></tr><tr><td>自来水</td><td>______</td><td>______</td><td>______</td></tr><tr><td>水样Ⅰ</td><td>______</td><td>______</td><td>______</td></tr><tr><td>水样Ⅱ</td><td>______</td><td>______</td><td>______</td></tr></table></td></tr>
</table>

六、结果与讨论

画出制备去离子水的装置示意图并标注各部分名称。

七、思考题

1. 制备去离子水时，为什么控制水流速度？速度太快或太慢对离子交换有什么影响？

2. 测量 3 种水样的电导率时，对 3 种水样的测量顺序应如何安排？电导电极应如何选择？

3. 若检测结果达不到实验要求，还可再串接一根混合柱。即将阴、阳两种离子交换树脂按一定比例混合后装填于同一柱内，由于交换过程形成的 H^+ 和 OH^- 不能累积立即生成 H_2O，从而促使交换反应向正方向移动，处理效率较高。讨论如何对混合柱内的树脂进行再生处理。

日期：　　　　学生姓名：　　　　指导教师：　　　　实验成绩：

实验态度(10 分)			实验记录(30 分)			实验操作(30 分)			结论与思考题(30 分)		
差 0～3	良 4～7	优 8～10	差 0～15	良 16～25	优 26～30	差 0～15	良 16～25	优 26～30	差 0～15	良 16～25	优 26～30

【背景知识】

一、DDS-11 型电导率仪的使用方法

电导率的测量原理其实就是按欧姆定律测定平行电极间溶液部分的电阻。为避免电极极化，仪器产生高稳定度的方波信号（高频交流电）加在电导池上，流过电导池的电流与被测溶液的电导率成正比，电流经过运算放大器转化为电压后，经程控信号放大、检波和滤波后得到反映电导率的电位信号。

电导率仪由电子单元和电导电极组成。电子单元将电流信号放大处理后换算成电导率，再配合单片机微处理器对温度信号和电导率信号交替采样，能够完成量程的自动转换、温度补偿和仪表自检等功能。用电导电极测定溶液电导率时，电导率、电导值和电极常数三者之间的关系为：电导率＝电极常数×电导值。不同类型的电导电极具有不同的电极常数，配上常数为 1 或 10 的电极可测量一般液体的电导率；配上 0.1 或 0.01 的电极，就可准确测量纯水或超纯水的电导率。

电导率仪的操作步骤如下：

(1)接通电源前观察表头指针是否指零，若有偏差调节表头下方凹孔，使其恰指零。

(2)接通电源，仪器预热 10 min。

(3)将电极浸入被测溶液（或水）中，须确保极片浸没，将电极插头插入插座。

(4)调节“常数”钮，使其与电极常数标值一致。例如所用电极的常数为 1.0，则把“常数”钮白线对准 1.0 刻度线。

(5)将“量程”置在合适的倍率档上，若事先不知被测液体电导率高低，可先置于较大的电导率挡，再逐档下降，以防表头针打弯。

(6)将“校正-测量”开关置于“校正”位，调“校正”电位器使表针指满度值 1.0。

(7)将“校正-测量”开关置于“测量”位，表针指示数乘以“量程”倍率即为溶液电导率。

例如：测纯水时“量程”置于×0.1（红）档，指示值为 0.56，则被测电导率为 0.56×0.1＝0.056 $\mu S \cdot cm^{-1}$（17.85 $M\Omega \cdot cm$）；“量程”置×10^2 档，指示值为 0.5，则被测值为 0.5×10^2＝50 $\mu S \cdot cm^{-1}$。

(8)“量程”置黑(B)点档，则读数为表面上行刻度 0～1。“量程”置红(R)档，则读数为下行刻度。

(9)当溶液电导率大于 10^4 $\mu S \cdot cm^{-1}$（电阻少于 100 Ω），即高电导测量时，应使用 DJS-10 型电极，这时“常数”钮调在常数标值 0.1 位置上。

例如：所用电极常数为 10.4，使“常数”钮置 1.04，被测值＝指示数×倍率×10。

(10)注意事项：

①低电导测量（电导率小于 100 $\mu S \cdot cm^{-1}$），例如：测量纯水、锅炉水、去离子水、矿泉水等水质的电导率时，应使用 DJS-1C 光亮电极。

②测量一般溶液的电导率（30～3 000 $\mu S \cdot cm^{-1}$），应使用 DJS-1C 铂黑电极。

③测量 3 000～4 000 $\mu S \cdot cm^{-1}$的高电导溶液时，应使用常数为 10 的铂黑电极。

二、离子交换树脂

离子交换树脂是由高分子基体、固定离子以及与固定离子符号相反的活动离子构成，其中

的活动离子能与溶液中相同符号的离子进行交换。基体制造原料主要有苯乙烯和丙烯酸(酯)两大类,它们分别与二乙烯苯发生交联聚合反应,形成网络骨架结构。在基体上经过磺化、氯化和胺化等反应使树脂结合上能解离的交换基团。按照可交换的活动离子的类型的不同,离子交换树脂主要分 4 种类型。

1. 强酸性阳离子树脂

这类树脂含有大量的强酸性基团,如磺酸基—SO_3H,容易在溶液中离解出 H^+,故呈强酸性。树脂离解后,本体所含的负电基团能吸附结合溶液中的其他阳离子。树脂中的 H^+ 与溶液中的阳离子互相交换。强酸性树脂的离解能力很强,在酸性或碱性溶液中均能离解和产生离子交换作用。

2. 弱酸性阳离子树脂

这类树脂含弱酸性基团,如羧基—COOH,能在水中离解出 H^+ 而呈酸性。树脂离解后余下的负电基团,如 R—COO^-(R 为碳氢基团),能与溶液中的其他阳离子吸附结合,从而产生阳离子交换作用。这种树脂的酸性即离解性较弱,在低 pH 下难以离解和进行离子交换,只能在碱性、中性或微酸性溶液中(如 pH 5~14)起作用。

3. 强碱性阴离子树脂

这类树脂含有强碱性基团,如季氨碱,能在水中离解出 OH^- 而呈强碱性。这种树脂的正电基团能与溶液中的阴离子吸附结合,从而产生阴离子交换作用。这种树脂的离解性很强,在不同 pH 下都能正常工作。

4. 弱碱性阴离子树脂

这类树脂含有弱碱性基团,如伯氨基、仲氨基或叔氨基,它们在水中能离解出 OH^- 而呈弱碱性,只能在中性或酸性条件(如 pH 1~9)下工作。

离子交换树脂的转型:

以上是树脂的 4 种基本类型。在实际使用上,常将这些树脂转变为其他离子型式使用,以适应各种需要。例如:常将强酸性阳离子树脂与 NaCl 作用,转变为钠型树脂再使用。工作时钠型树脂放出 Na^+ 与溶液中的 Ca^{2+}、Mg^{2+} 等阳离子交换吸附。反应时没有放出 H^+,可避免溶液 pH 下降和由此产生的副作用。钠型树脂使用后可用盐水再生。又如阴离子树脂可转变为氯型再使用,工作时放出 Cl^- 而吸附交换其他阴离子,再生只需用 NaCl 溶液。

离子交换树脂的再生:

离子交换树脂是放置在树脂柱中进行工作的,这有利于发挥它的功能,并便于再生。离子交换树脂使用一段时间后,吸附的杂质接近饱和状态,就要进行再生处理,即用化学药剂将树脂所吸附的离子和其他杂质洗脱除去,使之恢复原来的组成和性能。在实际运用中,为降低再生费用,要适当控制再生剂用量,使树脂的性能恢复到最经济合理的再生水平,通常控制性能恢复程度为 70%~80%。如果要达到更高的再生水平,则再生剂量要大量增加,再生剂的利用率则下降。

树脂的再生特性与它的类型和结构有密切关系。强酸性和强碱性树脂的再生比较困难,需用再生剂量比理论值高相当多;而弱酸性或弱碱性树脂则较易再生,所用再生剂量只需稍多于理论值。此外,大孔型和交联度低的树脂较易再生,而凝胶型和交联度高的树脂则要较长的再生反应时间。

再生剂的种类应根据树脂的离子类型来选用,并适当地选择价格较低的酸、碱或盐。例如：钠型强酸性阳离子树脂可用 10% NaCl 溶液再生，用药量为其交换容量的 2 倍(每升树脂用 117 g NaCl)；氢型强酸性树脂用强酸再生，用硫酸时要防止被树脂吸附的钙与硫酸反应生成硫酸钙沉淀物。为此，宜先通入 1%～2%的稀硫酸再生。氯型强碱性树脂，主要以 NaCl 溶液来再生，但加入少量碱有助于将树脂吸附的色素和有机物溶解洗出，故通常使用含 10% NaCl + 0.2% NaOH 的碱盐液再生，常规用量为每升树脂用 150～200 g NaCl 和 3～4 g NaOH。OH 型强碱阴离子树脂则用 4% NaOH 溶液再生。

实验38　从牛奶中分离蛋白及乳糖

一、实验目的

学习从牛奶中分离提取酪蛋白和乳糖的原理和操作方法；掌握分光光度计和旋光仪的使用方法；培养查阅文献和设计实验方案的能力。

二、实验原理

牛奶中的主要蛋白质有酪蛋白、白蛋白、球蛋白、乳蛋白等，酪蛋白是含磷蛋白质的复杂混合物。当调节牛奶的pH达到酪蛋白的等电点(pH4.8)时，蛋白质所带正、负电荷相等，呈电中性，此时酪蛋白的溶解度最小，会从牛奶中沉淀出来，以此分离酪蛋白。因酪蛋白不溶于乙醇和乙醚，可用此两种溶剂除去酪蛋白中的脂肪，使酪蛋白得到提纯。在碱性溶液中双缩脲与铜离子结合形成复杂的紫红色复合物，而蛋白质及多肽的肽键与双缩脲的结构类似，也能与铜离子在碱性环境中形成紫红色复合物，其最大吸收光波长为540 nm。该复合物颜色的深浅与蛋白质的浓度成正比，而与蛋白质的分子量及氨基酸组成无关，因此可检测酪蛋白的含量。

乳糖是一种二糖，它由*D*-半乳糖分子C′上的半缩醛羟基和*D*-葡萄糖分子C_4上的醇羟基脱水通过β-1,4苷键连接而成。乳糖是白色结晶性颗粒或粉末，溶于水，不溶于甲醇、乙醇、乙醚和氯仿等有机溶剂。当乙醇混入乳糖水溶液中，乳糖会结晶出来，从而达到分离的目的。乳糖是还原性糖，在水溶液中绝大部分以α-乳糖和β-乳糖两种同分异构体形态存在。α-乳糖的比旋光$[\alpha]_D^{20}=+86°$，β-乳糖的比旋光$[\alpha]_D^{20}=+35°$，水溶液中两种乳糖可互相转变，因此其水溶液有变旋光现象。不同浓度的乳糖溶液具有不同的旋光度，其旋光度与浓度成正比。因此，可通过测定溶液的旋光度确定乳糖的纯度。

三、实验内容

①查阅相关文献，学习从牛奶中分离提取酪蛋白和乳糖的原理及操作方法，设计实验方案。

②查阅相关文献，熟悉分光光度计和旋光仪的工作原理，掌握其使用方法。设计检测酪蛋白和乳糖纯度的方案。

③根据实验方案进行实验，解决实验中可能遇到的问题，写出实验报告。

四、参考实验方案

试剂：牛奶，乙酸，乙醇，乙醚，氢氧化钠，硝酸，碳酸镁。

仪器：离心机，烧杯，蒸发皿。

实验流程：

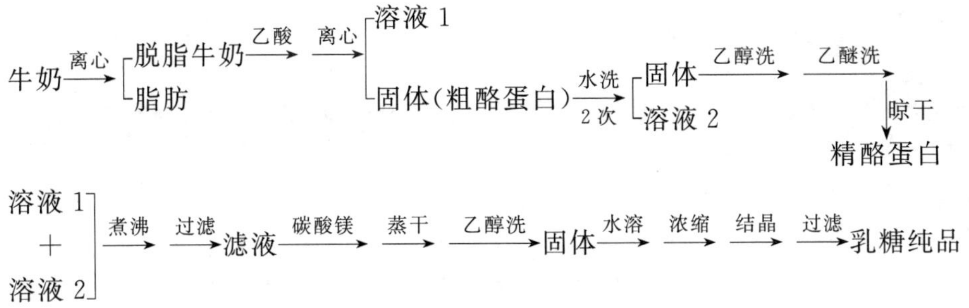

提示：

(1)分离酪蛋白时，牛奶的 pH 以 4.6～4.7 为宜(45℃)。

(2)每次洗涤时，注意用玻璃棒捣碎成团的固体，并反复搅拌。

(3)乳糖析出晶体步骤，若无晶体析出或析出较少，应延长静置时间或减压蒸出一部分水。

思考：

(1)实验中乙酸的作用是什么？碳酸镁的作用是什么？

(2)各次洗涤的目的是什么？

(3)利用滤液分离提纯乳糖时，煮沸的目的是什么？出现的是什么沉淀？

【背景知识】

一、设计型实验的实验报告格式

设计实验的报告应该参照研究论文的格式撰写，一般应包括以下项目：

1. 前缀

(1)题目

(2)作者姓名(作者所在单位，地址，邮编)

(3)摘要(研究的内容，方法，创新点，效果，意义等)

(4)关键词(产物名称，关键试剂，反应，技术方法等)

2. 正文

(1)前言

介绍课题的意义和背景，研究的目的、方法和成果等。

(2)实验部分

本部分通常包含：①实验所用的仪器、器材，包括仪器名称、型号，试剂名称、级别、用量和生产厂家等；②详细的操作步骤，包括试剂用量、操作方法、条件控制等；③实验结果，包括产量、收率、产品性状、相关物理常数及文献值等。

(3)结果与讨论

介绍由具体的实验结果阐发出来的推论、体会、改进意见等，说明本工作中的创新点及所获得的研究成果。

根据具体情况，也可以将“结果与讨论”放在“实验部分”的前面。

3. 后缀

(1)参考文献

一般杂志：作者姓名，篇名，杂志名称，卷号、期号(年)、页码；专著：著者姓名，书名，页码，出版地，出版社，出版日期；成名已久的大型工具书：工具书名，版别，卷别，页码(或条目号)；专利：国别，专利号。参考文献中的人名写法是：中国人姓在前名在后，外国人名在前姓在后。

(2)致谢

二、文献资料的查阅

文献资料是人类科学文化知识的载体，是社会进步的宝贵财富。查阅文献资料是为了了解某个课题的历史情况、目前研究水平、发展动态和方向，是科研工作的基础。

文献检索课已单独设课，其中包括重要学术期刊、杂志、文摘及专业参考书的查阅方法。在设计实验时，为了准确快速查找到有用的参考资料并进行分析整理，必须熟悉文献资料的查阅方法。这里简单介绍开展文献查阅工作的步骤和方法。

1. 查文献前首先要具备以下知识

(1)了解文献类型

科技文献按来源可分为：

①一次文献。又称原始文献，是作者根据自己在实际的科技工作中取得的成果所撰写或创作的文献，包括期刊文献、会议文献、专利说明书、科技报告、学位论文等。

②二次文献。又叫作检索工具书，是对一次文献进行加工、整理后的产物。主要用于管理

和利用一次文献，如书目、索引、题录、文摘等，为读者查找文献资料提供路径。

③三次文献。三次文献是指利用二次文献，选用一次文献的内容而编纂出的成果。例如，各种词典、手册、年鉴、百科全书、综述、评论、专题报告等。从三次文献中可以大致了解某一文献资料的总体情况。

(2)了解参考文献著录格式

一般文章后面参考文献的著录格式为：

①图书作者 1、作者 2、书名、出版地、出版者、出版年、引用页码。

②期刊作者、篇名、刊名、出版年、卷(期)、引用页码。

③报纸作者、篇名、报纸名称、出版年月日(版次)。

④学位论文作者、篇名、学位论文出版地、出版者、出版年、引用页码。

(3)了解基本检索方法

①关键词检索。全篇文献中所有有实义的词均可作为检索词。

②主题词检索。通过严格规定的主题词或叙词进行检索。

③题名检索。只在文献的标题中进行主题词或关键词的检索。

④责任者检索。通过编著者索引进行检索。

⑤时间检索。根据文献的出版年代进行检索。

(4)了解查找文献的途径

①熟悉国内外的重要信息源与信息检索工具。如维普、万方、CNKI 数据库、化学文摘(CA)数据库、SPRINGER 数据库等；各类图书馆、信息情报所、专利局等检索机构。

②使用工具书。如各种手册、检索刊物、字典、数据手册等。

③联机数据库。如美国的 DIALOG 国际联机检索系统，该系统存贮约 500 个数据库，收录的文献类型有书报、期刊论文、学位论文、研究报告、专利文献、统计数据等。

④光盘数据库。

⑤网页(www)信息。

2. 在具体的文献检索过程中，研究者需要考虑以下几个方面的问题

(1)明确检索方向和要求

研究方向越明确，要求越具体，检索的针对性越强，效率也越高。

(2)确定检索工具和信息源

研究者根据现有条件，在自己所熟悉的检索工具(书目、期刊指南、索引、文摘等)和自己能把握的信息源(图书杂志、大众媒体、磁盘、光盘、计算机网络等)中查找文献。

(3)确定检索途径和方法

研究者可根据既定的文献标识，如作者名、文献名、文献代码、图书分类体系、主题词等进行检索。

就文献检索的实际操作来说，方式方法是多种多样的，主要有常规检索法和跟踪检索法。常规检索法指利用题录、索引、文摘等检索工具查找所需文献的方法，它可以采用按时间顺序由远及近地进行检索，也可以逆着时间顺序由近及远地进行检索。顺查法适用于主题复杂、范围较大、时间较长的课题研究；逆查法适用于检索最新的课题。跟踪检索法是以著作和论文最后的参考文献或参考书目为线索，跟踪查找有关主题文献的方法。这种方法不需要检索工具，针对性较强，能以滚雪球的方式扩大检索范围，获取文献方便迅速。此法一般在检索工具缺乏的情况下使用，但是检索效率低，查全率低。

(4)对检索到文献的加工处理

根据检索线索获得了所需文献之后，还要对检索到的文献进行加工处理：对文献进行分类整理，剔除重复和价值不大的文献，核对重要文献的出处来源；对研究可能要用到的文献作好摘要、笔记或卡片，以备后用；有些重大的研究课题还要求写出文献综述或评论；最后还需列出参考书目。

3. 文献的检索与阅读整理是相辅相成、相互交叉进行的

在阅读相关文献时，目的主要有二，一是了解别人在这个领域曾做过哪些研究；二是为即将进行的研究寻找理论的基础以及方法与设计的借鉴。研究者要特别关注以下内容：

(1)利用二次文献作为寻找主题信息的起点

(2)充分利用多种资源收集文献资料

(3)尽可能利用计算机检索文献资料

(4)尽量收集第一手资料(原始资料)

(5)对收集的文献要及时加工整理

(6)记录、分析、综合文献查阅的结果

(7)将文献查阅的结果与自己的研究课题联系起来

(8)关注研究问题的发展与趋向

(9)阅览过程中理清文献的理论内容和框架

(10)注重相反结果和不同诠释资料的收集

(11)注意文献资料中的研究方法与设计

(12)平时留意收集、积累有关主题的文献资料

总之，科学研究具有继承性，是不断积累完善的过程。任何研究都是在前人研究的基础上进行的探索，所以实验设计的合理、精确与否和查阅的文献资料的数量和质量密切相关。一般做好一次文献综述需要3～6个月的时间，尤其是在研究者对所要研究领域的文献一无所知的情况下更是如此。在文献资料缺乏，情报信息不灵的情况下进行实验研究，往往不是盲目瞎碰，就是流于低水平的重复。